中国石油气藏型储气库丛书

呼图壁储气库建设与运行管理实践

霍 进 冉蜀勇 东静波 等编著

石油工业出版社

内 容 提 要

本书详细介绍了呼图壁储气库方案设计、施工建设和运行管理,主要内容包括储气库地质综合评价、老井处理及新井钻井技术、地面工程建设、运行与管理等,总结了呼图壁储气库建设与运行取得的主要成果。

本书可以作为储气库从业人员的参考书籍。

图书在版编目(CIP)数据

呼图壁储气库建设与运行管理实践/霍进等编著.
—北京:石油工业出版社,2020.8
(中国石油气藏型储气库丛书)
ISBN 978 – 7 – 5183 – 2606 – 8

Ⅰ.①呼… Ⅱ.①霍… Ⅲ.①地下储气库—天然气开采—研究 Ⅳ.①TE822

中国版本图书馆 CIP 数据核字(2018)第 232241 号

出版发行:石油工业出版社
(北京安定门外安华里 2 区 1 号楼 100011)
网   址:www.petropub.com
编辑部:(010)64523710 图书营销中心:(010)64523633
经   销:全国新华书店
印   刷:北京中石油彩色印刷有限责任公司

2020 年 8 月第 1 版 2020 年 8 月第 1 次印刷
787×1092 毫米 开本:1/16 印张:14.25
字数:350 千字

定价:118.00 元
(如出现印装质量问题,我社图书营销中心负责调换)
版权所有,翻印必究

《中国石油气藏型储气库丛书》
编委会

主　　任：赵政璋

副 主 任：吴　奇　马新华　何江川　汤　林

成　　员：（按姓氏笔画排序）

丁国生　王　平　王建军　王春燕　王皆明
毛川勤　毛蕴才　文　明　东静波　卢时林
申瑞臣　冉蜀勇　付建华　付锁堂　刘存林
刘国良　刘科慧　李　彬　李丽锋　吴安东
何　刚　何光怀　张刚雄　陈显学　武　刚
罗长斌　罗金恒　郑得文　赵平起　赵爱国
班兴安　袁光杰　董　范　谭中国　熊建嘉
熊腊生　霍　进　魏国齐

《呼图壁储气库建设与运行管理实践》
编委会

主　　任：霍　进
副 主 任：张学鲁　朱志宏　冉蜀勇　东静波　刘国良
成　　员：(按姓氏笔画排序)
　　　　　王明锋　王容军　邢林庄　李纲要　李　朋
　　　　　邱恩波　张文波　张国红　张　锋　罗双涵
　　　　　庞　晶

《呼图壁储气库建设与运行管理实践》编写与审稿人员名单

章	编写人员	审稿人员
第一章	东静波　宫海岩　罗双涵　李　朋	冉蜀勇
第二章	庞　晶　王明锋　杜果	邱恩波
第三章	李纲要　张文波　张国红　王容军　邢林庄　王晓磊	朱志宏
第四章	刘国良　岳　军　李　朋　张　锋　董江洁　王乙福　雷江辉 陈　贤	东静波
第五章	东静波　刘国良　李　朋　庞　晶　王明锋　张有兴　黄良福	冉蜀勇
第六章	李　予　张文波　张国红　邵克拉　杨晓丽	东静波
第七章	冉蜀勇　东静波　刘国良	张学鲁

丛书序

进入21世纪,中国天然气产业发展迅猛,建成四大通道,天然气骨干管道总长已达7.6万千米,天然气需求急剧增长,全国天然气消费量从2000年的245亿立方米快速上升到2019年的3067亿立方米。其中,2019年天然气进口比例高达43%。冬季用气量是夏季的4~10倍,而储气调峰能力不足,严重影响了百姓生活。欧美经验表明,保障天然气安全平稳供给最经济最有效的手段——建设地下储气库。

地下储气库是将天然气重新注入地下空间而形成的一种人工气田或气藏,一般建设在靠近下游天然气用户城市的附近,在保障天然气管网高效安全运行、平衡季节用气峰谷差、应对长输管道突发事故、保障国家能源安全等方面发挥着不可替代的作用,已成为天然气"产、供、储、销"整体产业链中不可或缺的重要组成部分。2019年,全世界共有地下储气库689座(北美67%、欧洲21%、独联体7%),工作气量约4165亿立方米(北美39%、欧洲26%、独联体28%),占天然气消费总量的10.3%左右。其中:中国储气库共有27座,总库容520亿立方米,调峰工作气量已达130亿立方米,占全国天然气消费总量的4.2%。随着中国天然气业务快速稳步发展,预计2030年天然气消费量将达到6000亿立方米,天然气进口量3300亿立方米,对外依存度将超过55%,天然气调峰需求将超过700亿立方米,中国储气库业务将迎来大规模建设黄金期。

为解决天然气供需日益紧张的矛盾,2010年以来,中国石油陆续启动新疆呼图壁、西南相国寺、辽河双6、华北苏桥、大港板南、长庆陕224等6座气藏型储气库(群)建设工作,但中国建库地质条件十分复杂,构造目标破碎,储层埋藏深、物性差,压力系数低,给储气库密封性与钻完井工程带来了严峻挑战;关键设备与核心装备依靠进口,建设成本与工期进度受制于人;地下、井筒和地面一体化条件苛刻,风险管控要求高。在这种情况下,中国石油立足自主创新,形成了从选址评价、工程建设到安全运行成套技术与装备,建成 100 亿立方米调峰保供能力,在提高天然气管网运行效率、平衡季节用气峰谷差、应对长输管道突发事故等方面发挥了重要作用,开创了我国储气库建设工业化之路。因此,及时总结储气库建设与运行的经验与教训,充分吸收国外储气库百年建设成果,站在新形势下储气库大规模建设的起点上,编写一套适合中国复杂地质条件下气藏型储气库建设与运行系列丛书,指导储气库快速安全有效发展,意义十分重大。

《中国石油气藏型储气库丛书》是一套按照地质气藏评价、钻完井工程、地面装备与建设和风险管控等四大关键技术体系,结合呼图壁、相国寺等六座储气库建设实践经验与成果,编撰完成的系列技术专著。该套丛书共包括《气藏型储气库总论》《储气库地质与气藏工程》《储气库钻采工程》《储气库地面工程》《储气库风险管控》《呼图壁储气库建设与运行管理实践》《相国寺储气库建设与运行管理实践》《双 6 储气库建设与运行管理实践》《苏桥储气库群建设与运行管理实践》《板南储气库群建设与运行管理实践》《陕 224 储气库建设与运行管理实践》等 11 个分册。编著者均为长期从事储气库基础理论研究与设计、现场生产建设和运营管理决策的专家、学者,代表了中国储气库研究与建设的最高水平。

本套丛书全面系统地总结、提炼了气藏型储气库研究、建设与运行的系列关键技术与经验,是一套值得在该领域从事相关研究、设计、建设与管理的人员参考的重要专著,必将对中国新形势下储气库大规模建设与运行起到积极的指导作用。我对这套丛书的出版发行表示热烈祝贺,并向在丛书编写与出版发行过程中付出辛勤汗水的广大研究人员与工作人员致以崇高敬意!

中国工程院院士 胡文瑞

2019 年 12 月

前　言

随着能源消费结构的调整,天然气被公认为是 21 世纪消费量增长最快的能源。天然气因其价格便宜、清洁无污染、用途广泛等特点正越来越广泛地被世界各国所使用。

为了改变长期以来以煤炭为主的能源消费结构,减轻对环境的污染和温室效应,促进能源利用多元化,国家从能源安全、环境保护以及应对气候变化的高度,将天然气工业列为我国能源发展优先领域,以加快改善能源结构,构建清洁、高效、安全的能源供应体系。因此,天然气消费市场潜力巨大,安全保供已成为天然气生产销售企业必须履行的重大社会责任。

地下储气库是天然气安全保供的主要设施,也是国家能源安全保障的重要组成部分,加快国内储气库建设是确保天然气安全保供的重大应急措施。"十二五"期间,中国石油天然气集团公司(简称中国石油)相继建成了以新疆呼图壁等为代表的一批地下储气库,在确保安全稳定供气的过程中发挥了重要作用。

呼图壁储气库于 2011 年 7 月开工建设,2013 年 6 月投注,在同批建设的 6 家储气库中率先投产。投入运行以来,坚持"科学选库、高效建库、精细管库"的原则,持续深化地质认识、优化注采运行方案、细化运行参数控制、强化安全技术管理,形成了建库条件评价与气藏工程设计、老井封堵、注采能力评价、压缩机关键配件国产化、安全环保等特色技术,在储气库设计、建设与运行方面积累了经验。

本书以呼图壁储气库的建设与开发为例,从储气库设计、建设和运行管理三个方面,分概述、建库地质综合评价、钻完井工程、地面工程、多周期注采优化运行、全生命周期运行风险管控、储气库建设等 7 个方面对储气库开发关键技术进行了总结,作为《中国石油气藏型储气库丛书》分册之一,为今后我国其他相似类型储气库的建设提供可借鉴的成功经验与教训,可以作为储气库从业人员的参考书籍。

本书由霍进组织编写,并确定了总体编写思路和编写框架。全书由东静波统稿,各章节编写人员主要是参与呼图壁储气库设计、建设和运行管理的技术人员。为提高稿件质量,编委会多次组织有关专家和编写人员对稿件进行审查,参与审查的专家主要有张学鲁、朱志宏、冉蜀勇、东静波、刘国良、王明锋、李纲要、岳军、邱恩波、张文波、张国红、庞晶。

在本书编写过程中得到了新疆油田公司有关领导和技术人员的大力支持和帮助,在此致以由衷的感谢！参与呼图壁储气库建设、运行和管理的相关人员较多,对他们所做的贡献表示敬意！

由于本书涉及领域广泛,笔者知识和经验有限,难免存在不足和缺陷,敬请广大专家和读者批评指正。

目 录

第一章 概述 (1)
第一节 地区天然气调峰需求 (1)
第二节 地区调峰设施现状 (4)
第三节 储气库建设必要性 (5)
第四节 建库关键技术难点 (6)
参考文献 (22)

第二章 建库地质综合评价 (23)
第一节 气藏地质概况 (23)
第二节 气藏开发评价 (36)
第三节 建库地质方案设计 (41)
参考文献 (77)

第三章 钻完井工程 (79)
第一节 钻井工艺 (79)
第二节 固井工艺 (88)
第三节 防腐工艺 (96)
第四节 完井工艺 (101)
第五节 老井处理 (120)
参考文献 (134)

第四章 地面工程 (135)
第一节 站场总体布局 (135)
第二节 天然气集输处理 (141)
第三节 设备选型 (153)
第四节 放空系统 (156)
第五节 自控系统 (157)
第六节 QHSE 管理 (171)
参考文献 (183)

第五章 多周期注采优化运行 (184)
第一节 投产方案 (184)
第二节 多周期注采运行动态 (192)
第三节 储气库运行动态监测 (195)
参考文献 (198)

第六章　全生命周期运行风险管控 ……………………………………………（199）

第一节　风险管控技术体系 …………………………………………………（199）

第二节　储气库井完整性管理 ………………………………………………（199）

第三节　储气库地面完整性管理 ……………………………………………（201）

参考文献 …………………………………………………………………………（210）

第七章　呼图壁储气库建设成果 …………………………………………………（211）

第一节　组织建设模式 ………………………………………………………（211）

第二节　技术集成与创新 ……………………………………………………（213）

第三节　建设与运行成效 ……………………………………………………（215）

第一章 概 述

新疆远离海洋,深居内陆,冬季漫长严寒,夏季炎热干燥,属温带极端大陆性气候。近年来以煤为主要燃料和原材料的生产、生活模式,给环境造成了严重污染,尤其是成为大气污染的罪魁祸首。为此,国家加快实施了以天然气替换煤作燃料和原材料的"蓝天工程",启动了从中亚进口天然气的西气东输工程建设。呼图壁储气库是西气东输管道进入中国境内后的首座储气库,是缓解地区用气不均衡及应急需求的重要手段,是实现平稳供气和安全供气的重要保证。呼图壁储气库建设及运行管理攻克了6大技术难点,实现了5个周期的安全、平稳运行。

第一节 地区天然气调峰需求

一、"十二五"时期现实需求量

(一)地方现实需求量

通过对新疆油田传统供气范围内地市县用户"十二五"时期天然气需求分析,包括乌鲁木齐市、昌吉州两县一市、石河子市、克拉玛依市以及乌苏沙湾等地方,2010年天然气现实需求量为 $12.61\times10^8 m^3$,2015年天然气现实需求量为 $34.57\times10^8 m^3$,分析预测2020年天然气现实需求量为 $59.19\times10^8 m^3$(表1-1-1)。

(二)石油石化重点企业需求量

2010年,石油石化重点企业天然气需求量为 $38.78\times10^8 m^3$,2015年天然气需求量为 $64.6\times10^8 m^3$,2020年天然气需求量为 $72.6\times10^8 m^3$(表1-1-1)。

表1-1-1 "十二五"期间天然气用户现实需求量表　　　　单位:$10^4 m^3$

年份 地区	2010	2011	2012	2013	2014	2015	2020
一、地、市、县							
乌鲁木齐市	86900	140200	164200	187100	205800	226700	330400
昌吉市	6800	8700	10600	12600	14500	16400	21400
呼图壁县	3400	4000	4600	5200	5700	6200	10700
玛纳斯县	1100	1700	2200	2700	3200	3800	6300
石河子市	14500	23600	28900	37800	40200	43100	134200
乌苏市	1100	1600	2000	2400	3100	3900	7900
沙湾县	900	1400	1800	2300	2700	3200	7900
奎屯市	2600	3000	3500	3900	4300	4700	9400
克拉玛依市	8400	18600	32400	33800	35300	36600	61700

续表

年份 地区	2010	2011	2012	2013	2014	2015	2020
五家渠市	400	500	700	700	900	1100	2000
小计	126100	203300	250900	288500	315700	345700	591900
二、石油石化重点企业							
乌鲁木齐石化	67100	106300	140800	190800	220800	240000	240000
独山子石化	56100	56100	56100	56100	56800	56800	56800
克拉玛依石化	14600	49200	49200	49200	49200	49200	49200
克拉玛依电厂	40000	40000	40000	40000	40000	40000	40000
新疆油田	210000	220000	220000	230000	240000	260000	340000
小 计	387800	471600	506100	566100	606800	646000	726000
总 量	513900	674900	757000	854600	922500	991700	1317900

二、不同天然气用户现实需求气量

(一)居民用户

通过对新疆油田天然气供气范围内的地、市、县用户及石油石化重点企业用户按天然气用户类型分类后,2010 年居民用户用气量为 $2.76 \times 10^8 m^3$,2015 年用气量为 $5.01 \times 10^8 m^3$,2020 年用气量为 $6.87 \times 10^8 m^3$。2015 年居民用户用气量占当年总用气量的 5.05%。

(二)商业用户

2010 年商业用户用气量为 $0.98 \times 10^8 m^3$,2015 年用气量为 $3.26 \times 10^8 m^3$,2020 年用气量为 $5.42 \times 10^8 m^3$。2015 年商业用户用气量占当年总用气量的 3.29%。

(三)采暖用户

2010 年采暖用户用气量为 $2.7 \times 10^8 m^3$,2015 年用气量为 $8.94 \times 10^8 m^3$,2020 年用气量为 $12.78 \times 10^8 m^3$。2015 年采暖用气量占当年总用气量的 9.02%。

(四)燃气车辆用户

2010 年燃气车辆用气量为 $3.89 \times 10^8 m^3$,2015 年用气量为 $7.91 \times 10^8 m^3$,2020 年用气量为 $10.7 \times 10^8 m^3$。2015 年燃气车辆用气量占当年总用气量的 7.98%。

(五)一般工业企业用户

2010 年一般工业企业用气量为 $1.75 \times 10^8 m^3$,2015 年用气量为 $7.81 \times 10^8 m^3$,2020 年用气量为 $20.59 \times 10^8 m^3$。2015 年一般工业企业用气量占当年总用气量的 7.88%。

(六)石油石化重点企业用户

2010 年石油石化重点企业用气量为 $45.63 \times 10^8 m^3$,2015 年用气量为 $69.76 \times 10^8 m^3$,2020 年用气量为 $72.36 \times 10^8 m^3$。2015 年用气量占当年总用气量的 65.14%。

(七) 其他

仅对地方用户考虑了未预见部分,未考虑石油石化重点企业不可预见部分。2015 年不可预见部分为 $1.64 \times 10^8 m^3$,2020 年为 $2.83 \times 10^8 m^3$,详见表 1-1-2。

表 1-1-2 "十二五"时期天然气用户现实需求量表　　　　单位:$10^4 m^3$

年份 用户	2010	2011	2012	2013	2014	2015	2020
居民用户	27600	33100	39400	42800	46600	50100	68700
商业用户	9800	13600	18700	25200	29100	32600	54200
采暖用户	27000	63300	69400	75600	81700	89400	127800
燃气车辆用户	38900	48100	57700	66500	73700	79100	107000
一般工业企业用户	17500	36100	54500	65300	70100	78100	205900
石油石化重点企业用户	456300	471600	506100	566100	606800	697600	723600
其他	5300	9100	11200	13100	14500	16400	28300
总量	513900	674900	757000	854600	922500	991700	1317900

三、"十二五"期间潜在需求量

2010 年,乌鲁木齐市等北疆用户天然气潜在需求量为 $7.15 \times 10^8 m^3$,2015 年潜在需求量为 $3.21 \times 10^8 m^3$,2020 年潜在需求量为 $3.61 \times 10^8 m^3$,详见表 1-1-3。

表 1-1-3 "十二五"时期天然气用户潜在需求量表　　　　单位:$10^4 m^3$

年份 地区	2010	2011	2012	2013	2014	2015	2020
乌鲁木齐市潜在需求	71200	34400	26600	20300	17700	13800	5000
昌吉高新技术开发区		2700	3300	4200	5200	6500	15000
石河子市潜在需求	300	2400	7000	7400	9400	11800	16100
合计	71500	39500	36900	31900	32300	32100	36100

四、"十二五"期间北疆地区供气平衡

目前给北疆地区供气的主要为新疆油田分公司和吐哈油田分公司,结合各油田预测天然气产量和用户用气量的情况,2015 年北疆地区用气缺口为 $37.17 \times 10^8 m^3$,2020 年缺口 $31.79 \times 10^8 m^3$,详见表 1-1-4。

表 1-1-4　新疆北疆地区"十二五"天然气供需平衡表　　　　单位:$10^4 m^3$

年份 项目	2010	2011	2012	2013	2014	2015	2020
一、天然气产量	420000	460000	500000	540000	580000	620000	1000000
1. 新疆油田天然气产量	400000	440000	480000	520000	560000	600000	1000000

续表

项目＼年份	2010	2011	2012	2013	2014	2015	2020
2. 吐哈油田产量	20000	20000	20000	20000	20000	20000	
二、地方及石化企业需求量	513900	674900	757000	854600	922500	991700	1317900
1. 地、市、县	126100	203300	250900	288500	315700	345700	591900
2. 石油石化重点企业	387800	471600	506100	566100	606800	646000	726000
三、供需平衡结果	93900	214900	257000	314600	342500	371700	317900

五、"十二五"期间北疆地区调峰预测

结合"十二五"期间北疆地区天然气实际需求量和潜在需求量，预测2020年北疆地区日调峰量为 $29.25 \times 10^8 \mathrm{m}^3/\mathrm{d}$（表 1-1-5），高峰月日均调峰量为 $2730 \times 10^4 \mathrm{m}^3/\mathrm{d}$。

表 1-1-5　"十二五"期间北疆地区调峰量预测表　　　　单位：$10^4 \mathrm{m}^3$

年份	规划产量	日产水平	月日均需求量	日调峰量	高峰月日均调峰量	周期调峰量
2010	370000	1000	1690	690	966	103500
2011	400000	1100	1880	780	1092	117000
2012	400000	1100	1980	880	1232	132000
2013	450000	1230	2230	1000	1400	150000
2014	520000	1400	2550	1150	1610	172500
2015	600000	1600	2900	1300	1820	195000
2020	1000000	2700	4650	1950	2730	292500

第二节　地区调峰设施现状

北疆地区已建成以西气东输为应急调峰管网，准噶尔盆地输气管网为季节调峰的天然气供应网络，完善的输气管网保障了北疆地区乌鲁木齐市、昌吉州、塔城、阿勒泰四地州近一千万人口的生活和生产用气。

一、准噶尔盆地输气管网

呼图壁储气库位于准噶尔盆地南缘，临近乌鲁木齐，在其附近有准噶尔盆地输气环网和西二线管道。

准噶尔盆地输气环网主干环网管道管径主要为610mm、设计压力主要为6.3MPa，输配气能力 $120 \times 10^8 \mathrm{m}^3/\mathrm{a}$，其气源区域分为西北缘、腹部、东部、南缘地区。市场区域主要为克拉玛依、乌鲁木齐、独山子三大地区。

二、西气东输二线

西气东输二线西段管道于 2010 年初建成投产,主干线管径为 1219mm,设计压力为 12MPa,输配气能力为 $300 \times 10^8 \text{m}^3/\text{a}$。在北疆段设有玛纳斯压气站和乌鲁木齐压气站、奎屯分输站、昌吉分输站、吐鲁番分输站 5 座站场。呼图壁气田刚好位于玛纳斯压气站和昌吉分输站的中间,距离玛纳斯压气站约 64km,距离昌吉分输站约 44km。

三、西气东输二线向北疆供气支线情况

西气东输二线向北疆供气的管线共有三条,分别为独石化支线、乌石化支线、西二线与北疆环网双向输气管线。

(一)独石化支线

独石化支线从西二线西段干线的奎屯分输站分输,终止于独石化末站,设计输量 $6 \times 10^8 \text{m}^3/\text{a}$,线路全线为三级地区,全长 7.5km,设计压力 6.3MPa,管径 219.1mm × 6.3mm。采用 L290MB 高频焊钢管。

(二)乌石化支线

乌石化支线起始于乌鲁木齐昌吉分输站,出站后向东,与北疆环网双向输气管线同沟敷设,乌石化支线在北疆环网双向输气管线北侧,两管道净距 1.2m,至 9.2km 处分开后折向东北方向,与拟建的规划道路伴行,穿过米东区工业园后沿王化线管道进入到乌石化末站。线路长度约 56.5km。设计输量 $30 \times 10^8 \text{m}^3/\text{a}$,设计压力 10MPa,管径 406.4mm,采用 L485MB 螺旋缝埋弧焊钢管。

(三)西二线与北疆环网双向输气管线

北疆环网双向输气管线由西二线的昌吉分输站分输,终止于克—乌气线王家沟末站,线路长度 13.45km,设计压力 6.3MPa,设计输量 $30 \times 10^8 \text{m}^3/\text{a}$,管径 610mm,采用 L485MB 螺旋缝埋弧焊钢管。

第三节 储气库建设必要性

新疆地区尤其是北疆地区随着"蓝天工程"的快速实施,乌鲁木齐等城市冬季供暖系统煤改气进程加快,冬季民生用气量快速增加,需加快建设天然气调峰设施,以应对日益增长的冬季民生用气。

一、季节用气调峰

北疆地区天然气需求以民用生活、燃气汽车用气为主,受天气因素的影响,特别是采暖季用气量大,夏季用气量少,冬、夏季差量大。正在加快实施"蓝天工程",将采暖供热锅炉由燃煤改造为燃气,冬季用气量将逐年大幅度增加。目前新疆油田公司天然气管网储气能力尚不能满足季节性调峰要求,主要依靠调峰气源及限制部分用户来实现,无法满足日益增

长的需求。

解决季节用气不均衡的办法就是在夏季储存足够的调峰气量,在冬季从地下储气库中采出天然气,供冬季用气高峰使用。就生产方面而言,在夏季生产能力超出了用户的需求时,将富余天然气量注入地下储气库,实现天然气全年均衡性生产,降低每月生产量的波动。因此,地下储气库可以有效地克服天然气生产、供应与需求之间在时间与空间上的矛盾。另一方面,可以保障新疆已建气田的天然气生产可以不受季节变化的影响,保持均衡性生产,延长气田开发寿命,从而降低天然气的生产成本。

二、安全供气

西气东输二线的建成通气改变了新疆气源现状,在一定程度上弥补了北疆地区天然气需求缺口。

为了防止西二线天然气长输管道一旦发生事故,给新疆及内地造成停气的局面,新疆油田有必要考虑储存足够多的备用天然气进行应急调度,补充到城市输配管网中,不间断地供应疆内外用户用气,既满足乌鲁木齐市、乌石化、独石化等新疆主要用户用气需求,同时兼顾向内地主要用户连续供气,将事故影响控制在最低限度。而地下储气库库容大,除了具有季节调峰功能外,还具备在管道事故状态下或发生冲突事件时实现连续可靠地供气的功能。

第四节 建库关键技术难点

"强注强采、快速吞吐"为储气库运行的特点,CO_2腐蚀、注采同管高压集气、大口径双金属复合管焊接工艺、井下注采到地面集输系统智能控制、大型压缩机降噪及注采共用6大关键技术,成为大型储气库建设和运行管理中的难点。

一、双金属复合管防止 CO_2 腐蚀技术

呼图壁气田储气库的气源来源于两部分:一是从土库曼斯坦引进的天然气,其CO_2含量为1.89%,H_2S不大于$7mg/m^3$;二是呼图壁气田自身产的天然气,其天然气组分中CO_2含量为0.34%,H_2S可以忽略不计。多个周期运行之后,气藏中CO_2含量将接近1.89%,需要考虑CO_2的腐蚀问题。

(一)腐蚀环境分析

CO_2分压p_{co_2}大于0.2MPa,产生严重腐蚀;$p_{co_2}=0.02\sim0.2$MPa,产生一般腐蚀;p_{co_2}小于0.02MPa,没有腐蚀。根据地质气藏方案预测,储气库采气工况时最高压力为25.9MPa,且气藏中含水,由此得出产自呼图壁气田的天然气p_{co_2}为0.49MPa,属于严重腐蚀。因此,正确认识CO_2腐蚀规律对于采取恰当的防腐措施十分重要,首先需要进行腐蚀因素分析,然后进行室内腐蚀实验评价,在此基础上,进行防腐措施研究,优选出适合于呼图壁储气库的管材。

(二)腐蚀因素分析[1]

影响呼图壁气田的腐蚀因素主要有CO_2含量、地层水矿化度及氯离子含量、温度、压力等。

1. CO_2分压

呼图壁储气库注气工况下,注入气中CO_2平均含量为1.89%,天然气运行压力为17.0~27.53MPa,CO_2分压为0.32~0.52MPa,但管道内天然气相对湿度较小(干CO_2),CO_2对注气管道基本不产生腐蚀,故注气工况不考虑防腐蚀措施。

在采气工况下,储气库采出气中CO_2平均含量为0.48%,天然气运行压力为14.02~25.97MPa,CO_2分压大于0.1MPa,管道产生明显腐蚀;但随着注采周期的增加,采出气CO_2含量将接近于注气组分含量(1.89%),此时分压值为0.27~0.49MPa,同时伴随井流物中含水量较大,管道将产生严重腐蚀。

2. 地层水矿化度与氯离子含量

地层水作为CO_2电化学腐蚀反应的载体,其矿化度及氯离子对腐蚀速率及腐蚀类型影响较大。矿化度较高,将加速离子传递;氯离子由于半径较小,穿透能力较强,可以使已钝化的钢材表面活化,从而诱发点蚀,特别是当温度高于100℃时更加明显。根据呼图壁气田水样分析数据可知:矿化度为60~27677mg/L;氯离子含量14~15812mg/L;pH值为6~6.5;水型为Na_2SO_4型。因此,地层水矿化度和氯离子含量将加速腐蚀速率。

3. 温度

温度对腐蚀的影响比较复杂,不同的温度区间影响不一样。许多研究者的研究结果表明,温度在60℃附近时,CO_2的腐蚀机制有质的变化。当温度低于60℃时,由于不能形成保护性的腐蚀产物膜,腐蚀速率由CO_2溶解于水生成碳酸的速度和CO_2扩散至金属表面的速度共同决定,以均匀腐蚀为主;当温度高于60℃时,金属表面有碳酸亚铁生成,腐蚀速率由穿过阻挡层传质过程决定,即垢的渗透率,垢本身固有的溶解度和流速的联合作用而定。温度在60~110℃时,腐蚀产物厚而松,结晶粗大,不均匀,易破损,则局部孔蚀严重。当温度高于150℃时,腐蚀产物细致、紧密、附着力强,有一定的保护性,使得腐蚀率下降。

4. 腐蚀产物膜的影响

钢被CO_2腐蚀最终导致的破坏形式往往受碳酸盐腐蚀产物膜的控制。当钢表面生成的是无保护性的腐蚀产物膜时,将遵循De Waard的关系式,以"最坏"的腐蚀速度均匀腐蚀;当钢表面的腐蚀产物膜不完整或被破坏、脱落时,会诱发局部点蚀而导致严重穿孔破坏。当钢表面生成完整、致密、附着力强的稳定性腐蚀产物时,将降低均匀腐蚀速度。而实际生产过程中,形成完整致密保护层的可能性较小,将加剧局部腐蚀。

(三)管材初选[2]

双金属复合管是一种新型内衬防腐管道。它是以碳素钢管为基管,在其内表面覆衬一定厚度的不锈钢、钛合金等耐蚀合金管而成的一种双层金属管道。

双金属复合管以碳钢管为基材,充分发挥碳钢管优良的机械力学性能和价廉特征;以耐腐蚀合金材料为防腐覆盖层,充分发挥耐腐蚀合金优异的耐蚀性能,使表面覆盖技术与耐蚀合金化技术进行了有机融合,从而使双金属复合管具有优异的耐蚀性和优良的机械力学性能。

为了降低工程投资,方便后期生产运行和维护,呼图壁储气库选用双金属复合管防止CO_2和氯离子腐蚀。下面通过实验确定双金属复合管内衬的材质。

1. 内衬材质室内腐蚀实验研究

1)模拟工况下失重腐蚀

针对储气库腐蚀介质工况,对304、316L两种不锈钢做腐蚀试验,试验工况参数详见表1-4-1;通过72h腐蚀时间,试验结果详见表1-4-2。

表1-4-1 试验工况参数表

项目	CO_2分压(MPa)	总压(MPa)	氯离子含量(mg/L)	温度(℃)	时间(h)
数值	0.5	15	16000	65	72

表1-4-2 腐蚀试验结果一览表

试样	状态	均匀腐蚀速率(mm/a)	最大腐蚀坑深
304母材	液相	0.0989	一个试样有点蚀坑,为0.7874mm
	气相	0.0010	无点蚀
304焊缝	液相	0.0931	
	气相	0.0143	
316L母材	液相	0.0013	无点蚀
	气相	0.0031	无点蚀
316L焊缝	液相	0.0120	有点蚀痕迹
	气相	0.0025	

2)晶间腐蚀实验

对316L不锈钢母材和直焊缝试样进行晶间腐蚀评价,试样尺寸为762mm×25.4mm×2mm。实验溶液为100g纯$CuSO_4$溶解在700mL蒸馏水中,再加100mL浓H_2SO_4,然后加蒸馏水稀释到1000mL。实验中将溶液完全浸没试样,加热实验溶液,使之保持微沸状态,实验持续24h。在沸腾溶液中浸泡后,用蒸馏水冲洗试样表面,并热风吹干,进行弯曲实验。被测试试样围绕直径等于厚度2倍的轴弯曲180°,弯轴应垂直于试样,弯曲实验应为反弯实验,对于直焊缝试样,熔合线应大约位于弯曲线的中心线上。实验结束后,在10倍放大倍数显微镜下观察弯曲试样,未见裂纹。

3)$MgCl_2$应力腐蚀试验

对316L母材和直焊缝试样进行$MgCl_2$应力腐蚀评价。试样尺寸为75mm×15mm×T mm(T为双金属复合管内衬材质316L原壁厚),每组试验平行试样3个。采用U形弯曲法进行试验,试验溶液为42t%(质量百分含量)的$MgCl_2$溶液,温度(143 ± 1)℃,试验时间20h。试验结束后,在10倍放大倍数显微镜下观察弯曲试样,未见裂纹。

4) 模拟环境下应力腐蚀开裂试验

采用高温高压釜对双金属复合管内衬材质316L母材和直焊缝试样进行模拟工况下应力腐蚀开裂评价。试样尺寸为80mm×4.6mm×1.5mm,平行试样3个。经过720h腐蚀试验后,在10倍放大倍数显微镜下观察所有试样受拉伸面,未见裂纹。

2. 腐蚀试验结果与认识

根据上述试验结果,依据相关标准,得出结论如下:

(1) 316L不锈钢耐CO_2和氯离子腐蚀的能力强于304不锈钢;

(2) 316L不锈钢母材和直焊缝试样在模拟工况下进行72h腐蚀试验后,试样表面无明显点蚀,平均腐蚀速率小于0.025mm/a;

(3) 316L不锈钢母材和直焊缝试样进行$CuSO_4$晶间腐蚀试验后,在10倍放大倍数显微镜下观察弯曲试样,未见裂纹;

(4) 316L不锈钢母材和直焊缝试样进行20h的抗$MgCl_2$应力腐蚀试验后,在10倍放大倍数显微镜下观察弯曲试样,未见裂纹;

(5) 316L不锈钢母材和直焊缝试样进行模拟工况环境下应力腐蚀开裂试验后,在10倍放大倍数显微镜下观察所有试样受拉伸面,未见裂纹。

综上所示,确定内衬层材质为316L不锈钢。

(四) 管道材质确定

防止CO_2和氯离子腐蚀可采用注缓蚀剂或采用双金属复合管,通过对比一次性投资和20年运行费用,两种方案差别不大(表1-4-3);考虑运行维护和检维修的方便性,确定集输管道采用双金属复合管。

表1-4-3 双金属复合管和缓蚀剂运行费用对比表

序号	项 目	里衬管	缓蚀剂
1	工程投资(万元)	10784.6	1512.40
2	消耗量(t/a)	0	114.97
3	年能耗(kW·h)	0	180×10^4
4	20年运行费用(万元)	10784.6	10670.48

二、注采同管高压集气技术

呼图壁储气库所在区块位于昌吉高新技术开发区内,平面呈狭长分布,且注采井口数量众多(30口),针对地面集输方式做辐射管网集气(图1-4-1)、枝状管网集气(图1-4-2)和组合管网(辐射+枝状)(图1-4-3)集气的三个方案比选,同时分别做注采管道合一和注采管道分离的方案比选,方案比选结果详见表1-4-4。

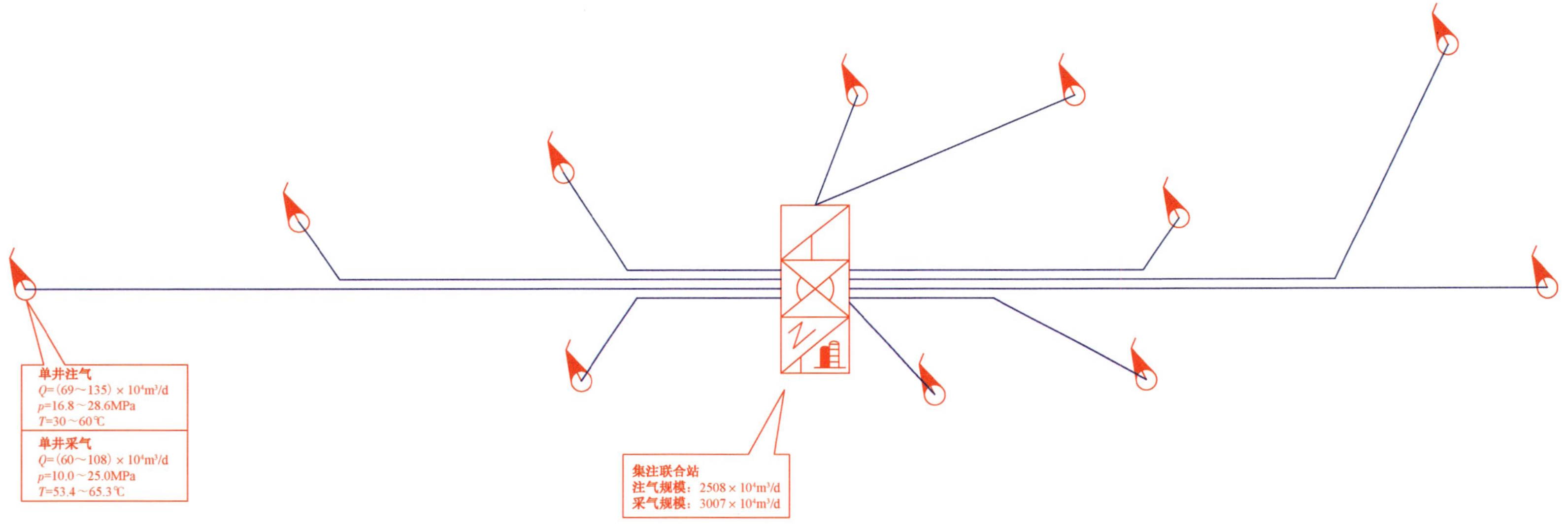

图1-4-1 辐射集输管网集气示意图

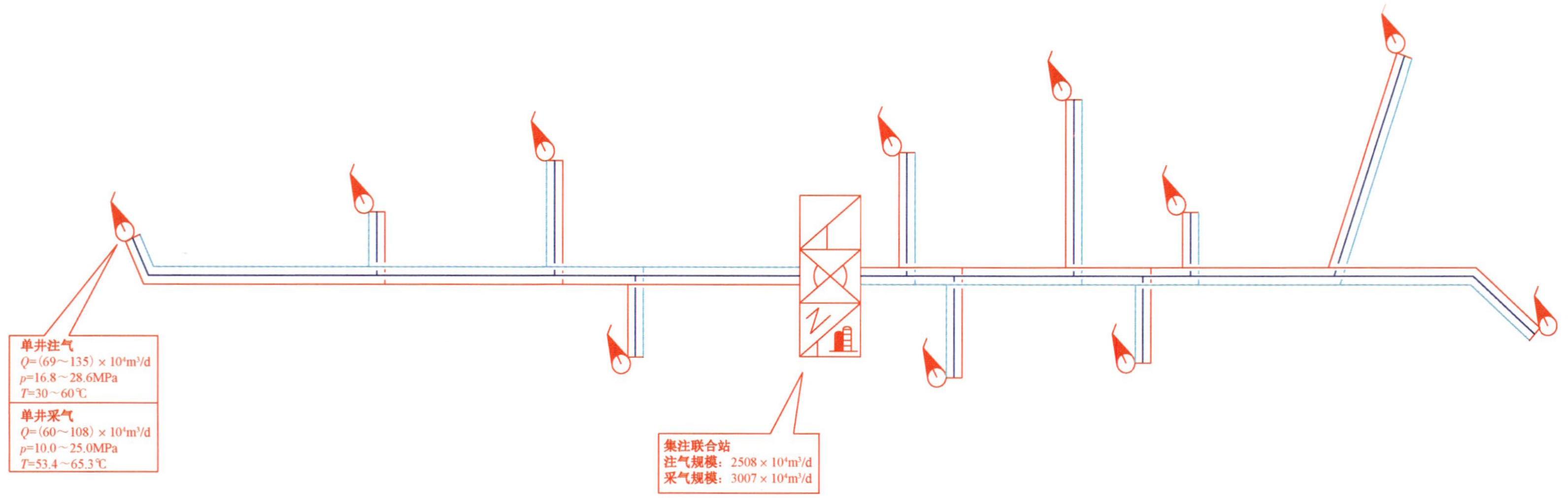

图1-4-2 枝状管网集气示意图

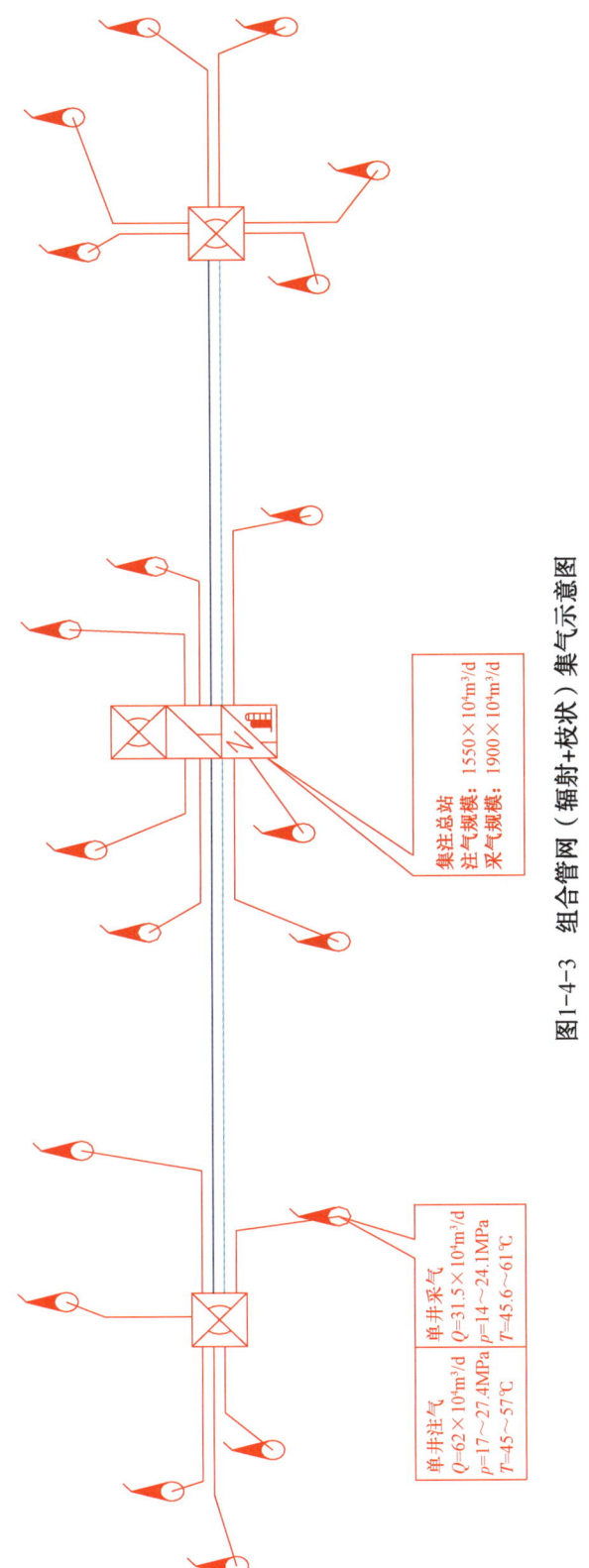

图1-4-3 组合管网（辐射+枝状）集气示意图

表1-4-4 集输方案比选表

项目	方案一（辐射管网集气）		方案二（枝状管网集气）		方案三（组合管网集气）			
	注采合一	注采分离	注采合一	注采分离	注采合一	单线注采分离	双线注采分离	集注合一
工程投资（万元）	4720.94	7797.63	6039.84	6839.84	4430.68	7476.94	4056.91	7066.19
优点	(1)站场数量少；(2)管理维护方便；(3)易于分期实施		(1)站场数量少；(2)管理维护方便；(3)注采管道长度短		(1)工程费用相对较低；(2)注采管道长度短；(3)易于分期实施			
缺点	(1)工程投资高；(2)采气管道敷设宽度大，不利于在开发区内施工		(1)单井操作管理点多；(2)不利于分期实施		气田内部设置集配站，增加管理维护点			

从工程实施的难易程度上来看，方案二不利于分批实施，单井管道与注气干线、采气干线的连头较为困难，需要进行停产连头作业；而方案一和方案三分批实施比较容易。方案一注采气管道敷设范围广，不利于在开发区内施工；另外，若管道出现破损情况时，检修、排查较麻烦。与方案一相比，方案三增加了集配站的运行管理点，在调峰期间需要频繁地开关注采气井，给生产运行和操作管理带来了不便。

从工程投资方面来看，方案一的工程投资最大，各方案的运行费用相差不大；在三个集输布局中，注采管道合一方案比注采管道分离方案的工程投资低。

鉴于以上特点，并考虑采气期CO_2腐蚀因素，推荐采用集输方案三：组合管网（辐射+枝状）集气。即单井注采管道合一，注采干线分离的集输方案。

三、四位一体智能控制技术

气库设计工作气量$45.1 \times 10^8 m^3$，应急调峰能力$2789 \times 10^4 m^3/d$，注气能力$1550 \times 10^4 m^3/d$，须建设完善可靠的智能控制系统，实现生产过程实时监控和调度管理。

（一）呼图壁储气库的控制模式

呼图壁储气库采用SCADA系统（数据采集和监控系统）对生产过程进行集中监测和调度管理。SCADA系统由调度中心、站控系统（集注站DCS和集配站PLC）、井口RTU和数据传输系统组成。

呼图壁储气库独立设置1套ESD系统（紧急停车系统），当关键工艺参数超出安全限度时，ESD系统发出紧急停车命令，确保整个储气库的安全。

（二）切断阀的设置

为保证呼图壁储气库安全运行，切断阀的设置按照四位一体的方式进行设计，分别在井下、井口、集配站、集注站设置。切断阀可根据设置的参数进行逻辑判断，当运行参数超过设定值时实现自动切断；也可在集注站中控室远程控制，实现井下、井口、集配站的远程关断。

(三)安全仪表系统停车逻辑

结合运行模式,安全仪表切断逻辑也相应地划分为4种逻辑:采气流程紧急逻辑联锁停车;注气流程紧急逻辑联锁停车;反输西二线流程紧急逻辑联锁停车;紧急工况越站流程逻辑联锁停车。

(四)安全仪表系统的关断等级划分

呼图壁储气库安全仪表系统根据联锁条件的重要及危害程度,分为4级关断:

(1)0级关断:全厂关断。由进出干线的压力参数引发的关断或由安装在中控室内辅助操作台手动关断按钮触发的关断。此级关断将关断所有的生产系统,打开全部放空阀,实现紧急泄压放空。

(2)1级关断:压力安全联锁关断。由流程中重要参数引发的关断或由安装在中控室内操作员站手动关断软按钮触发的关断。此级关断所有的生产系统,但系统不放空。

(3)2级关断:单套装置关断。是由单套装置重要参数或由安装在中控室内操作员站手动关断软按钮触发的关断。此级只关断单套装置,对其他系统无影响。

(4)3级关断:手动就地关断。当前3级关断都失效的情况下,由人为现场手动关断。

四、大型压缩机组及配套设施降噪技术

呼图壁储气库集注站位于昌吉高新技术产业开发区,新建8台4000kW注气压缩机和3台4500kW采气压缩机,11台压缩机都为电驱往复式压缩机,分别安装于2座压缩机房内。根据供货商提供资料,压缩机产生噪声将达到97dB(A),根据《工业企业厂界环境噪声排放标准》(GB 12348—2008)的规定,呼图壁储气库噪声控制应该达到4类标准,即厂界处昼间连续等效A声压级不大于70dB(A),夜间不大于55dB(A)。因此需要对压缩机房及配套设施做降噪处理,使厂界噪声达标,满足规范的要求。

(一)噪音源分析

电驱往复式压缩机的高噪声是由电动机及其带动的压缩机发出的噪声,压缩机组1m外噪声数据高达97dB(A)。电驱往复式压缩机的主要噪声由电动机噪声、压缩机主机噪声和空冷器噪声等叠加而成,其噪声的特点为:噪声声级高、频带宽、低频突出、传播距离远、污染范围大。

1. 电动机噪声

根据电动机噪声产生的不同方式,大致可把其噪声分为三大类:电磁噪声、机械噪声和空气动力噪声。

2. 压缩机主机噪声

压缩机主机在运行时将工作气体压缩、输送,在该过程中会发出以低频为主的宽频噪声。噪声强度随机组的功率、工作压力、排气量及转速而异。主机的噪声类型主要分为机械噪声、进排气管噪声、空冷器噪声。

(二)噪声控制措施和设计方法

噪声控制主要是从声源和传播途径两个方面治理,方法主要包括:隔声、隔振、消声和吸

声。增压站噪声控制虽有其独有的特点和难点,但结合设备本身的运行特点设计切合实际的隔、消、吸、阻尼、减振等综合噪声控制措施,在同期设计、同期建设、同期验收和开发创新、确保实施的条件下,才能够做到验收达标,其中隔声作为主要措施,其次是消声、吸声以及阻尼、减振等。

(三)压缩机房降噪措施

根据上述分析,要求压缩机房的声学性能参数为:$R_W>40dB$,NRC(吸声系数)>0.9。根据对比确定压缩机房墙体采用吸隔声模块结构,墙体结构由外彩钢板、吸隔声模块和内穿孔彩钢板组成。吸隔声模块和内穿孔彩钢板之间留有空气层,空气层的设计可增加声波的反射,提高厂房墙体结构低频隔声性能,从而提高整个厂房的隔声量。

(四)模块式吸隔声体主要材质、工艺等要求

1. 彩钢板

(1)墙面外层彩钢板采用0.6mm厚镀铝锌高强钢板,镀锌量不小于$150g/m^2$,面层为普通聚酯涂层、硅改聚酯涂层、氟碳涂层等。

(2)墙面内层彩钢板采用0.5mm厚镀铝锌高强钢板,镀锌量不小于$150g/m^2$,面层为普通聚酯涂层、硅改聚酯涂层、氟碳涂层等,并制作成穿孔型板,穿孔率23%。

2. 吸隔声模块

(1)吸隔声模块为A级材料,采用吸声、隔声、阻尼等综合降噪技术,其声学性能应满足整体隔声要求,且对钢材不应造成腐蚀。

(2)外护面隔声碳钢板。采用不低于1.2mm镀锌钢板来实现隔声降噪作用,表面均匀平整,结构坚固耐用。

(3)喷涂阻尼层。阻尼材料应直接涂覆在镀锌板内侧表面,其特性指标固体含量大于45%,附着力达到1级,最大阻尼系数β_{max}(125Hz/℃)$1.4\sim1.5$,损耗因子$(\beta):1.62\sim0.75$。

(4)玻璃棉。容重不小于$48kg/m^3$,含水率应不大于1%,质量吸湿率应不大于5%,憎水率应不小于98%。且应流阻适当,孔隙均匀,有较高的吸声性能和化学稳定性。离心玻璃棉允许容重误差应不超过$\pm5\%$,含杂质量不大于3%,吸声系数NRC不小于0.95,纤维直径小于$6\mu m$,不含渣球,防潮、不吸水。

(5)内护面穿孔板。采用镀锌钢板,$\delta=1.0$,穿孔率不小于20%。

(6)包裹吸声材料的玻璃布应为平纹无碱憎水玻璃布。

(五)空冷器热风回流效应分析

呼图壁储气库仅要考虑空冷器的降噪,而且要避免因空冷器的热风回流效应造成空冷器出口温度超高的情况。

呼图壁储气库所在地全年主导风向为西风,夏季室外平均风速为3.76m/s,室外空气温度为40℃。11组空冷器并排布置于两个压缩机房东北侧(图1-4-4),距离地面高度为0.5m,压缩机房高11m,空冷器尺寸:$16.5m\times5.2m\times3.5m$(长×宽×高),每台空冷器有两台风扇,风扇直径为4.572m,单台空冷器的风量为$18795m^3/min$。

在一般情况下,返混率可用来流风温度、冷却塔入口空气温度、冷却塔出口空气温度来表示,其数学表达式为

$$\eta = \frac{t_{in} - t_\infty}{t_{out} - t_\infty} \quad (1-4-1)$$

式中 η ——热回流返混率;
t_{in} ——冷却塔入口空气温度,℃;
t_{out} ——冷却塔出口空气温度,℃;
t_∞ ——来流风温度,℃。

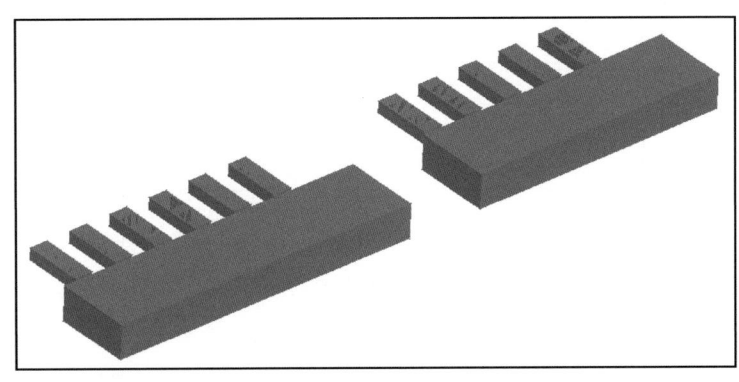

图 1-4-4 空冷器安装平面示意图

采用 CFD 数值模拟技术,对空冷器无导风筒条件下进行模拟计算,无导风筒时,由于压缩机房高度较高,空冷器较低,不利于空冷器排出的气体充分混入大气,故返混率较大。由于主导风向为西风,故靠近南侧的空冷器返混率较大,

有两台空冷器返混率大于10%,最大达到22.5%(表1-4-5)。

表 1-4-5 无导风筒条件下空冷器反混率汇总表

空冷器序号	风扇编号	t_{in}(℃)	t_{out}(℃)	t_∞(℃)	返混率 η(%)
1	A	40.5	65.0	40.0	2.1
	B	40.9	65.0	40.0	3.7
2	A	40.1	65.0	40.0	0.6
	B	40.9	65.0	40.0	0.5
3	A	40.1	65.0	40.0	0.6
	B	40.7	65.0	40.0	0.5
4	A	40.2	65.0	40.0	0.6
	B	40.8	65.0	40.0	3.5
5	A	40.1	65.0	40.0	2.8
	B	40.8	65.0	40.0	3.1
6	A	40.1	65.0	40.0	3.2
	B	40.7	65.0	40.0	2.9

续表

空冷器序号	风扇编号	t_{in}（℃）	t_{out}（℃）	t_∞（℃）	返混率 η（%）
7	A	40.2	65.0	40.0	0.7
	B	41.7	65.0	40.0	6.6
8	A	40.5	65.0	40.0	2.0
	B	43.5	65.0	40.0	1.0
9	A	40.2	65.0	40.0	1.1
	B	44.5	65.0	40.0	0.7
10	A	40.3	65.0	40.0	13.9
	B	45.6	65.0	40.0	17.9
11	A	40.2	65.0	40.0	22.5
	B	45.6	65.0	40.0	22.3
平均返混率(%)			5.1		

采用 CFD 数值模拟技术，对空冷器有导风筒条件下进行模拟计算，由于压缩机房高度较低，空冷器的导风筒较高，有利于空冷器排出的气体充分混入大气，故返混率较小，最大达到 8.4%（表 1-4-6）。

表 1-4-6　有导风筒条件下空冷器反混率汇总表

空冷器序号	风扇编号	t_{in}（℃）	t_{out}（℃）	t_∞（℃）	返混率 η（%）
1	A	40.0	65.0	40.0	0.0
	B	40.0	65.0	40.0	0.1
2	A	40.1	65.0	40.0	0.3
	B	40.6	65.0	40.0	2.5
3	A	40.2	65.0	40.0	0.8
	B	40.9	65.0	40.0	3.8
4	A	40.3	65.0	40.0	1.0
	B	41.2	65.0	40.0	4.9
5	A	40.3	65.0	40.0	1.1
	B	41.5	65.0	40.0	6.1
6	A	40.2	65.0	40.0	1.0
	B	41.4	65.0	40.0	5.6
7	A	40.0	65.0	40.0	0.0
	B	40.1	65.0	40.0	0.4
8	A	40.2	65.0	40.0	0.6
	B	41.0	65.0	40.0	4.1
9	A	40.2	65.0	40.0	0.8
	B	41.6	65.0	40.0	6.3

续表

空冷器序号	风扇编号	t_{in}（℃）	t_{out}（℃）	t_{∞}（℃）	返混率 η（%）
10	A	40.2	65.0	40.0	0.8
	B	42.1	65.0	40.0	8.4
11	A	40.1	65.0	40.0	0.3
	B	41.8	65.0	40.0	7.0
平均返混率（%）			2.5		

（六）防止空冷器热风回流效应措施

根据上述分析，在无导风筒的工况时，空冷器的返混率较大，其中2台超过10%，不利于空冷器散热，空冷器需要增加导风筒；通过计算在导风筒高度为9m的工况时，较无导风筒时空冷器的返混率明显减小，每一台空冷器的返混率均低于10%，有利于空冷器的排热。

为了保证空冷器产生的噪音厂界达标，在空冷器进风口安装通风消声元件，其进气设计结构：消声片120mm，间距200mm，流速不大于5.0m/s。

五、大型压缩机注采共用技术

呼图壁储气库设计注气和采气两种运行工况。其中注气工况时从西二线引气，在集注站集中增压后通过集输管道输送至底层储存，设计注气规模为$1550 \times 10^4 m^3/d$，建8台注气压缩机，设计入口压力为9.0~10.0MPa，出口压力为32.0MPa，单台排量为$200 \times 10^4 m^3/d$，为电驱往复式压缩机（表1-4-7）。

呼图壁储气库采气工况分为季节调峰和应急储备两种工况。季节调峰工况时将处理后天然气直接输往706泵站进准噶尔管网，冬季保证北疆地区用气平稳，设计供气量为$1900 \times 10^4 m^3/d$；应急储备工况时将处理后天然气（6.0MPa）增压10.8MPa后输往西二线昌吉站，供西二线的安全供气，设计供气量为$2800 \times 10^4 m^3/d$。

为降低工况投资，考虑将注气压缩机兼做采气压缩机使用，提高注气压缩机的使用率，降低新建采气压缩机的数量，降低工程投资，减少了采气压缩机运行和维护的费用。

通过计算，注气压缩机兼做采气压缩机使用时，其排量可保持在$200 \times 10^4 m^3/d$左右，可减少4台采气压缩机，降低工程费用约1.2亿元。

表1-4-7 注气压缩机兼做采气压缩机排量计算表

入口温度（℃）	入口压力（MPa）	出口压力（MPa）	计算功率（kW）	排气量（$10^4 m^3/d$）
5.0	6.0	9.0	1398.5	245.99
		10.0	1615.2	234.36
		11.0	1791.7	223.26
		12.0	1934.4	212.63

续表

入口温度 (℃)	入口压力 (MPa)	出口压力 (MPa)	计算功率 (kW)	排气量 ($10^4 m^3/d$)
10.0	6.0	9.0	1387.9	238.32
		10.0	1603.2	226.96
		11.0	1778.2	216.1
		12.0	1919.0	205.69
15.0	6.0	9.0	1378.0	231.25
		10.0	1592.2	220.14
		11.0	1765.7	209.51
		12.0	1904.8	199.31

六、大口径双金属复合管安装技术

双金属复合管在储气库天然气集输过程中大量应用,其焊接质量和速度影响整个工程建设和后期运行。通过焊接工艺优化及配套辅助工具的创新研制,保证了工程质量和进度。

(一)大口径双金属复合管焊接工艺

研究了大口径双金属复合管管口内堆焊焊接工艺,通过管口内堆焊焊接工艺将管口处的覆层和基层改为分子结合,管端加工坡口,然后管线在现场组对焊接,该工艺将复合管因自身结构导致的应力集中部位和对接焊缝融合线部位分离开,避免了焊接裂纹的产生,减小了现场对接焊的施工难度,具有施工工效高、质量可靠、成本低的特点。

1. 内堆焊焊接工艺的原理和技术优势

内堆焊的原理:将双金属复合管的管端一定长度范围的内衬管去除,使用与内衬管材料相同或铬、镍元素含量更高的不锈钢焊材,在这一范围采用操作简单、功效较高的焊接设备和工艺进行多道多层堆焊,所得的熔敷金属厚度不低于原有的内衬管的壁厚。即管端堆焊的熔敷金属在外观尺寸和耐腐蚀功能方面替代了原有的内衬管,不同的是管端处内衬管和基管的复合为冶金状态。其优势在于:

(1)通过对管端堆焊的熔敷金属进行理化分析试验,其各元素含量与原内衬管相当,铬、镍元素含量有所提高,能够保证堆焊熔敷金属具有与原内衬管相当的耐腐蚀性能。

(2)内堆焊管口的坡口加工非常方便,焊接操作上也比带有封焊焊缝的坡口简单。

(3)管端处形成冶金结合,对接焊缝中的"结构性阴影"肯定不会产生。

(4)内堆焊后的管口经检测合格后才进行管—管对接焊,对接焊缝中不会由于外来影响而产生缺陷。

(5)没有了封焊焊缝后,对接焊缝中的应力集中区域也就不存在了,消除了一个裂纹源,对接焊缝中产生裂纹的可能性大大减低了。

(6)封焊后内衬管变形造成管口内错边较大而产生根部未焊透;由于内衬管很薄,封焊操作时造成"假熔"或封焊熔敷金属厚度不足,对接焊过程中也没有使其熔合或将封焊焊缝烧透后没有完全熔合就会造成了层间未熔合。这些由于封焊产生的缺陷在内堆焊管口上都可以避免产生。

(7)内堆焊可以在复合管到达现场之前进行集中焊接,施焊条件、检测条件较施工现场都好得多,能够更好地控制内堆焊的焊接质量。

2. 管口加工

内堆焊前管口机械加工,其方法是:对管口椭圆度进行校正,保证基管处车削精度。在双金属复合管管端一定长度范围内进行车削,将其中的内衬管去除,同时车削基管壁厚(1±0.3)mm(图1-4-5)。

图1-4-5 加工后的管口

3. 管口变形校正

管口变形校正是内堆焊工艺的一个难点。使用中发现,管口不圆,大都是椭圆形,仅需要校正一个最短轴和一个最长轴尺寸,因此改用千斤校圆。先在管端上平均找出8个点,经测量找出距离最短的两点,将千斤撑在这两点上,这两点间尺寸和与之垂直的两点间尺寸相等即可(图1-4-6)。在千斤支撑的两点做好标记,等堆焊完成后,再次切削时,可以方便使用。

图1-4-6 校圆的仪器

4. 内堆焊焊接

将焊枪固定在一套可进行上下、左右、前后调节的行走机构上,复合管固定于可以调节转速的滚轮台架上(图1-4-7),采用钢管转动的方式,实现自动化的二氧化碳气体保护焊,焊接熔敷效率很高。使用ER309L和ER316L不锈钢药芯焊丝,进行两层多道堆焊,所得的熔敷金属厚度不低于原有的内衬管的壁厚。使管端堆焊的熔敷金属在外观尺寸和耐腐蚀能力两方面替代了原有的内衬管,管端处内衬管和基管的复合为分子结合。

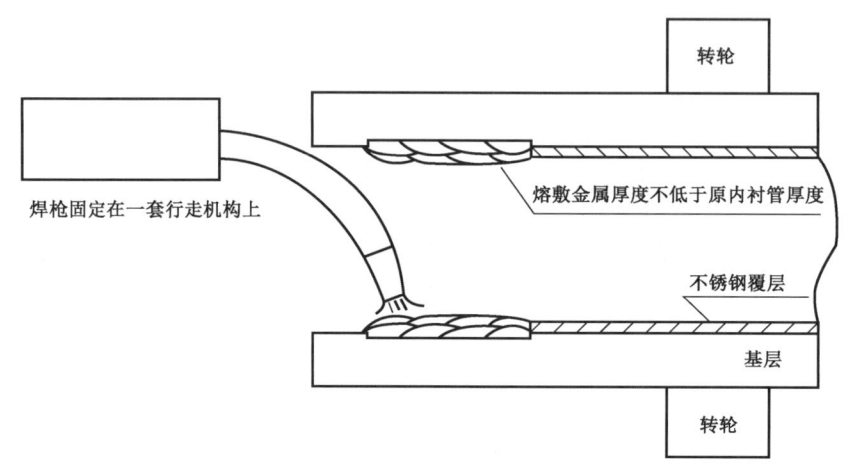

图1-4-7 内堆焊示意图

焊接工艺使用的焊接方法为不锈钢药芯焊丝的熔化极气体保护焊。堆焊分两次进行,每次焊接1层,分别采用E309LT1-1过渡焊焊丝和E316LT1-1堆焊焊丝。焊接过程采用100% CO_2 气体保护。

5. 内堆焊后管内部机加工

内堆焊完成并经射线检测合格后,将管口预留段切除,再次进行校圆,保证管口缩径在1~2mm,然后将内堆焊高出部分进行镗平,机械加工完成后内堆焊层应与原管道内壁平齐,允许误差为0~0.2mm,不得低于原管道内壁,不得损伤未堆焊部位的不锈钢复合层。

6. 内堆焊后管端坡口加工

内堆焊层镗平且预留段切除后,管端平端面用角度刀倒管子坡口,保证管口角度27.5°~30°。

7. 注意事项

(1)大口径双金属复合管在内堆焊及机加工中,不得破坏或损伤已有的防腐层。

(2)在机加工过程中,不得损伤钢管非指定加工区域母材,不得用碳钢工装直接接触不锈钢复层。

(3)在切削过程中不得使用冷却液,且在户外存放和拉运时做好保护措施(包括防雨、雪措施等),不允许有各类液体污染切削处,严禁各类液体流入基层与复合层之间的间隙中。

(4)管端预留段使用等离子切割时,严格保证切割精度,防止损伤内堆焊层。

8. 现场对接焊

大口径双金属复合管在厂房内完成内堆焊后,运至施工现场,按照常规的管道半自动下向焊接方法进行焊接。

(二)大口径双金属复合管半自动焊接工艺

常规的半自动填充盖面焊接方式一般焊接线能量较高,考虑到基层和复层之间结合部分是线能量集中的薄弱区,焊接应力大,又有"结构性阴影"存在,极易产生裂纹。因此,选用焊接线能量较低的钨极氩弧半自动焊接工艺,可以有效控制裂纹。

封焊、根焊和过渡焊采用不锈钢焊丝手工钨极氩弧焊。封焊要求管口坡口处要预留出 3~4mm 的内衬不锈钢管,所以选用台阶式 V 型对接坡口,坡口角度 α 为 55°~65°,组对间隙 b 为 2.5~3.5mm,对口错边量控制在 1.3mm 以内。完成了复合管焊接接头应力分析,进行了多种模拟工况条件下复合管耐蚀性能分析,并针对复合管射线检测时出现的"结构性阴影"进行了试验研究,经过大量的焊接试验对比,形成一种适用于大口径、厚壁不锈钢双金属复合管的半自动焊接工艺方法。

(三)双金属复合管专用工装机具

1. 温压一体化管道集成装置

在石油与天然气管道输送过程中,双金属复合管现场开孔及焊接难度大,现场安装测温、测压元件施工难度大,不便于操作及质量控制,当出现问题时,不易发现及更换。如果采用不锈钢管件虽然可以解决现场开孔和耐腐蚀的问题,但是成本和焊接难度较大。

为此,研制了一种温压一体化管道集成装置,采用双金属复合管体;在管体的两端分别有左接头与右接头,在管体上通过焊接固定安装了压力表接头、压力传感器接头和注甲醇口接头,这些接头与管体内腔相通。另外在管体上还通过焊接固定安装了温度计接管和温度传感器接管,其内端位于管体内腔。

该装置采用工厂加工成标准件,提高了工效,降低了成本,便于现场检修与更换,降低了安全隐患。在呼图壁大型储气库工程中总共制作了 60 套(图 1-4-8),现场施工难度小,工作效率高。

图 1-4-8 温压一体化管道集成装置

2. 专用的外对口器

管道在进行对口焊接过程中,常需要用到外对口器夹住待焊接的管道,以便于焊接。现有的外对口器主要为液压式或铰链式,使用此类外对口器将待焊接的双金属复合管两管道对口完成后,必须先点焊定位块,之后再进行根焊及基层焊接。不方便电焊工施焊,施工效率较为低下。而且这种结构的管道外对口器在管工实际操作过程中也不方便。

为了解决这一问题,研制了一种新型的外对口器。该装置采用卡口式,上有三个固定爪。使用时,主体部分位于焊缝一侧 5~10mm,三个固定爪卡住待焊的管材,拧紧旋转丝杆,直至固定爪的圆周面完全压顶抵于管外壁,即可进行焊接。固定爪与待焊接管紧密接触,可以保证焊口的错皮量在规范规定的范围内,而且固定爪将焊缝分为三个部分,可免除点焊定位块这一工序,直接进行根焊,简化了工序,提高了效率。当焊接完成后,反向旋拧旋转丝杆,即可卸掉外对口器,使用方便。

参 考 文 献

[1] 符寒光. 提高油气管耐蚀性的工艺研究[J]. 西安石油学院学报(自然科学版),2002,17(6):39-42.
[2] 凌星中. 内复合双金属管制造技术[J]. 焊管,2001,24(2):43-46.

第二章 建库地质综合评价

呼图壁气藏位于天山北坡第三排构造带,其构造形态为被呼图壁逆掩断裂分割的长轴断背斜,含气面积 15.20km²,埋深 3570m,天然气地质储量为 $126.12 \times 10^8 m^3$,凝析油地质储量 $76.69 \times 10^4 m^3$,凝析油可采储量 $24.54 \times 10^4 m^3$,为大型超深中孔中渗贫凝析气藏。建库地质设计以气藏地质研究为基础,准确评价注采气能力,合理设计库容参数,优化井网设计,以实现季节调峰和应急储备两大功能。

第一节 气藏地质概况

通过气藏地质再认识,精细刻画气藏地层、构造、储层、流体等特征,进一步评价气藏密封性,为储气库建设奠定良好的基础。

一、地层划分

呼图壁储气库储气层发育在紫泥泉子组,其上覆地层安集海河组底部有一界面,其特征为 GR 曲线平直低值突变为钟形,该界面可作为划分为紫泥泉子组顶的标志,距紫泥泉子组顶几米处 GR 曲线有 1~2 个小尖峰的出现。

A 气田紫泥泉子组($E_{1-2}z$)由下至上分为 3 个砂层组,即紫一段($E_{1-2}z_1$)、紫二段($E_{1-2}z_2$)和紫三段($E_{1-2}z_3$)。而作为改建地下储气库的目的层为 $E_{1-2}z_2$ 砂层组。

$E_{1-2}z_2$ 分为上、下两个砂层:$E_{1-2}z_2^1$ 和 $E_{1-2}z_2^2$,$E_{1-2}z_2^1$ 又可根据其中部较为稳定的泥岩隔层分为 $E_{1-2}z_2^{1-1}$、$E_{1-2}z_2^{1-2}$ 两个单层。

(一)$E_{1-2}z_2^1$ 砂层岩电特征

$E_{1-2}z_2^1$ 顶部沉积了一套胶结致密的泥岩、泥质粉砂岩,是气层的直接盖层。可以作为地层划分对比的标准层,厚度为 6.5~14.6m。电性特征:自然伽马(GR)和声波时差(AC)明显异常高值;电阻率(RT 和 RI)很低,明显呈"C"形。

$E_{1-2}z_2^1$ 砂层中部沉积了一套泥岩层,岩性较纯,是上、下砂层组的隔层,全区发育稳定,仅 A2 井和 A2003 井为泥质粉砂岩,也可作为对比标准层。

$E_{1-2}z_2^1$ 砂层中部隔层将 $E_{1-2}z_2^1$ 分为 $E_{1-2}z_2^{1-1}$、$E_{1-2}z_2^{1-2}$ 两个单层。$E_{1-2}z_2^{1-1}$ 单层上部多为泥岩、泥质粉砂岩,砂体欠发育;$E_{1-2}z_2^{1-2}$ 单层以粉砂岩、泥质粉砂岩为主,砂体较发育。

(二)$E_{1-2}z_2^2$ 砂层岩电特征

$E_{1-2}z_2^1$ 砂层和 $E_{1-2}z_2^2$ 砂层之间,也就是 $E_{1-2}z_2^2$ 砂层顶部沉积了一套胶结致密的粉砂质泥岩,也是 $E_{1-2}z_2^1$ 砂层和 $E_{1-2}z_2^2$ 砂层之间的隔层,全区发育稳定,同时也作为地层划分对比的标准层,沉积厚度在 2.8~11.8m 之间变化。电性特征:深浅电阻率(RT 和 RI)呈较明显的尖峰状。A2 井、A001 井和 A2008 井发育前三角洲泥岩,GR 曲线呈明显高值。

$E_{1-2}z_2^2$ 砂层底部电性特征也比较明显,根据冲洗带电阻率 RXO 曲线可以发现,在 $E_{1-2}z_2^2$ 砂层底部以下(E_1-2z_1 砂层组)RXO 曲线形态比较平直,且呈现锯齿状波动,而且从 RT 和 RI 曲线形态上可知,RT 与 RI 的值整体上明显高于 $E_{1-2}z_2^2$ 砂层,可作为 $E_{1-2}z_2^2$ 砂层结束的标志。

$E_{1-2}z_2^2$ 砂层除顶底标志层位外,主要发育粉砂岩及部分泥质粉砂岩、中砂岩,砂体较发育。

二、构造特征

(一)精细地震追踪

呼图壁背斜为一被呼图壁逆掩断裂分割的断背斜。目的层段地层在逆掩断裂上下盘有重复,同时地震剖面显示,该区微幅度构造发育。为了提高地层追踪的精度,采取如下措施:

(1)同一层位上下盘分开定名,这样逆掩断裂带上下盘地层均可生成相应数据,准确刻画出逆掩部分地层重复段(图 2-1-1)。

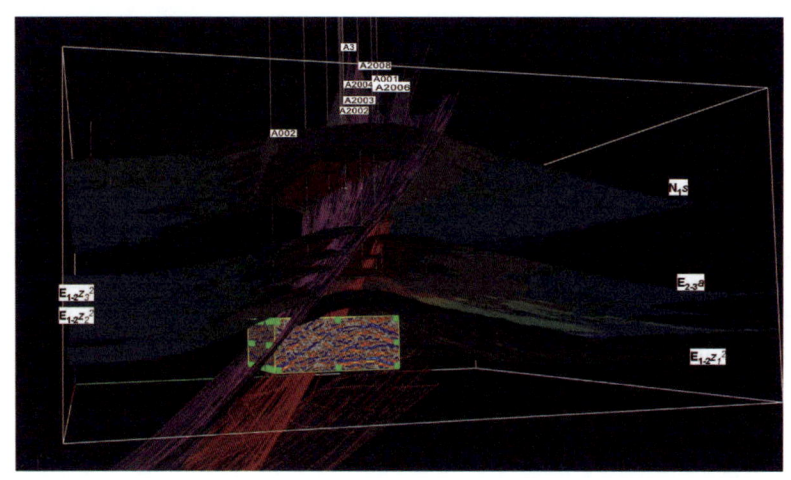

图 2-1-1 呼图壁构造精细地震追踪三维效果图

(2)5m×5m 道加密解释,以免漏掉可能的低幅度构造,从上到下,完成了 N_1s、$E_{2-3}a$、$E_{1-2}z_3^2$、$E_{1-2}z_2^2$、$E_{1-2}z_1^2$ 等 5 个地震反射层位的精细追踪(N_1s 为新近系沙湾组,$E_{2-3}a$ 为古近系安集海河组,$E_{1-2}z$ 为古近系紫泥泉子组)。

(二)精细断裂解释

呼图壁逆掩断裂模式相对比较简单,关键在于准确确定断面的空间位置。本区共有两块三维地震资料,地震资料品质稍有差异。在断裂解释过程中,采取如下措施完成工区内断裂组合:

(1)两块三维结合。利用 A2 井区 B 块三维地震完成工区内断裂组合,利用 A2 井区 A 块三维修正断面的准确位置,确认局部小断裂。

(2)多属性综合。地震剖面、时间切片、本真值相干数据体综合确认断裂。

(3)加密解释。与层位追踪相对应,5m×5m 道对三维地震工区的断裂进行解释,确保断裂剖面位置准确,断点闭合良好,在三维空间内断面形态良好。

(4)断裂平面组合时,严格按照运算的断裂投影点勾绘断层多边形,尽可能真实反映逆掩带宽度。

应用上述方法,进行了呼图壁构造的精细断裂解释:

(1)在三维工区内,紫泥泉子组主要发育有4条近东西向南倾的逆断裂。

(2)从下到上断面倾角逐渐增大,最深部断裂断面平缓,几乎顺侏罗系煤层滑脱,只在侏罗—白垩系内发育;最上部断裂断面陡倾,断开层系最多(J—N)。这4条断裂中,断穿紫泥泉子组的断裂有3条:呼图壁断裂、呼图壁北断裂及A001井北断裂。

(3)呼图壁断裂是该区最主要的断裂,自A2井往西,断裂分叉。该断裂属逆掩断裂,断面上陡下缓,在紫泥泉子组目的层段造成地层重复,纵向上,从上到下(从N_1s底到$E_{1-2}z$底)逆掩带逐渐变宽,横向上,逆掩带在工区中部最宽,东西两侧逐渐变窄,紫泥泉子组底部地层重复段最宽达到770m。在下盘断背斜中,发育呼图壁北断裂和A001井北断裂两条与之相平行的逆断裂,与呼图壁断裂相比,这两条断裂垂直断距较小,平面延伸距离较短(表2-1-1),断裂上下盘地层重复量很小。

表2-1-1 构造断层要素表

断裂名称	断层性质	延伸长度(km)	走向	倾向	断距(m)	层位
呼图壁断裂	逆	20	北西西	南倾	60~200	$J—N_1t$
呼图壁北断裂	逆	12	北西西	南倾	20~40	$J—E_{2-3}a$
A001井北断裂	逆	8.5	北西西	南倾	20~40	$J—E_{2-3}a$
A2井西断裂	逆	6.7	北西西	南倾	180	$E_{2-3}a—E_{1-2}z_3$

(三)构造特征

完成了3个层位$E_{1-2}z_3$、$E_{1-2}z_2$、$E_{1-2}z_1$的顶面构造图(图2-1-2)。呼图壁气田整体构造形态为近东西向展布的长轴断背斜,东西长约20km,南北宽约3.5km。呼图壁断裂将背斜切

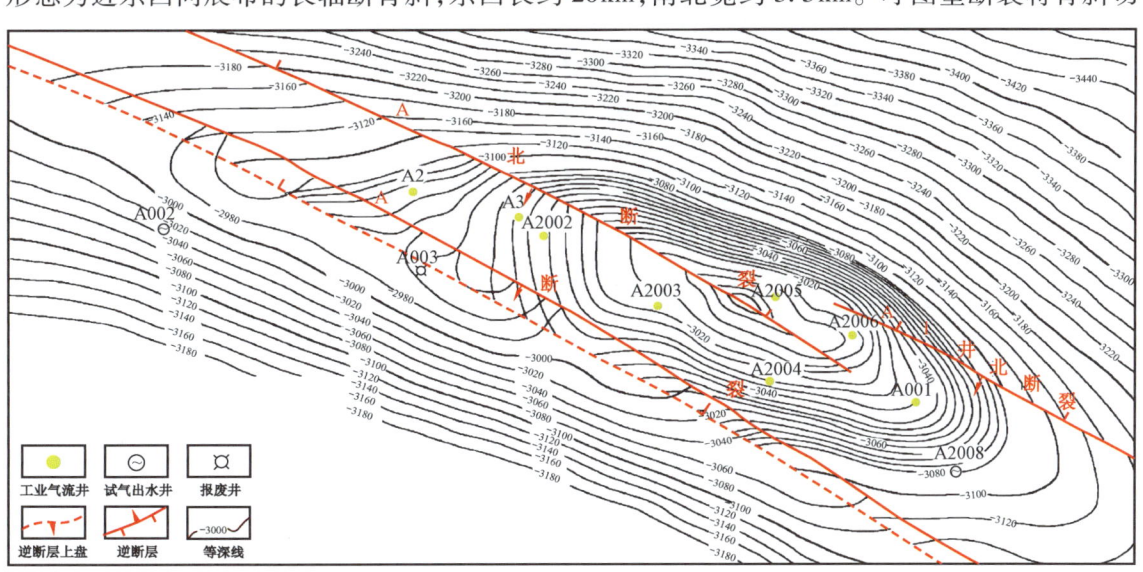

图2-1-2 呼图壁气田紫泥泉子组$E_{1-2}z_2$顶界构造图

割为上、下盘两个断背斜。从构造图可以明显看出,从上到下,断裂下盘背斜构造越来越完整,从断鼻变为背斜。反之,断裂上盘构造从完整背斜变为断鼻。呼图壁背斜下盘紫泥泉子组地层倾角总体上呈西陡东缓,构造高点在A2006井与A2004井之间,在A2井以西,背斜变窄,在背斜构造背景上发育一微幅度鼻状构造。A背斜上盘高点在A003井附近,断鼻西宽东窄。从上下盘高点位置、背斜短轴宽度变化及上下盘地层分布状况分析,该构造早期为一完整背斜,喜马拉雅运动晚期构造活动发育的A断裂等将背斜切割,断裂走向与背斜轴向呈一定交角。

三、气库密封性评价

地下储气库密封性的好坏不仅直接确定了储气库能否储存天然气,还关系到储气库周围人民的生命财产安全。因此,在地下储气库建设中,不仅要求对储气库进行气田开发中常规的构造形态、圈闭幅度等基本研究,而且必须根据储气库对圈闭密封程度要求高的特点,重点对储气库圈闭密封的有效性进行评价[1]。主要包括对盖层密封性和断层密封性的评价。

(一)盖层密封性评价

盖层是指位于储层之上能够封闭储层中的油气不向上逸散的岩石保护层,分区域性盖层、局部性盖层;根据分布范围,盖层分直接盖层与上覆盖层[2]。盖层密封性强度取决于宏观因素与微观因素,盖层的密封性评价包括宏观密封性评价与微观密封性评价[1]。

1. 盖层宏观密封性评价

盖层宏观密封性评价内容主要包括两个方面,即盖层的厚度与盖层的覆盖程度。呼图壁储气库上覆有一套区域性盖层和一套直接盖层[3,4],因此,盖层宏观密封性评价主要针对这两套盖层。

区域性盖层是指遍布于含油气盆地或凹陷的大部分地区,厚度大、面积广且分布稳定的盖层。区域性盖层的稳定分布是储气库整体封闭条件好的有力保障。根据实钻资料分析(表2-1-2),呼图壁储气库紫泥泉子组上覆为安集海河组,而安集海河组层岩性主要为灰色、灰绿色泥岩,属于湖相-半深湖相沉积,厚度在751~947m之间。显然,安集海河组泥岩在呼图壁储气库具有岩性好、沉积厚度大、分布稳定、覆盖范围大等特点,是一套密封性非常好、有效的区域性盖层。

表2-1-2 呼图壁储气库区域性盖层厚度表

井号	A2	A001	A002	A2002	A2003	A2004	A2005	A2006	A2008
厚度(m)	947.0	817.0	751.0	906.0	875.0	846.0	812.0	810.0	849.0

直接盖层是指紧邻储层之上的封闭岩层。根据测井曲线多井对比分析,呼图壁储气库紫泥泉子组紫三砂层组$E_{1-2}z_3$与紫二砂层组$E_{1-2}z_2$之间有一个较稳定的直接盖层,其质地比较纯,岩性主要是以泥岩为主,分布较为稳定,从井的钻遇情况来看,厚度约在6.84~9.46m,平均8.03m(表2-1-3)。该直接盖层虽然厚度不是太厚,且向西有减薄趋势,A002井厚度小

于5m,但泥岩盖层随着埋深的增加,其压实程度增高,孔隙度、渗透率随之减小,排驱压力增大,其封闭性能也不断增高。该直接盖层的埋深大于3000m,并且已经历了长期的地史时期,未遭到破坏,说明其盖层条件及盖层的封闭性是很好的,封闭类型为物性封闭(即毛细管压力封闭)。因此,从岩性和厚度的条件上来看,直接盖层条件较好,满足了储气库的要求。

表2-1-3 呼图壁储气库单井直接盖层厚度表

井 号	厚 度(m)	岩 性
A2	7.80	泥岩、泥质粉砂岩
A2002	7.30	泥岩
A2003	8.03	泥岩
A2004	8.68	泥岩
A2005	9.46	泥岩、泥质粉砂岩
A2006	7.70	泥岩
A001	8.45	泥岩、泥质粉砂岩
A2008	6.84	泥岩
平均	8.03	

2. 盖层微观密封性评价

盖层的微观特性通常指盖层的微观孔隙特性,包括排驱压力、孔隙度、渗透率、孔隙中值半径、突破压力、扩散系数等。盖层微观密封性评价实际上就是对盖层的物性密封能力评价。

泥岩盖层样品实验分析表明,盖层平均孔隙度4.1%,平均渗透率0.028mD,盖层的渗透能力差,密封性好。

突破压力是指气体冲出上覆泥岩盖层所需要的最小地层压力。一般根据钻井取心获得样品的实验室分析求取,也可根据测井计算的泥岩段总孔隙度、有效孔隙度、含砂量等参数建立计算模型获得。取心样品实验分析结果表明:呼图壁储气库盖层的突破压力为2.0～3.0MPa(表2-1-4),平均为2.5MPa。

表2-1-4 A003井盖层岩石突破压力实验结果表

样品编号	井号	井深(m)	层位	岩性	饱和煤油突破压力(MPa)
1	A003	3280.47	$E_{1-2}z$	褐色泥岩	3.0
13	A003	3480.85	$E_{1-2}z$	红褐色泥岩	2.0

盖层能否封隔油气,除了受控于盖层突破压力的大小外,同时与气藏的压力系数、埋藏深度也密切相关。呼图壁气藏紫二砂层组($E_{1-2}z_2$)压力系数0.96,属于正常压力系统,因此对应的压力系数选择1.00;紫二砂层组($E_{1-2}z_2$)埋藏深度介于3500～3650m。通过计算分析,不同埋深、不同气柱高度所需的最小突破压力经验值不同(表2-1-5),3500m埋深封闭200m气柱高度需要的突破压力不到2.0MPa,而该气藏上覆直接盖层的突破压力在2.0～3.0MPa之间,故可封闭的气柱高度大于200m,而A气藏紫二砂层组($E_{1-2}z_2$)圈闭的幅度仅为180m,小

于可封闭的气柱高度,因此该地区的直接盖层对储层是非常有效的,即当圈闭完全注满气体时,直接盖层也可封闭紫二砂层组($E_{1-2}z_2$)储层。

表 2–1–5　压力系数为 1.0 时不同埋深、不同气柱高度所需的最小突破压力表　　单位:MPa

埋藏深度（m） \ 气柱高度（m）	10	100	200	500	1000
1000	0.48	0.96	1.92	4.8	9.6
1500	0.44	0.88	1.76	4.4	8.8
2000	0.43	0.85	1.69	4.88	8.45
2500	0.42	0.83	1.66	4.16	8.32
3000	0.41	0.82	1.64	4.1	8.2
3500	0.4	0.8	1.62	4.05	8.1
4000	0.39	0.79	1.58	3.96	7.9

吸附特征可通过实验分析岩石的比表面和孔径分布特征来研究(表 2–1–6)。

表 2–1–6　A003 井泥岩盖层岩石比表面—孔径分布实验结果表

样品编号	井号	井深（m）	岩性	层位	BET 比表面（m^2/g）	BJH 总孔隙体积（mL/g）	平均孔隙直径（μm）
1	A003	3280.47	褐色泥岩	$E_{1-2}z$	19.98	0.0294	6.319
2	A003	3480.85	红褐色泥岩	$E_{1-2}z$	21.14	0.035	6.859

比表面主要反映单位质量内岩石颗粒的表面积之和,它受矿物成分的含量和颗粒大小、有机质含量、成岩作用阶段等因素影响而变化,不能直接反映封盖性能的好坏。

孔径分布是通过分析孔隙分布特点来判断研究盖层性能。根据各种不同类型的孔隙结构分布形态,可以分为 4 种类型,即集中型、双峰型、分散型、不规则型。其中泥质岩主要呈集中型,孔径分布小于 10nm 的微孔隙含量一般为 80%~90%。该区的实验分析表明,样品的平均孔径均小于 7nm,孔隙分布形态呈集中型,其中大部分的孔径都小于 10nm(图 2–1–3),因此相对应的突破压力较高,盖层封闭性较好。

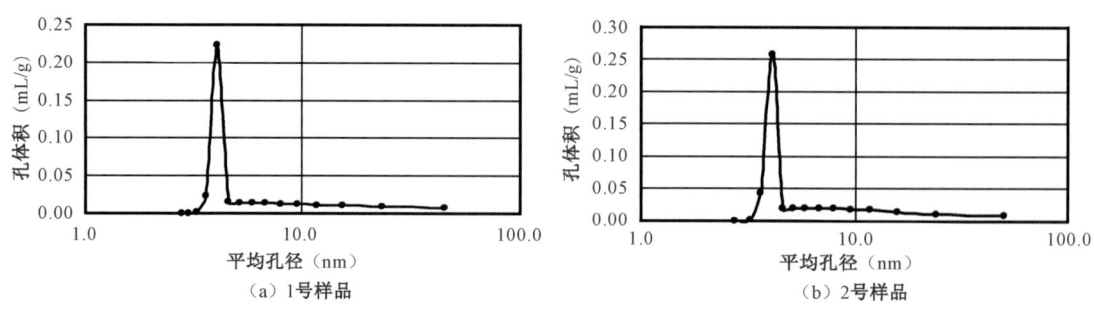

图 2–1–3　A003 井直接盖层样品孔径分布曲线

通过压汞实验可以获得毛细管压力曲线,分析孔隙、喉道等微观结构参数。气藏盖层实验分析测得的样品排驱压力较高,分布于 3.82~14.47MPa,毛细管的中值压力为 65.30~73.69MPa,孔喉中值半径为 0.010~0.011μm,最大喉道半径不超过 0.200μm(表 2-1-7 和图 2-1-4),说明泥岩盖层孔喉很细小,可阻止气体的运移。

表 2-1-7　A003 井泥岩盖层压汞实验分析结果表

样品编号	井深(m)	孔隙度(%)	喉道均值	分选系数	偏态 Sk	峰态 Kg	排驱压力(MPa)	中值压力(MPa)	最大喉道半径(μm)	中值半径(μm)
1	3280.47	8.80	14.73	2.18	-1.938	9.76	3.82	65.30	0.193	0.011
2	3480.85	8.20	14.67	2.66	-2.936	11.57	14.47	73.69	0.051	0.010

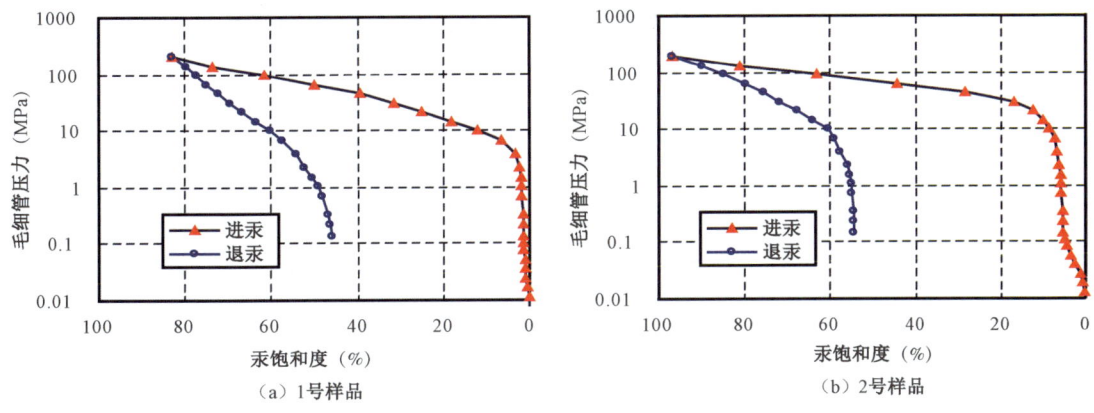

图 2-1-4　A003 井盖层样品毛细管压力曲线图

上述微观实验综合分析表明,呼图壁储气库的泥岩盖层具有良好的封盖天然气的条件。

(二)断层密封性评价

断层的封闭性是指断层上、下盘或断裂带上、下盘岩石由于岩性、物性差异所导致的排驱压力差异,该排驱压力差异的大小决定断层封闭与通道作用的性质。在地质空间上,主要表现为断层的垂向封闭性与侧向封闭性[3,5,6]。

1. 断层垂向密封性

紫泥泉子组上覆的安集海河组岩性为湖相—半深湖相泥岩,在本区厚约 847m,为一套稳定的区域盖层。根据地震解释成果,呼图壁断裂(Ⅰ号断裂)断开侏罗系-新近系(图 2-1-5),虽然呼图壁断裂(Ⅰ号断裂)断穿了安集海河组区域盖层,断层断距介于 60~200m,但由于该断裂为挤压型的逆断层,加之区域盖层厚度大,因此推断该断层在垂向上具备封堵作用。同时从生产动态资料上来看,区内所有井在安集海河组上部的地层中均未见油气显示,进一步证明了呼图壁断裂(Ⅰ号断裂)在垂向上是密封的。

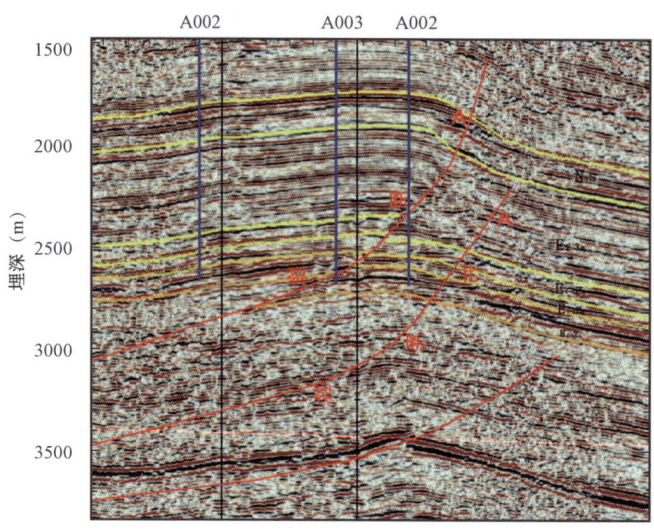

图 2-1-5　过 A002-A003-A2002 井连井地震解释剖面图

呼图壁北断裂（Ⅱ号断裂）、呼 001 井北断裂（Ⅲ号断裂）断距较小，均未断穿区域盖层，因此断层在垂向上具有密封作用。

2. 断层侧向密封性

呼图壁北断裂（Ⅱ号断裂）和呼 001 井北断裂（Ⅲ号断裂）断距较小，介于 20~40m，未断开储层，因此主要分析 A 断裂（Ⅰ号断裂）的侧向密封性。

据地震地质解释成果，呼图壁断裂（Ⅰ号断裂）下盘紫二砂层组（$E_{1-2}z_2$）直接与上盘紫一砂层组（$E_{1-2}z_1$）对接，测井解释成果分析表明，紫二砂层组（$E_{1-2}z_2$）储层以细、粉砂岩为主，物性好，而紫一砂层组（$E_{1-2}z_1$）岩性明显变细，以粉砂岩为主，泥质含量增加，物性变差。同时呼图壁断裂（Ⅰ号断裂）上盘紫泥泉子组泥岩厚度较下盘明显偏厚（表 2-1-8），而且越靠近断面，泥岩厚度越厚，据断层面最近的 A003 井厚达 108.5m，随着上盘泥质含量的增加，断层两侧易于形成砂泥并置局面。故断层两侧岩性对接关系表明，断层在侧向上具有一定的封堵性。

表 2-1-8　呼图壁储气库紫泥泉子组泥岩厚度统计表

井号	断层上盘		断层下盘							
	A003	A002	A2	A001	A2002	A2003	A2004	A2005	A2006	A2008
泥岩厚度（m）	108.50	75.75	88.25	58.75	40.75	69.75	43.25	66.10	36.25	77.40

结合生产动态资料，断层两侧的目的层紫二砂层组（$E_{1-2}z_2$）均有砂体发育，断层下盘 A2002 井在紫二砂层组（$E_{1-2}z_2$）产气，在断层上盘的构造高点处的评价井 A003 井海拔明显高于 A2002 井，但在紫二砂层组（$E_{1-2}z_2$）却未见油气显示，试气结果为干层，进一步证明了 A 断裂具有比较好的侧向封堵性。

定量上，根据呼图壁断裂（Ⅰ号断裂）的特征，优选泥岩涂抹因子（Shale Smear Factor，SSF）算法来进行断层的密封性评价[6]，算法如下

$$SSF = \frac{\Delta z}{\sum H_{i泥页岩}} \quad (2-1-1)$$

式中 H——泥页岩—目的层段单层泥页岩厚度,m;

i——目的层段泥页岩层数;

Δz——断层垂直断距,m。

SSF 值越小,连续涂抹的可能性越大,因而在断层上形成一个封堵层。

当 SSF 小于 7 时,断层一般是封堵的,当其大于 7 时,泥页岩涂抹可能变得不完整。

区内呼图壁断裂（Ⅰ号断裂）垂直断距为 60~200m,目的层紫泥泉子组内部发育数套泥岩隔夹层,总厚度为 60m。根据上述算法,得出 A 断裂（Ⅰ号断裂）在紫泥泉子组内部的泥岩涂抹因子 SSF 介于 1~3.3,远小于封堵的定量标准,从定量上同样证明了断裂在侧向上具有密封性,因此 A 断裂（Ⅰ号断裂）的密封性较好。

综合上述分析,该区内的三条断裂在垂向上都具备密封性,南部 A 断裂（Ⅰ号断裂）在侧向上也具备封闭性,因此断层的封闭条件较好。

四、沉积相

准噶尔盆地南缘古近系紫泥泉子组发育的沉积相主要有辫状河、三角洲相和滨浅湖相[7,8]。储气库建库目的层为紫二砂层组,从下到上主要的亚相为:三角洲前缘、前三角洲。平面上微相的组合有:水下分流河道、河口坝—远砂坝及席状砂。

从过 A2005—A2006—A001—A2008 井紫泥泉子组沉积相剖面(图 2-1-6)上看,自下而上沉积亚相为三角洲前缘—前三角洲。

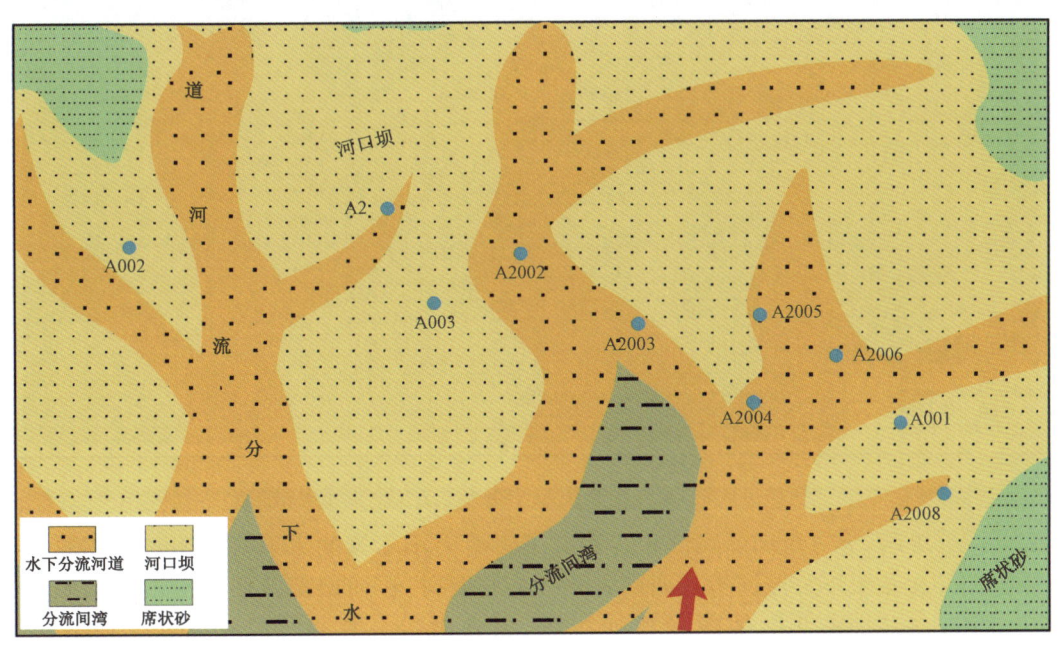

图 2-1-6 过 A2005—A2006—A001—A2008 井紫泥泉子组沉积相剖面图

$E_{1-2}z_2^2$ 砂层主要亚相为三角洲前缘,微相有:水下分流河道、河口坝—远沙坝及席状砂。该段水下分流河道比较发育,该段上部横向很连续,中下部连续性变差。

$E_{1-2}z_2^1$ 砂层底部发育一期前三角洲亚相,该期为间歇性水进期,在 A2005 井处该阶段发育水下分流河道,侧向上与前三角洲泥岩相接触。向 A2006 - A001 - A2008 井方向上,水下分流河道减少,A2006 井发育部分水下分流河道,其他多为远沙坝—席状砂及前三角洲泥岩沉积。中上部为三角洲前缘沉积,大量发育水下分流河道、河口坝—远沙坝及席状砂。其中 $E_{1-2}z_2^1$ 中部水下分流河道横向上连续性好,河道砂体较厚,向 A2008 井附近不发育水下分流河道,多为远沙坝—席状砂沉积。顶部又为一水进期,发育前三角洲沉积,剖面上大部分为前三角洲泥岩沉积,发育少量的席状砂,该层为比较好的盖层。

呼图壁气田紫泥泉子组为一套湖进背景下的退积性三角洲沉积。紫泥泉子组 $E_{1-2}z_2$ 砂层组沉积过程中的物源来自 A2 井、A2002 井以南方向,根据砂体厚度分布、砂岩百分比,结合地震属性等绘制了 $E_{1-2}z_2^2$ 砂层、$E_{1-2}z_2^{1-2}$ 单层、$E_{1-2}z_2^{1-1}$ 单层的沉积相平面图,其三套砂体在平面上微相特征如下。

$E_{1-2}z_2^2$ 砂层:在沉积之前处于辫状河三角洲平原亚相,由于河水能量减弱,在该期形成辫状河三角洲前缘亚相沉积,平面形态呈扇状,发育了多个大小不等的水下分流河道。物源主要来自西南方向(图 2-1-7)。

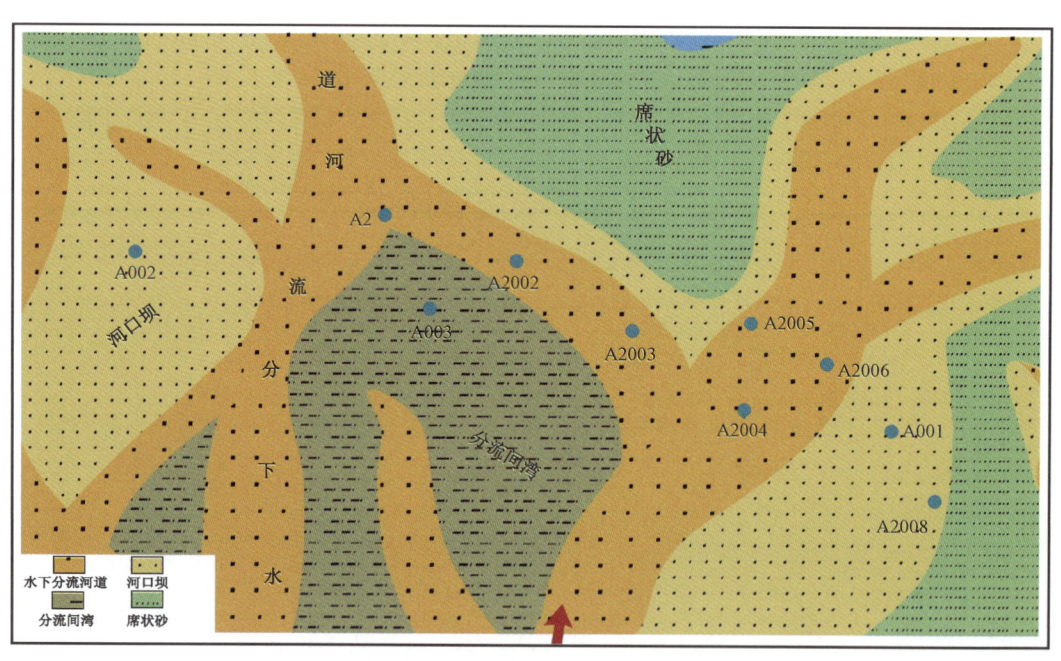

图 2-1-7 A 气田紫泥泉子组 $E_{1-2}z_2^2$ 砂层沉积相图

$E_{1-2}z_2^{1-2}$ 单层:为三角洲前缘沉积。发育了多个大小不等的水下分流河道。物源主要来自西南方向。多条水下分流河道从西南向北—东北发育,在西南部及中部分流河道间发育水下分流间湾,向北—东北向依次发育河口坝、席状砂等。其中 A2、A2002、A2003、A2004、A2005、A2006 井处于水下分流河道沉积区域,砂体厚度大,连续性较好。其他井如 A001、A2008、A002 井处于河口坝沉积区域,砂体较薄,分布于水下分流河道的侧缘。另外,A003 井处于水下分流河道间湾沉积区域。总体上,该层段河口坝经波浪改造,主要在水下分流河道的前缘及侧缘连片分布,席状砂分布在河口坝—远沙坝的外缘。

$E_{1-2}z_2^{1-1}$单层:为三角洲前缘沉积(图2-1-8)。从平面图上看,发育了多个大小不等的水下分流河道,物源主要来自西南。多条水下分流河道从西南向北—东北发育,西南部分流河道间发育水下分流间湾,向北—东北向依次发育河口坝、席状砂等。

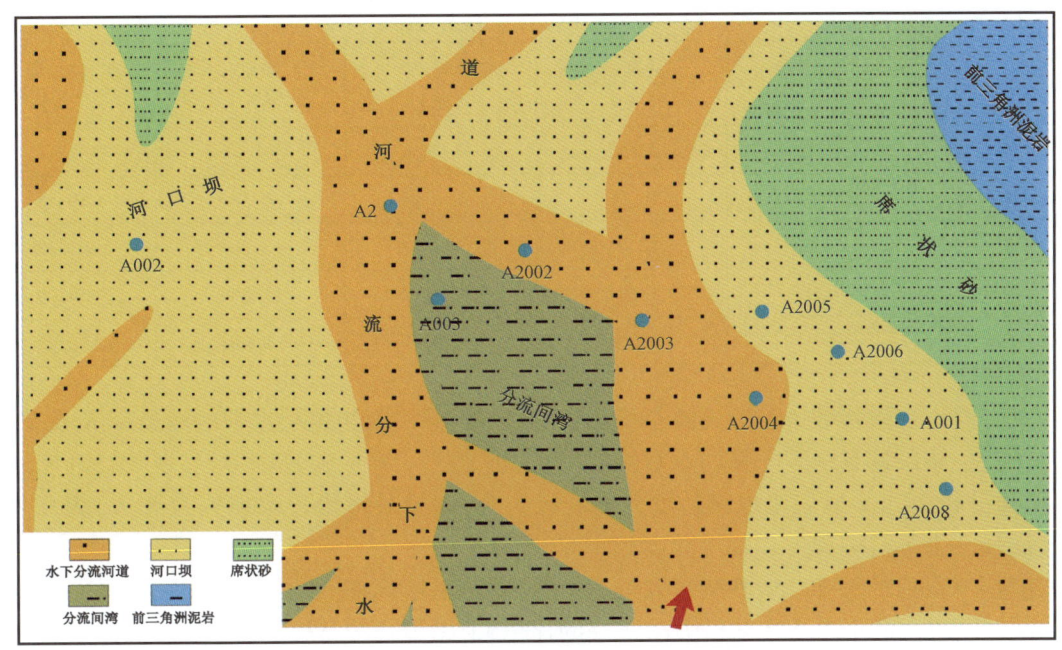

图2-1-8 A气田紫泥泉子组$E_{1-2}z_2^{1-1}$单层沉积相图

综合上述,$E_{1-2}z_2$砂层组沉积相主要为三角洲前缘沉积,从西南至东北向发育多条水下分流河道,河口坝—远沙坝主要发育在水下分流河道的前缘—侧缘,经波浪改造后连片分布,席状砂分布在河口坝—远沙坝的外缘。

五、储层特征

据多口井的岩心物性分析资料统计分析,呼图壁储气库紫泥泉子组三个砂层组中$E_{1-2}z_2$砂层组砂岩具有中孔中渗的物性特征。

$E_{1-2}z_2$砂层组的$E_{1-2}z_2^1$、$E_{1-2}z_2^2$两个砂层物性特征也有一定差异,其中$E_{1-2}z_2^1$砂层岩心分析孔隙度分布在4.3%~27.9%之间,平均为17.31%;水平渗透率为0.03~1300mD,平均为17.61mD;气层岩心分析孔隙度分布在9.4%~27.9%之间,平均为20.44%;水平渗透率为0.2~1300mD,平均为60.55mD;$E_{1-2}z_2^2$砂层岩心分析孔隙度分布为4.4%~25.2%,平均为14.01%;水平渗透率为0.14~604mD,平均为4.86mD。气层岩心分析孔隙度分布为9.50%~25.20%,平均为18.13%;水平渗透率为0.56~604.00mD,平均为31.72mD;$E_{1-2}z_2^1$砂层物性稍优于$E_{1-2}z_2^2$砂层。

X射线衍射资料分析表明,黏土矿物成分主要以伊/蒙混层矿物为主,含量为58.76%~

79.83%,平均72.03%,伊/蒙混层比为56.93%,主要呈不规则状,以衬垫式均匀分布,平面上A001井含量较高为79.83%,A2井含量最低为58.76%;其次是伊利石,含量为11.91%~22.57%,平均15.04%;主要呈弯曲片状和桥状,以衬垫式和充填式分布;绿泥石、高岭石含量较少,平均分别为9.26%、3.68%,主要以衬垫式分布(表2-1-9)。

表2-1-9 呼图壁储气库紫泥泉子组黏土组分统计表

井号	黏土类型				
	伊/蒙混层(%)	伊利石(%)	高岭石(%)	绿泥石(%)	伊/蒙混层比(%)
A2	58.76	22.57	3.76	14.90	
A001	79.83	13.58		6.58	59.58
A002	79.42	12.08		8.50	57.12
A2002	70.09	11.91	10.95	7.05	54.09
平均	72.03	15.04	3.68	9.26	56.93

水敏分析:水敏指数K_w/K_f(岩心在蒸馏水下的渗透率K_w与地层水下的渗透率K_f比值)为0.12~0.50,储层具有中等—强的水敏性。

盐敏分析:$E_{1-2}z_2$砂层组取得盐敏分析资料3个,储层最终渗透率损失为K/K_∞为0.10~0.39,属强—中等盐敏程度。临界盐度为4960mg/L。

速敏分析:目的层$E_{1-2}z_2$砂层组取得速敏分析资料4个,最终渗透率损失为0.34~0.60,K_{min}/K_{max}(地层水最小渗透率与最大渗透率的比值)在0.93~0.58,速敏程度为弱—中等。临界流速为0.25~6.15mL/min。

综上所述,呼图壁储气库紫泥泉子组储层具有强—中等的水敏性、中等—强的盐敏性、弱—中等的速敏性。

六、流体性质

(一)天然气性质

根据呼图壁气田紫泥泉子组6口井9层的天然气常规分析资料(表2-1-10),天然气具有二低一高和不含硫的特点。天然气相对密度较低,为0.5921~0.6105,平均0.5999;非烃含量较低,二氧化碳含量为0.398%~0.728%,平均0.482%;甲烷含量高,为90.09%~93.24%,平均92.14%。

表2-1-10 天然气分析数据表

井号	井段(m)	相对密度	烃组分(%)							二氧化碳(%)	氮气(%)
			甲烷	乙烷	丙烷	异丁烷	正丁烷	异戊烷	正戊烷		
A2	3561~3575	0.6055	91.670	5.027	0.617	0.161	0.164	0.114	0.088	0.427	1.732
A001	3550~3564	0.6105	90.087	4.122	0.644	0.171	0.185			0.728	4.063

续表

井号	井段(m)	相对密度	烃组分(%)							二氧化碳(%)	氮气(%)
			甲烷	乙烷	丙烷	异丁烷	正丁烷	异戊烷	正戊烷		
A2002	3536~3572	0.5921	93.242	3.850	0.462	0.080	0.070			0.417	1.879
A2003	3546~3571	0.5967	92.652	4.004	0.564	0.152	0.142			0.398	2.088
A2004	3550~3580	0.5953	92.864	3.856	0.538	0.120	0.116			0.449	2.059
A2006	3575~3582	0.5990	92.335	4.315	0.585	0.150	0.157			0.471	1.984
全区平均		0.5999	92.142	4.196	0.568	0.139	0.139	0.114	0.088	0.482	2.301

(二)地面原油性质

气藏地面凝析油颜色为透明的淡黄色。凝析油密度 $0.7731 \sim 0.7839 g/cm^3$,平均 $0.7800 g/cm^3$,含蜡量 $1.23\% \sim 3.34\%$,平均 2.34%;凝固点 $-20 \sim -12℃$,平均 $-14℃$,初馏点 $79 \sim 110℃$,平均 $97℃$;地面温度 $30℃$ 下黏度 $1.016 \sim 1.140 mPa·s$,平均 $1.087 mPa·s$(表2-1-11)。

表2-1-11 地面原油性质表

层位	密度(g/cm^3)	黏度(30℃)(MPa·s)	凝固点(℃)	含蜡(%)
$E_{1-2}z$	0.7800	1.087	-14	2.34

(三)地层水性质

根据 A001 井、A002 井、A2008 井地层水分析资料,紫泥泉子组 $E_{1-2}z_2$ 砂层组气藏地层水氯离子含量 $4137 \sim 77586 mg/L$,总矿化度 $12412 \sim 15592 mg/L$,水型为 Na_2SO_4 型(表2-1-12)。

表2-1-12 呼图壁气田地层水分析表

井号	层位	井段(m)	分析成果(mg/L)						pH	矿化度(mg/L)	水型	R_w($\Omega·m$)
			阳离子			阴离子						
			K^+和Na^+	Ca^{2+}	Mg^{2+}	Cl^-	HCO_3^-	SO_4^{2-}				
A001	$E_{1-2}z_2^2$	3584~3590	5483.9	370.34	66.11	7757.8	613.25	1607.6	6.5	15592	Na_2SO_4	0.156
A001	$E_{1-2}z_2^2$	3584~3590	4217.1	252.5	21.15	4137.4	367.95	3600.4	7	12412	Na_2SO_4	0.209
A002	$E_{1-2}z_2^1$	3589~3608	4868.2	359.52	6.56	5837	460.09	2783.9	6	14085	Na_2SO_4	0.178
A2008	$E_{1-2}z_2^1$	3572~3587.5	4718.2	242.08	13.37	5241.4	269.71	3173.2	6.5	13523	Na_2SO_4	0.188
A2008	$E_{1-2}z_2^2$	3645~3653	4382.7	264.13	53.47	5137.1	137.3	2928.7	6	12835	Na_2SO_4	0.193
A2008	$E_{1-2}z_2^2$	3645~3653	4618.4	264.13	66.84	5504.1	205.64	2923	6.5	13479	Na_2SO_4	0.183

七、地质储量

在小层对比划分及三维地质建模基础上,利用容积法开展储量复算工作。按照 $E_{1-2}z_2^1$ 和 $E_{1-2}z_2^2$ 两个计算单元计算储量。含气面积:在各个含气小层顶面构造图上,以气水边界 $-3047m$ 为边界圈定该小层的含气面积,气水边界内气层分布受储层岩性物性变化影响的,以砂岩厚度 1m 或孔隙度 9% 为岩性无形边界,进一步确定 $E_{1-2}z_2^1$ 含气面积为 $14.8km^2$,$E_{1-2}z_2^2$ 含气面积为 $8.2km^2$。有效孔隙度:以含气小层为单元,根据气层内测井解释孔隙度的平均值和层孔隙度地质模型,确定 $E_{1-2}z_2^1$ 有效孔隙度为 19%,$E_{1-2}z_2^2$ 有效孔隙度为 18%。气饱和度:以含气小层为单元,根据气层内测井解释含气饱和度的平均值、含水饱和度地质模型,确定 $E_{1-2}z_2^1$ 含气饱和度为 70%,$E_{1-2}z_2^2$ 含气饱和度为 66%。根据气层下限值确定 $E_{1-2}z_2^1$ 有效厚度为 $16.4m$,$E_{1-2}z_2^2$ 有效厚度为 $14.5m$。

呼图壁气田紫泥泉子组气藏的合计含气面积为 $15.20km^2$,天然气地质储量为 $126.12 \times 10^8m^3$,凝析油地质储量为 $76.69 \times 10^4m^3$,天然气可采储量为 $107.20 \times 10^8m^3$,凝析油可采储量为 $24.54 \times 10^4m^3$(表 2-1-13)。

表 2-1-13 呼图壁气田紫泥泉子组天然气地质储量表

层位	储量参数						地质储量		可采储量	
	A (km^2)	H (m)	S_g (%)	ϕ (%)	ρ_{oc} (g/cm^3)	体积系数	天然气 (10^8m^3)	凝析油 (10^4m^3)	天然气 (10^8m^3)	凝析油 (10^4m^3)
$E_{1-2}z_2^1$	14.8	16.4	70	19	0.781	0.00365	87.73	53.34	74.57	17.07
$E_{1-2}z_2^2$	8.2	14.5	66	18	0.781	0.00365	38.39	23.35	32.63	7.47
合 计							126.12	76.69	107.20	24.54

第二节 气藏开发评价

衰竭气藏改建地下储气库,在气藏地质再认识的基础上,还需通过动态分析的方法对气藏开发阶段再认识,全面总结研究气藏开发动态,为建库设计提供可靠依据。

一、气藏开发历程与现状

1994 年 8 月 18 日,背斜上的 A2 井开钻,钻至白垩系东沟组于 4634m 提前完钻。1996 年 8 月 7 日对气测录井显示较好的古近系紫泥泉子组的 3594.0~3597.0m 和 3608.0~3614.0m 进行了试油并发生井喷,获油压 10.8MPa,日产气量 $48.87 \times 10^4m^3$,日产凝析油量 35.42t。A2 井的发现是准噶尔盆地南缘勘探取得的重大突破,也是准噶尔盆地天然气勘探的重大进展。

1998 年 4 月气田投入试采,1999 年底正式开发,截至 2012 年 9 月,经历了以下三个阶段(图 2-2-1)。

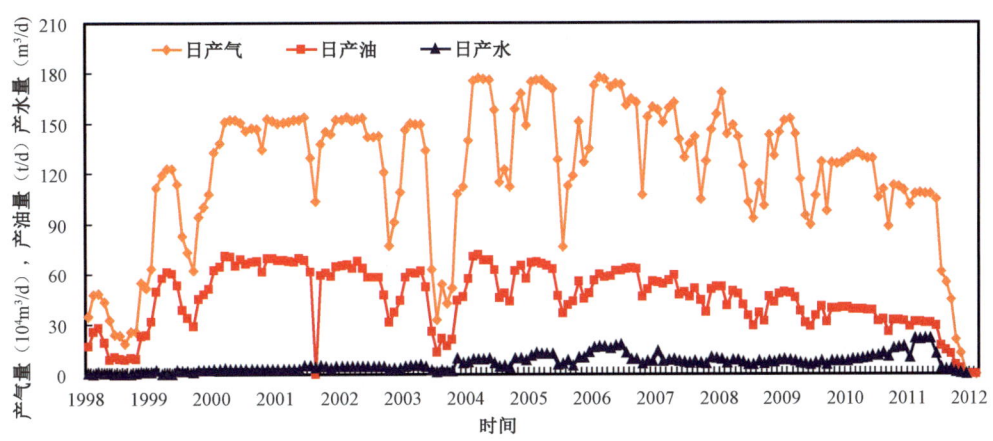

图 2-2-1 气田开采历程图

(一)试采阶段(1998年4月—1999年11月)

该阶段共有6口气井投入生产,油、气产量快速上升,基本处于无水采气期。在整个试采阶段,产油量8.80~31.57t/d,平均17.08t/d;产气量(18.35~63.33)×10⁴m³/d,平均37.83×10⁴m³/d;产水量0.03~1.32m³/d,平均0.55m³/d,水气比较小,在0.0087~0.0205m³/10⁴m³之间,平均0.0129m³/10⁴m³。根据水型化验分析资料,产出水主要为凝析水。阶段累计产油0.66×10⁴t,累计产气1.51×10⁸m³,累计产水0.01×10⁴m³。

(二)稳产阶段(1999年12月—2003年6月)

该阶段共有7口气井投入开发,油气产量相对稳定。产油量28.84~70.68t/d,平均60.43t/d;产气量(62.30~153.79)×10⁴m³/d,平均134.28×10⁴m³/d;产水量0.21~5.15m³/d,平均2.97m³/d,水气比变化不大,在0.0017~0.0379m³/10⁴m³之间,平均为0.0219m³/10⁴m³。根据水型化验分析资料,产出水主要为凝析水。阶段累计产油7.87×10⁴t,累计产气17.58×10⁸m³,累计产水0.42×10⁴m³。

(三)稳产调峰开发阶段(2003年7月—2012年9月)

2003年7月,气田开始进入气藏稳产调峰开发阶段,由于冬季和夏季对天然气需求量不同,产量以波峰和波谷形式周期性变化。产气量峰值主要出现在每年的11月、12月以及来年1—3月,基本为(130.00~170.00)×10⁴m³/d;产气量低值主要出现在每年的5—8月,大约为(80.00~120.00)×10⁴m³/d。

与稳产阶段相比,该阶段水气比较高且呈现增加之势,总体表现为先升后降,并趋于平稳。由于A2井西区边水侵入,A2002井随后见水,产水量上升,水气比出现拐点,结合水型化验分析资料证实产出水中部分为Na_2SO_4型,是典型的地层水。因此,本阶段产出水为凝析水和地层水。稳产调峰阶段累计产油12.24×10⁴t,累计产气33.75×10⁸m³,累计产水1.93×10⁴m³。

截至2012年9月停产,累计产气61.95×10⁸m³,采出程度49.12%,剩余天然气可采储量45.25×10⁸m³;累计产油23.53×10⁴t,剩余凝析油可采储量1.01×10⁸m³,地层压力由33.96MPa降至14.6MPa,总压降19.36MPa,压降幅度为57%(图2-2-2)。

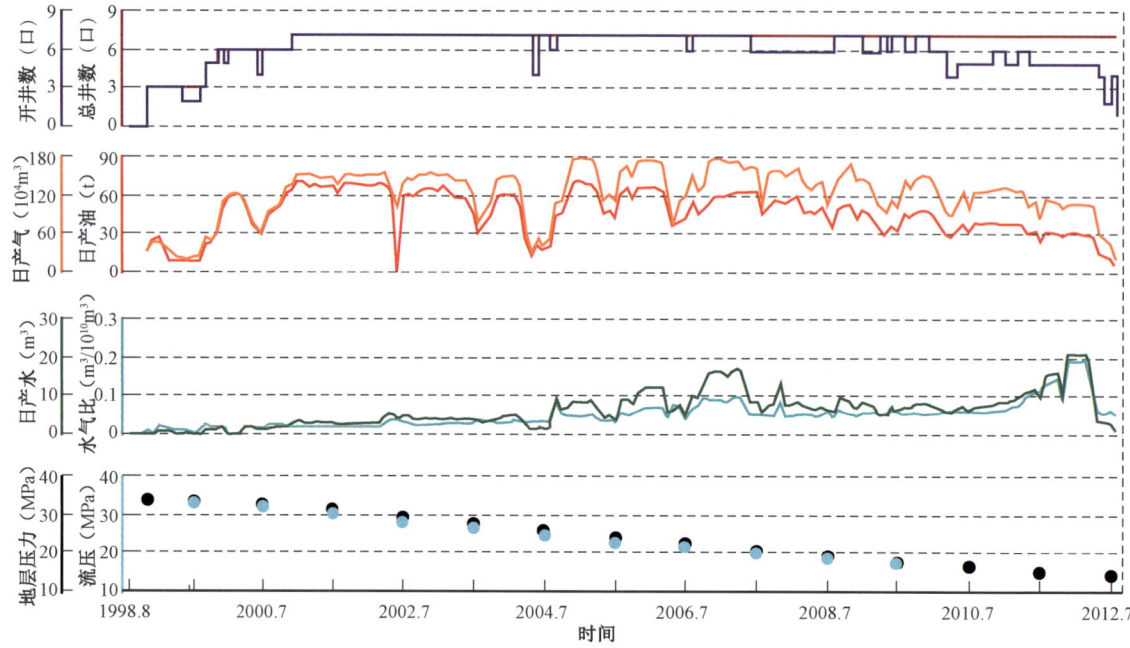

图2-2-2 呼图壁气田综合开采曲线

二、气藏开发宏观特征

(一)气井产水分析

通过研究气井水气比变化规律,并结合水样化验资料,分析气井产出水类型、见水时间。气田总体产水量少,水气比低,西区气井部分见水,东区气井均产凝析水。目前共有 A2 井和 A2002 井 2 口井见地层水。

1. A2 井

A2 井于 1999 年 9 月开井投产,初期产气量 $15.00 \times 10^4 m^3/d$,产油量 7.00t/d,产微量水,该井 2009 年 11 月 10 日计量不出关井,累计产气 $2.32 \times 10^8 m^3$,累计产油 $0.99 \times 10^4 t$,累计产水 $0.41 \times 10^4 m^3$。

从单井开采曲线看(图2-2-3),产气量总体呈现递减趋势,到 2003 年由于油套压差增大,从 1.00MPa 增至 4.00MPa 左右,井筒积液严重,产气量快速降低到 $5.00 \times 10^4 m^3/d$,直至 2004 年 6 月气井停产,8 月对该井维修打捞落物,井筒畅通后产气量明显上升、携液能力增强,产水量增加,2005 年 8 月日产水量明显上升,由 $3.00 m^3/d$ 增加到 $5.00 m^3/d$,井口压力下降幅度增大,气井见水明显。同时水气比大幅度上升,出现明显拐点,初期为 $0.02 m^3/10^4 m^3$,2005 年为 $0.30 m^3/10^4 m^3$,2006 年为 $0.60 m^3/10^4 m^3$,2007 年为 $0.90 m^3/10^4 m^3$。2007 年 10 月,封堵 $3594.0 \sim 3597.0m$、$3608.0 \sim 3614.0m$ 井段,在 $3561.0 \sim 3575.0m$ 井段生产,产气量 $4.00 \times 10^4 m^3/d$ 左右,日产水量急剧下降,由最高 $7.00 m^3/d$ 降至 $0.10 m^3/d$,水气比随之降至 $0.06 m^3/10^4 m^3$ 左右,总矿化度大幅度降低。

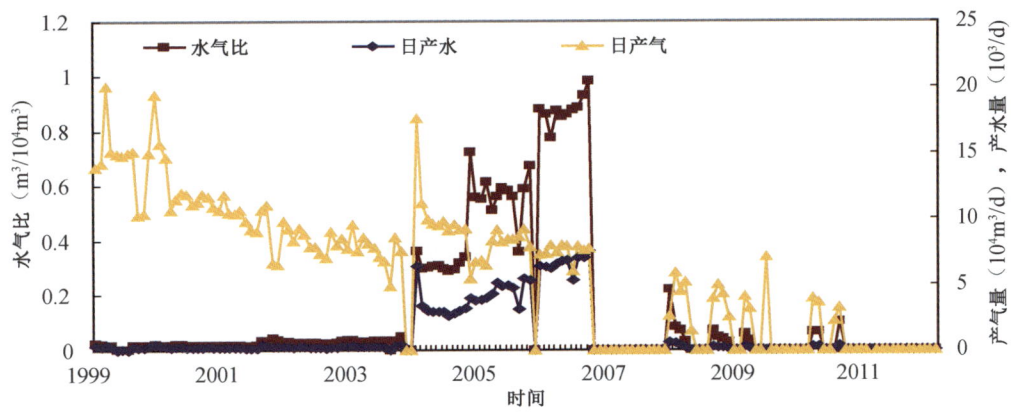

图 2-2-3 A2 井开采曲线

2005 年 8 月取的水样 Cl^- 含量 7183mg/L,矿化度 14782mg/L,水型属于 Na_2SO_4,具有典型的地层水特征。

2. A2002 井

A2002 井于 1998 年 11 月投产,初期产气量 $10.00×10^4m^3/d$,产油量 5.00t/d,产水量 $0.30m^3/d$,产气量初期快速增加后基本趋于稳定,2000 年开始基本稳定在 $(20.00~25.00)×10^4m^3/d$,截至 2010 年 4 月,累计产气 $7.98×10^8m^3$,累计产油 $3.20×10^4t$,累计产水 $0.31×10^4m^3$。

从单井开采曲线看(图 2-2-4),产气量逐渐增加,趋于平稳,产水量较少,初期微量,2000 年 5 月—2002 年 5 月,日产水 $0.50m^3$,水气比 $0.02m^3/10^4m^3$,之后水气比上升到 $0.03m^3/10^4m^3$,2005 年 8 月,日产水约 $1.00m^3$,水气比为 $0.04m^3/10^4m^3$,随后产气量降到 $20.00×10^4m^3/d$ 之下,日产水量在 $(1.00~2.00)m^3$,水气比快速上升到 $(0.05~0.06)m^3/10^4m^3$。

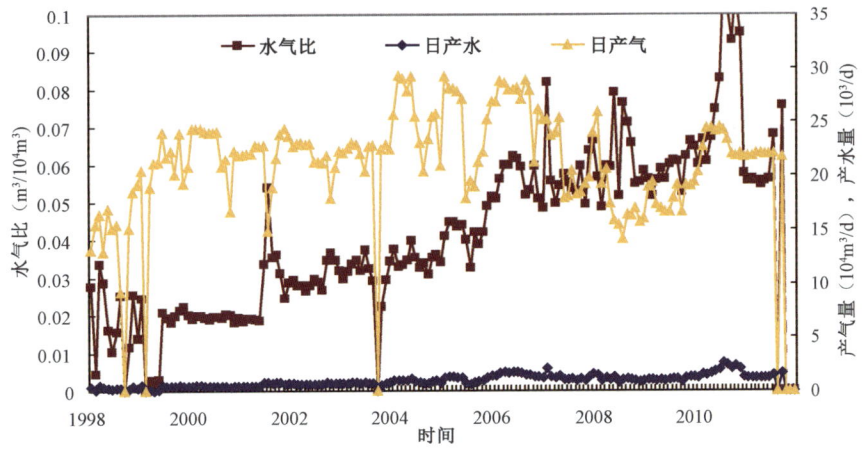

图 2-2-4 A2002 井开采曲线

2005 年 8 月取的水样 Cl^- 含量 5300mg/L,矿化度 10500mg/L,水型属于 Na_2SO_4,具有典型的地层水特征。

(二)采气能力变化分析

2008年7月,气田的A001、A2004、A2005和A2006四口采气井进行了系统试井测试。与初期试气相比,随着地层压力降低,产能有所降低(表2-2-1),初期气井的无阻流量为$(179 \sim 425) \times 10^4 \mathrm{m}^3/\mathrm{d}$,平均$227 \times 10^4 \mathrm{m}^3/\mathrm{d}$,而2008年7月,减少到$(121 \sim 144) \times 10^4 \mathrm{m}^3/\mathrm{d}$,平均为$128 \times 10^4 \mathrm{m}^3/\mathrm{d}$,平均产能降幅为43.6%。

表2-2-1 气田气井系统试井结果表

井 号	初期试气			2008年7月测试		
	A值 $\mathrm{MPa}^2/10^4\mathrm{m}^3/\mathrm{d}$	B值 $\mathrm{MPa}^2/10^4\mathrm{m}^3/\mathrm{d}$	$Q_{\mathrm{AOF}}(10^4\mathrm{m}^3/\mathrm{d})$	A值	B值	$Q_{\mathrm{AOF}}(10^4\mathrm{m}^3/\mathrm{d})$
A001	1.2726	0.0209	207	0.2320	0.0214	125
A2004	2.1237	0.0104	246	0.4015	0.0147	144
A2005	1.1208	0.0030	425	0.0356	0.0246	121
A2006	1.5685	0.0268	179	0.0197	0.0221	124
A2002	1.8962	0.0159	231			
A2003	1.0055	0.0176	228			
平 均	1.4979	0.0158	227	0.1722	0.0207	128

但从二项式产能方程系数A来看,均不同程度减小。初期气井产能方程的系数A在$(1.0055 \sim 2.1237)\mathrm{MPa}^2/(10^4\mathrm{m}^3 \cdot \mathrm{d})$,平均为$1.4979\mathrm{MPa}^2/(10^4\mathrm{m}^3 \cdot \mathrm{d})$,经过12年开发后,系数$A$降至$(0.0197 \sim 0.4015)\mathrm{MPa}^2/(10^4\mathrm{m}^3 \cdot \mathrm{d})$,平均为$0.1722\mathrm{MPa}^2/(10^4\mathrm{m}^3 \cdot \mathrm{d})$,总降幅平均88.5%。根据产能测试建立的平均产能方程推算到原始地层压力条件下,无阻流量为$232 \times 10^4\mathrm{m}^3/\mathrm{d}$,比初期试气的平均无阻流量略高。

从储层平面和纵向上看,气井产能差异小。平面上4口气井2008年7月的无阻流量为$(121 \sim 144) \times 10^4\mathrm{m}^3/\mathrm{d}$,A2004井最大为$144 \times 10^4\mathrm{m}^3/\mathrm{d}$,A2005井最小,为$121 \times 10^4\mathrm{m}^3/\mathrm{d}$,两者相差$23 \times 10^4\mathrm{m}^3/\mathrm{d}$。纵向上,只有A2006井射开$\mathrm{E}_{1-2}\mathrm{z}_2^2$砂层组,无阻流量为$124 \times 10^4\mathrm{m}^3/\mathrm{d}$,A001、A2004和A2005三口井射开$\mathrm{E}_{1-2}\mathrm{z}_2^1$砂层组,平均无阻流量为$130 \times 10^4\mathrm{m}^3/\mathrm{d}$,两者相差$6 \times 10^4\mathrm{m}^3/\mathrm{d}$。因此,从已测试气井的无阻流量来看,产能相对较高,无阻流量差异小,储层物性及非均质性对产能影响较小。

三、动态法地质储量

呼图壁气田的原始地层压力33.96MPa,地层温度92.5℃,天然气相对密度0.5999,凝析油相对密度0.7800,凝析油含量47g/m³。截至2010年4月底,累计产当量凝析气$53.41 \times 10^8\mathrm{m}^3$,凝析水$1.61 \times 10^4\mathrm{m}^3$,地层水$0.75 \times 10^8\mathrm{m}^3$。

在计算中不考虑弱边水的影响,绘制呼图壁紫泥泉子组凝析气藏的压降曲线(图2-2-5),进行回归后得到压降方程:

$$\frac{p}{Z_t} = 34.6412 - 0.2892 G_{\mathrm{pt}} \qquad (2-2-1)$$

相关系数 $R^2 = 0.9937$，令视地层压力为零，则凝析气地质储量为 $119.80 \times 10^8 \mathrm{m}^3$，折气系数 $f_\mathrm{g} = 0.9919$，天然气地质储量 $118.80 \times 10^8 \mathrm{m}^3$。

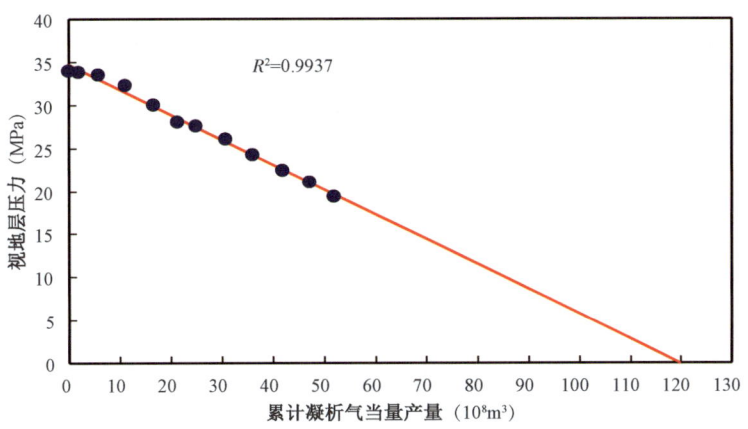

图 2-2-5　呼图壁气田压降图

第三节　建库地质方案设计

在气藏地质及气藏开发的基础上，通过多方案比选，合理部署注采井网，充分发挥气藏注采能力，建设完善的动态监测系统、气藏动态的有效监控，实现气库的季节调峰和应急储备的双重功能。

一、功能定位

（一）储气库的功能

地下储气库是在消费低峰时将天然气从产地输送到衰竭的油气藏或其他地质构造中加以储存，到消费高峰期采出以满足市场需求的一种储气设施。地下储气库的主要作用和功能有：

（1）协调供求关系与调峰。

缓解因各类用户对天然气需求量的不同和负荷变化而带来的供气不均衡性，其特点在时间上表现为季节（夏、冬季）、月、昼夜和小时的不均衡性。在取暖季节，由于热电中心、家庭和地区锅炉房、工业企业锅炉房等用气负荷的增大，使耗气季节性不均衡性表现得最为突出。

由于输气系统的压力是一定的，本身不能满足用气量如此大的变化。所以，建造地下储气库在用气低峰时向库内注入天然气，用气高峰时从气库中采出天然气进行调峰，达到满足下游需求的目的。

（2）实施应急储备，保证供气的可靠性和连续性。

供气中断的危险确实存在。气源或上游输气系统故障、甚至上游设施停产检修等，都有可能造成供气中断。地下储气库可作为补充气源，当供气中断时抽取储气库中的天然气，保证向西气东输二线连续供气,提高供气的可靠性。这对天然气来源主要依赖进口的国家和地区尤为重要。

(3)有助于生产系统和输气管网运行的优化。

地下储气库可使天然气生产系统的操作和输气管网的运行不受天然气消费高峰和消费淡季的影响,有助于实现均衡性生产和作业,有助于充分利用输气设施的能力,提高管网的利用系数和输气效率,降低输气成本。

(二)储气库的定位

呼图壁储气库按照新疆地区季节用气调峰、应急储备和应急调峰的双重目标进行方案设计。

1. 季节用气调峰

呼图壁储气库正常调峰时作为季节用气调峰气库,以保证北疆地区用气,主要作用是调节季节性用气峰谷差,同时在冬季由储气库通过克—乌输气管线来调配北疆地区各用气点气量,减少或停止从西二线向北疆供气的下载气量,从而保证西二线下游用户冬季用气需要,起到间接调配西二线气量的作用。

2. 应急调峰和应急储备

呼图壁储气库兼作西二线的应急调峰和应急储备气库,主要作用是当西二线天然气长输管线一旦发生故障造成新疆及内地停气的局面时,气库内储存足够多的备用天然气,进行应急调度,保证西二线供气的连续性,确保管道下游地区的民用燃气和重要工业设施的用气需求。

二、气井注采气能力

(一)直井采气能力评价

1. 采气井流入流出动态方程

单井的日采气能力取决于:(1)注采管柱尺寸及结构;(2)地层压力及井口压力;(3)最小携液产气量;(4)井口冲蚀产量。最小携液产气量是指在采气过程中,为使流入到井底的水或凝析油及时地被采气气流携带到地面,避免井底积液,需要确定出连续排液的极限产量;冲蚀是指气体携带的 CO_2、H_2S 等酸性物质及固体颗粒对管体的磨损、破坏性较为严重,气体流动速度太高会对管柱造成冲蚀,但冲蚀一般不会发生在直管处,而是发生在井口。因此,合理的采气流量应限制在最小携液产气量和冲蚀流量之间。

单井的采气能力由地层流入方程、垂直管流方程、管内冲蚀流量方程和最小携液产气量方程共同确定。

(1)地层流入方程。

呼图壁储气库气井投注前进行了试气,获得了气井采气地层稳定渗流方程;同时已投注气井具有丰富的注气运行动态资料,综合试气产能公式和注气稳定渗流方程,确定了呼图壁储气库气井的二项式地层稳定渗流方程:

$$p_r^2 - p_{wf}^2 = 0.1722 q_g + 0.0207 q_g^2 \qquad (2-3-1)$$

(2)垂直管流方程。

$$p_{wf}^2 = p_{wh}^2 e^{2s} + 1.3243\lambda q_g^2 T_{av}^2 Z_{av}^2 (e^{2s} - 1)/d^5 \quad (2-3-2)$$

式中　$s = 0.03415\gamma_g D/(T_{av}Z_{av})$；

　　　p_{wh}——油管井口压力，MPa；

　　　T_{av}——井筒内动气柱平均温度，K；

　　　Z_{av}——井筒内动气柱平均偏差系数；

　　　d——油管内直径，cm；

　　　D——气层中部深度，m；

　　　λ——油管阻力系数。

(3)管内冲蚀流量方程。

冲蚀流量计算采用 Beggs 在 1984 年提出的 Beggs 公式[9]，计算公式如下：

$$q_e = 40538.17 d^2 \left(\frac{p_{wh}}{ZT\gamma_g}\right)^{0.5} \quad (2-3-3)$$

(4)最小携液产气量方程。

最小携液产气量采用 Turner 公式：

$$q_{sc} = 2.5 \times 10^4 \frac{p_{wf} V_g A}{ZT} \quad (2-3-4)$$

$$V_g = 1.25 \times \left[\frac{\sigma(\rho_L - \rho_g)}{\rho_g^2}\right]^{0.25} \quad (2-3-5)$$

$$\rho_g = 3.4844 \times 10^3 \gamma_g p_{wf}/(ZT) \quad (2-3-6)$$

式中　V_g——气流携液临界速度，m/s；

　　　ρ_L——液体密度 kg/m³，对水取 $\rho_W = 1074$ kg/m³，对凝析油取 $\rho_o = 721$ kg/m³；

　　　σ——界面张力，对水取 $\sigma = 60$ mN/m，对凝析油取 $\sigma = 20$ mN/m。

2. 最大产气量预测

呼图壁气田原始地层压力 33.96MPa，气层中部深度 3585m，井筒中动气柱平均温度 56.25℃，西二线来气相对密度 0.5865。利用以上基础参数，计算不同地层压力、井口压力及管径下最大产气量(表 2-3-1 至表 2-3-3)。结果表明，油管尺寸一定，井口压力越大，最大产气量越小；井口压力一定，油管尺寸越大，最大产气量越大。

表 2-3-1　3½in 油管采气井不同地层压力下最大产气量表　　单位：10⁴m³/d

井口压力 (MPa)	地层压力(MPa)										
	17	18	19	20	22	24	26	28	30	32	34
8	52.7	58.0	62.8	67.4	76.9	85.9	94.9	103.7	112.3	121.1	129.4
9	48.4	53.8	59.3	64.1	73.8	83.3	92.4	101.6	110.3	119.2	127.6
10	43.1	49.0	54.7	60.4	70.4	80.4	89.7	99.1	107.9	116.9	125.6
11	36.2	43.1	49.3	55.3	66.3	76.7	86.5	96.1	105.2	114.4	123.3

表2-3-2　4½in油管采气井不同地层压力下最大产气量表　　　单位：$10^4 m^3/d$

井口压力(MPa)	地层压力(MPa)										
	17	18	19	20	22	24	26	28	30	32	34
8	74.5	81.9	88.3	95.3	108.3	121.6	134.0	146.4	159.3	171.1	183.4
9	68.2	76.1	83.4	90.4	104.3	117.9	130.5	143.5	156.2	168.4	181.1
10	61.1	69.0	77.4	84.8	99.9	113.2	126.7	140.3	152.7	165.4	178.2
11	50.7	61.1	69.5	78.3	93.6	108.1	122.4	135.9	148.9	162.2	174.8

表2-3-3　5½in油管采气井不同地层压力下最大产气量表　　　单位：$10^4 m^3/d$

井口压力(MPa)	地层压力(MPa)										
	17	18	19	20	22	24	26	28	30	32	34
8	84.1	92.0	100.6	107.3	122.6	137.6	151.2	165.3	180.2	193.2	206.7
9	77.6	85.7	94.2	102.4	118.3	132.8	147.3	162.2	176.5	190.1	204.2
10	68.3	78.6	86.9	96.0	112.1	127.8	143.3	158.5	172.5	186.7	201.4
11	57.7	68.2	79.1	87.9	105.6	122.5	138.6	153.4	168.2	183.1	197.9

3. 冲蚀流量预测

利用呼图壁气田和西二线来气的基本参数，应用冲蚀流量公式计算后得到不同管径油管在不同井口压力下的冲蚀流量，预测结果表明（表2-3-4和图2-3-1）：当管径一定时，冲蚀流量随井口压力增加而增加；当井口压力一定时，冲蚀流量随管径增加而增加；井口压力越大，不同油管尺寸的冲蚀流量差越大。

表2-3-4　不同管径油管在不同井口压力条件下的冲蚀流量分析表　　　单位：$10^4 m^3/d$

井口压力(MPa)	油管管径(in)		
	3½	4½	5½
8	50.4	88.0	141.0
9	53.4	93.3	149.6
10	56.3	98.4	157.7
11	59.1	103.2	165.4
12	61.7	107.7	172.7
13	64.2	112.1	179.8
14	66.6	116.4	186.6
15	69.0	120.5	193.1
16	71.2	124.4	199.5
17	73.4	128.2	205.6
18	75.6	132.0	211.6
19	77.6	135.6	217.4
20	79.6	139.1	223.0

续表

井口压力 (MPa)	油管管径(in)		
	3½	4½	5½
21	81.6	142.5	228.5
22	83.5	145.9	233.9
23	85.4	149.2	239.1
24	87.3	152.4	244.3

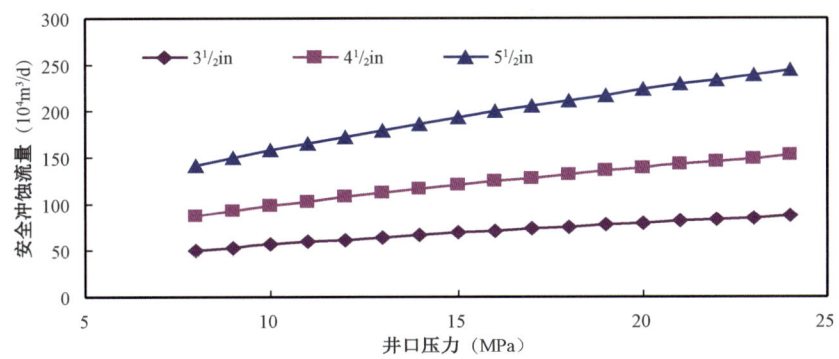

图2-3-1 不同油管尺寸下采气直井冲蚀流量曲线

4. 最小携液气量预测

利用A气田和西二线来气的基本参数,应用最小携液产气量公式计算后得到不同管径油管在不同井底流压下的最小携液产气量,同时预测不同管径油管在不同井口压力条件下的最小携液产气量。预测结果表明(表2-3-5、表2-3-6和图2-3-2):井底流压增加,井口压力增加,最小携液产气量也增加;井底流压一定时,油管内径增加,最小携液产气量增加;井底流压越大,不同油管尺寸的最小携液产气量差越大。

表2-3-5 不同管径油管在不同井底流压条件下最小携液产气量表 单位:$10^4 m^3/d$

井底流压(MPa)	油管管径(in)		
	3½	4½	5½
4	5.3	9.2	14.8
6	6.5	11.4	18.2
8	7.5	13.2	21.1
10	8.4	14.7	23.6
12	9.3	16.2	25.9
14	10.0	17.4	28.0
16	10.7	18.6	29.8
18	11.3	19.6	31.5
20	11.8	20.6	33.0

续表

井底流压(MPa)	油管管径(in)		
	3½	4½	5½
22	12.3	21.5	34.4
24	12.7	22.2	35.7
26	13.2	23.0	36.8
28	13.5	23.6	37.9
30	13.9	24.2	38.8

表 2-3-6 不同管径油管在不同井口压力条件下最小携液产气量表($p_r = 18\text{MPa}$) 单位:$10^4\text{m}^3/\text{d}$

井口压力(MPa)	油管管径(in)		
	3½	4½	5½
8	10.5	16.8	25.2
9	10.6	17.3	26.3
10	10.7	17.8	27.5
11	10.8	18.2	28.5

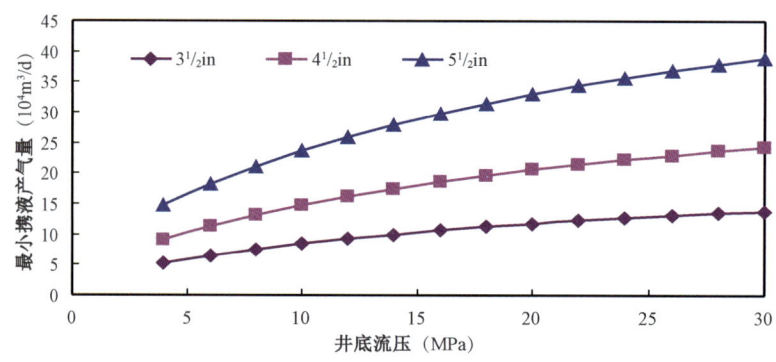

图 2-3-2 不同油管尺寸下直井最小携液产气量曲线

5. 直井产气能力评价

利用节点压力系统分析方法,以气井井底为生产协调点,根据流入与流出曲线可得到采气能力交点,并以气井最低携液量、管柱冲蚀流量以及井口最低油压为约束条件,评价气井不同地层压力条件下的合理采气能力。

1)采气井流入流出动态分析

前面分析表明:油管尺寸一定时,井口压力越大,最大产气量越小;井口压力一定,油管尺寸越大,最大产气量越大。合理产气量应大于最小携液产气量,小于冲蚀流量与最大产气量两者的最小值。

井口压力为10.0MPa时,直井的合理产气量见表2-3-7,井口压力10.0MPa时不同管径油管的采气直井流入流出曲线如图2-3-3所示。

表2－3－7 不同管径油管直井的合理产气量表井口压力10.0MPa

油管尺寸 （in）	地层压力 （MPa）	井底流压 （MPa）	最小携液气量 （$10^4 m^3/d$）	冲蚀流量 （$10^4 m^3/d$）	最大产气量 （$10^4 m^3/d$）	合理产气量 （$10^4 m^3/d$）
3½	34	28.38	13.6	56.7	125.6	56
	32	26.82	13.3		116.9	
	30	25.25	13		107.9	
	28	23.73	12.7		99.1	
	26	22.17	12.3		89.7	
	24	20.69	12		80.4	
	22	19.15	11.6		70.4	
	20	17.72	11.2		60.4	
	19	16.96	10.9		54.7	54
	18	16.23	10.7		49	48
4½	34	21.59	21.3	99.1	178.2	99
	32	20.61	20.9		165.4	
	30	19.67	20.4		152.7	
	28	18.77	20		140.3	
	26	17.83	19.6		126.7	
	24	16.96	19.1		113.2	
	22	16.13	18.7		99.9	
	20	15.29	18.2		84.8	84
	19	14.91	18		77.4	77
	18	14.51	17.8		69	69
5½	34	16.68	30.4	158.8	201.4	158
	32	16.19	30		186.7	
	30	15.75	29.6		172.5	
	28	15.33	29.2		158.5	
	26	14.91	28.8		143.3	143
	24	14.51	28.5		127.8	127
	22	14.14	28.1		112.1	112
	20	13.8	27.8		96	95
	19	13.63	27.6		86.9	86
	18	13.48	27.5		78.6	78

2）采气初期和采气末期单井采气能力分析

通过以上评价得到井口压力为10.0MPa时不同管径油管的合理产气量与地层压力关系图（图2－3－4）。

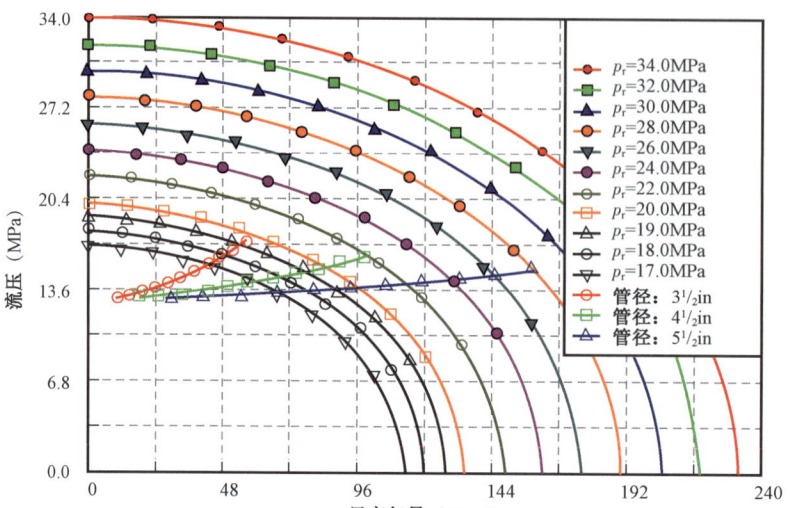

图 2-3-3 不同管径油管的采气直井流入流出曲线（井口压力 10.0MPa）

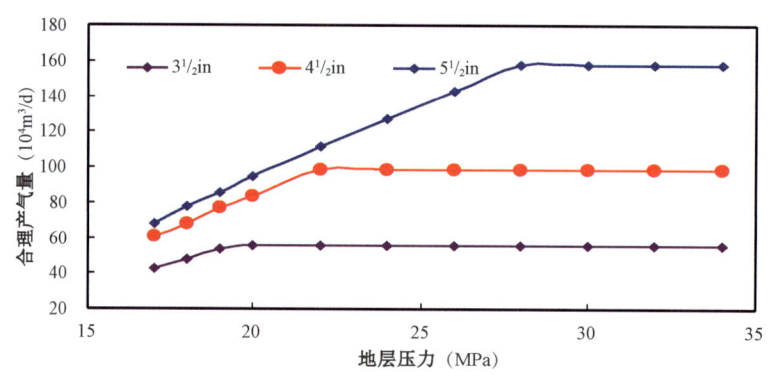

图 2-3-4 不同管径油管直井合理产气量与地层压力的关系图（井口压力 10.0MPa）

从图 2-3-4 可以看出：(1) 当井口压力为 10.0MPa 时，油管尺寸越大，合理产气量越大；(2) 随着油管尺寸的增加，合理产气量增加幅度越来越小。总的来说，地层压力较高时，合理产气量增幅相对较高，但随油管尺寸增加，仍然呈现减小的趋势；当地层压力较低时，合理产气量增幅迅速降低；(3) 随着地层压力增大，合理产气量在一定程度上也增加。

（二）水平井采气能力分析

1. 采气井流入流出动态方程

在计算水平井采气流入流出动态时，垂直管流、冲蚀流量及最小携液产气量方程与直井相同。

2. 产气能力综合分析

油管尺寸一定时，井口压力越大，最大产气量越小；井口压力一定，油管尺寸越大，最大产气量越大。合理产气量应大于最小携液产气量，小于冲蚀流量与最大产气量两者的最小值，预测结果如图 2-3-5 所示。

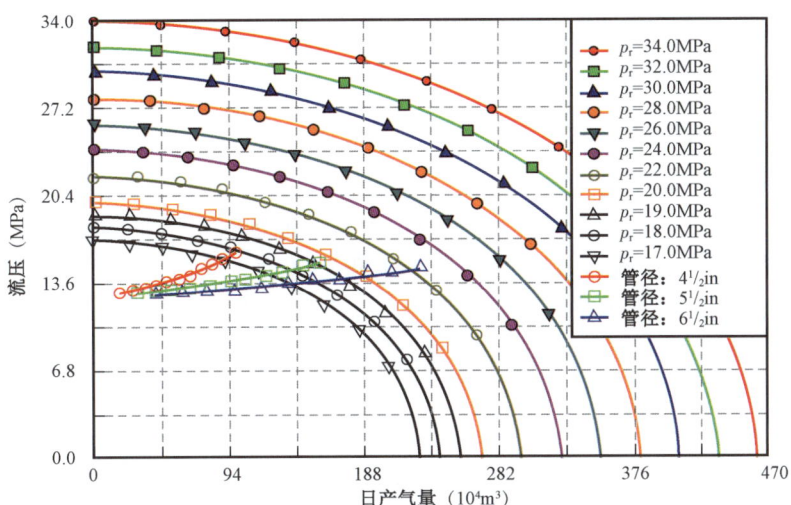

图2-3-5 不同管径油管的采气水平井流入流出曲线(井口压力10.0MPa)

由图2-3-5可以看出:(1)合理产气量大于最小携液产气量;(2)当井口压力为10.0MPa时,地层压力在19.0~34.0MPa之间,4½in油管发生冲蚀;地层压力在20.0~34.0MPa之间,5½in油管发生冲蚀;地层压力在24.0~34.0MPa之间,6⅝in油管发生冲蚀。(3)如果最大地层压力取34.0MPa,三种管径的油管均发生冲蚀,其中选用5½in油管比4½in油管的产气量要大$59×10^4m^3/d$,选用6⅝in油管比5½in油管的产气量要大$69×10^4m^3/d$。(4)如果最小地层压力取18.0MPa,只有4½in油管发生冲蚀,其中选用5½in油管比4½in油管的产气量要大$36×10^4m^3/d$,选用6⅝in油管比5½in油管的产气量要大$17×10^4m^3/d$。

通过以上评价,得到了井口压力为10.0MPa时不同管径油管的合理产气量与地层压力关系图(图2-3-6)。

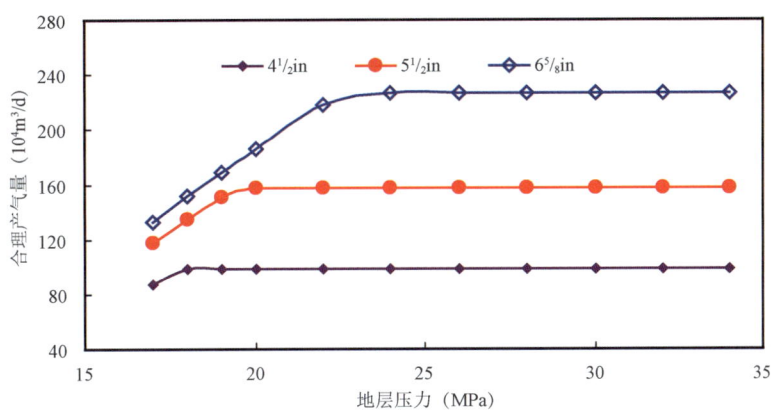

图2-3-6 不同管径油管的水平井合理产气量与地层压力关系(井口压力10.0MPa)

从图2-3-6可以看出:(1)当井口压力为10.0MPa时,油管尺寸越大,合理产气量越大;(2)随着油管尺寸的增加,合理产气量增加幅度越来越小。总的来说,地层压力较高时,合理产气量增幅相对较高,但随着油管尺寸增加,仍然呈现减小的趋势;当地层压力较低时,合理产气量增幅迅速降低;(3)随着地层压力增大,合理产气量在一定程度上也增加。

(三)直井注气能力评价

1. 注气井流入流出动态方程

注气能力的评价与采气能力评价类似,其大小取决于注采管柱尺寸及结构、地层压力和井口注气压力及井口冲蚀产量。注气时,流量也应限制在冲蚀流量以下,防止发生冲蚀破坏。

单井的注气能力由地层流入方程、垂直管流方程和冲蚀流量计算公式共同确定。假设地层注气能力和采气能力相等,根据采气井流入流出动态方程,可得到注气时单井的地层流入方程。

在计算直井的注气流入流出动态时,产能方程、垂直管流方程、冲蚀流量方程与直井采气相同。

2. 最大注气量预测

A 气田原始地层压力33.96MPa,气层中部深度3585m,井筒中动气柱平均温度56.25℃,西二线来气相对密度0.5865。通过计算,得到以下几点认识:(1)井口压力越大,注气流量越大;(2)油管尺寸越大,注气能力越大(表2-3-8至表2-3-10)。

表2-3-8　$3\frac{1}{2}$in 油管注气井不同地层压力下最大注气量表　　单位:$10^4 m^3/d$

井口压力(MPa)	地层压力(MPa)											
	17	18	19	20	22	24	25	26	28	30	32	34
28	124.5	122.2	119.7	116.8	110.8	103.6	99.7	95.3	85.5	73.7	58.8	36.84
30	135.0	132.8	130.5	127.9	122.3	115.8	112.3	108.5	100.1	90.2	78.2	63.22
32	145.0	143.0	140.9	138.5	133.2	127.4	124.1	120.8	113.1	104.3	94.2	82.28
34	154.7	152.8	150.8	148.6	143.7	138.3	135.3	132.1	125.2	117.4	108.5	98.22

表2-3-9　$4\frac{1}{2}$in 油管注气井不同地层压力下最大注气量表　　单位:$10^4 m^3/d$

井口压力(MPa)	地层压力(MPa)											
	17	18	19	20	22	24	25	26	28	30	32	34
28	175.5	172.2	168.6	164.7	156.2	146.2	140.7	134.6	121.0	104.3	83.0	52.1
30	190.3	187.3	183.9	180.4	172.6	163.7	158.8	153.4	141.5	127.6	110.8	89.7
32	204.5	201.7	198.7	195.4	188.3	180.1	175.6	170.8	160.3	148.0	133.8	116.9
34	218.0	215.7	212.8	209.9	203.2	195.7	191.6	187.2	177.6	166.7	154.2	139.8

表2-3-10　$5\frac{1}{2}$in 油管注气井不同地层压力下最大注气量表　　单位:$10^4 m^3/d$

井口压力(MPa)	地层压力(MPa)											
	17	18	19	20	22	24	25	26	28	30	32	34
28	198.4	194.6	190.6	186.3	176.6	165.4	159.1	152.3	136.8	118.0	93.8	58.8
30	215.3	211.9	208.2	204.2	195.4	185.3	179.8	173.7	160.3	144.5	125.4	101.5
32	231.7	228.5	225.1	221.4	213.3	204.1	199.1	193.7	181.7	167.9	151.8	132.6
34	247.6	244.7	241.5	238.1	230.6	222.1	217.5	212.5	201.7	189.3	175.2	158.8

3. 冲蚀流量预测

利用 A 气田和西二线来气的基本参数,应用冲蚀流量公式计算后得到不同管径油管在不同井口压力下的冲蚀流量。

从预测结果表 2-3-11 和图 2-3-7 可知:(1)当油管管径一定时,井口压力越大,注气冲蚀流量越大;(2)当井口压力一定时,油管尺寸越大,注气冲蚀量越大,越不易发生冲蚀。

表 2-3-11　不同管径油管在不同井口压力条件下的冲蚀流量分析表　　单位:$10^4 m^3/d$

井口压力 (MPa)	油管管径(in)		
	3½	4½	5½
18	75.6	132.0	211.6
20	79.6	139.1	223.0
22	83.5	145.9	233.9
24	87.3	152.4	244.3
26	90.8	158.6	254.3
28	94.2	164.6	263.9
30	97.6	170.4	273.1
32	100.7	175.9	282.1
34	103.9	181.4	290.8

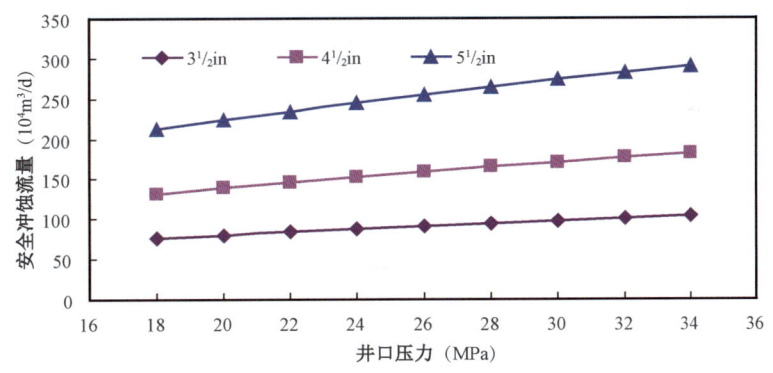

图 2-3-7　不同油管尺寸下注气直井的冲蚀流量曲线

4. 注气能力综合分析

综合上述分析可知:(1)地层压力越大,注气量越小;(2)油管直径越大,注气量越大;(3)井口压力越大,注气量越大(图 2-3-8 和图 2-3-9)。

由图 2-3-8 可知:(1)当井口压力为 30.0MPa,地层压力为 17.0~34.0Mpa 时,只有 5½in 油管不发生冲蚀。若地层压力小于等于 28.0MPa,3½in 油管将发生冲蚀;地层压力小于等于 24.0MPa,4½in 油管将发生冲蚀;(2)如果最大地层压力取 34.0MPa,选用 4½in 油管的注气量比 3½in 油管大 $26 \times 10^4 m^3/d$,选用 5½in 油管的注气量比 4½in 油管大 $12 \times 10^4 m^3/d$;(3)如果最小地层压力取 18.0MPa,选用 4½in 油管的注气量比 3½in 油管大 $69 \times 10^4 m^3/d$,选用 5½in 油管的注气量比 4½in 油管大 $51 \times 10^4 m^3/d$。

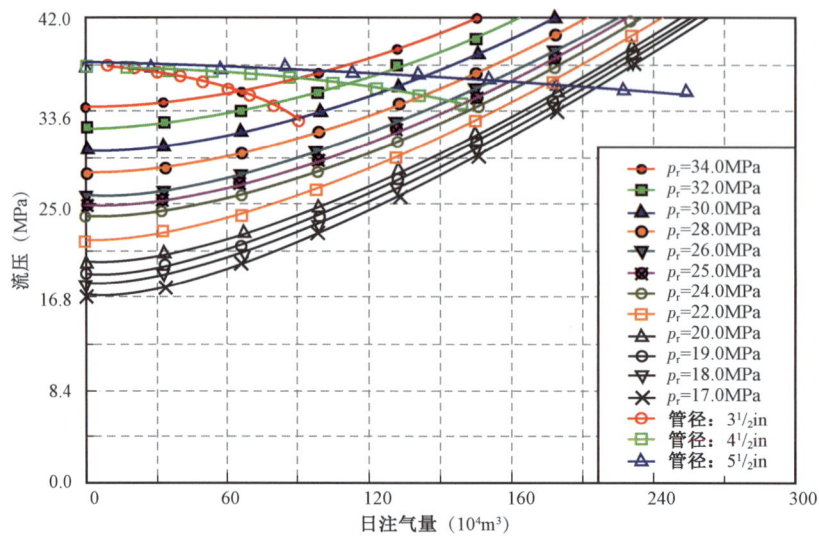

图2-3-8 不同油管管径的注气直井流入流出曲线(井口压力30.0MPa)

通过以上评价,得到了井口压力为30.0MPa时,不同管径的合理注气量与地层压力的关系曲线(图2-3-9)。

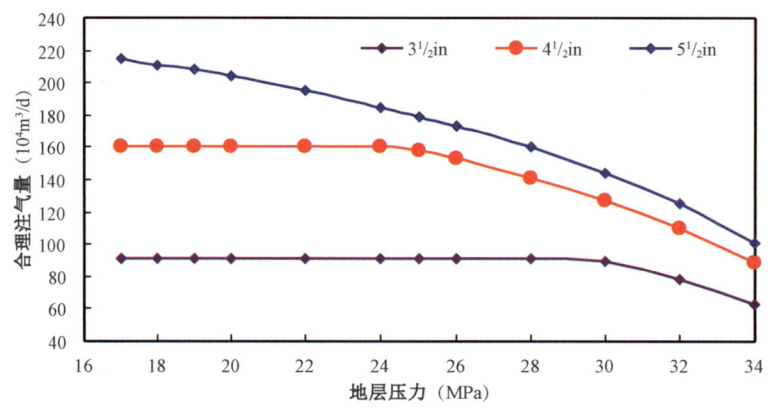

图2-3-9 注气直井合理注气量与地层压力的关系(井口压力30.0MPa)

由图2-3-9可知:(1)地层压力越小,合理注气量越大;(2)油管管径越大,合理注气量越大;(3)当井口压力为30.0MPa时,随着地层压力增加,不同管径油管单井的合理注气量之差越来越小。

(四)水平井注气能力分析

1. 注气井流入流出动态方程

注气能力的计算方法与采气能力类似,在计算水平井的注气流入流出动态时,产能方程、垂直管流方程、冲蚀流量方程与水平井采气相同。

2. 最大注气量预测

气田原始地层压力33.96MPa,气层中部深度3585m,井筒中动气柱平均温度56.25℃,西二线来气相对密度0.5865。通过计算,得到以下几点认识:(1)井口压力越大,注气流量越大;(2)油管尺寸越大,注气能力越大(表2-3-12至表2-3-14)。

表2-3-12 4½in油管注气井不同地层压力下最大注气量表　　单位:$10^4 m^3/d$

井口压力(MPa)	地层压力(MPa)											
	17	18	19	20	22	24	25	26	28	30	32	34
28	254.3	249.4	244.3	238.8	226.1	211.5	203.5	194.7	174.8	150.6	120.2	75.4
30	275.7	271.2	266.4	261.3	249.7	236.7	229.4	221.7	204.3	184.0	159.9	129.1
32	296.2	292.0	287.5	282.8	272.1	260.3	253.5	246.5	230.9	213.2	192.5	168.0
34	316.0	312.0	307.8	303.4	293.5	282.5	276.3	269.8	255.8	240.0	221.7	200.8

表2-3-13 5½in油管注气井不同地层压力下最大注气量表　　单位:$10^4 m^3/d$

井口压力(MPa)	地层压力(MPa)											
	17	18	19	20	22	24	25	26	28	30	32	34
28	341.8	335.4	328.4	321.0	304.3	284.9	274.0	262.3	235.5	203.2	161.8	101.6
30	370.5	364.6	358.3	351.4	336.2	318.8	309.1	298.8	275.6	248.3	215.7	174.6
32	398.3	392.7	386.6	380.6	366.6	350.7	342.0	332.6	311.9	288.0	260.2	227.5
34	425.1	420.0	414.4	408.5	395.6	381.0	372.9	364.4	345.7	324.4	300.2	272.0

表2-3-14 6⅝in油管注气井不同地层压力下最大注气量表　　单位:$10^4 m^3/d$

井口压力(MPa)	地层压力(MPa)											
	17	18	19	20	22	24	25	26	28	30	32	34
28	383.6	376.4	368.6	360.3	341.6	319.9	307.7	294.5	264.5	228.1	181.7	113.6
30	416.2	409.5	402.4	394.8	377.8	358.3	347.4	335.8	309.8	279.3	242.6	196.3
32	447.7	441.6	434.9	427.9	412.3	394.5	384.7	374.2	351.0	324.4	293.3	256.2
34	478.4	472.6	466.4	459.9	445.4	429.0	420.1	410.5	389.5	365.6	338.4	306.7

3. 冲蚀流量预测

利用A气田和西二线来气的基本参数,应用冲蚀流量公式计算后得到不同管径油管在不同井口压力下的冲蚀流量。

从预测结果表2-3-15和图2-3-10可知:(1)当油管管径一定时,井口压力越大,注气冲蚀流量越大;(2)当井口压力一定时,油管尺寸越大,注气冲蚀量越大,越不易发生冲蚀。

表2-3-15 不同管径油管在不同井口压力条件下的冲蚀流量分析表　　单位:$10^4 m^3/d$

井口压力(MPa)	油管管径(in)		
	4½	5½	6⅝
18	132.0	211.6	303.0
20	139.1	223.0	319.4
22	145.9	233.9	335.0

续表

井口压力(MPa)	油管管径(in)		
	4½	5½	6⅝
24	152.4	244.3	349.9
26	158.6	254.3	364.2
28	164.6	263.9	378.0
30	170.4	273.1	391.2
32	175.9	282.1	404.1
34	181.4	290.8	416.5

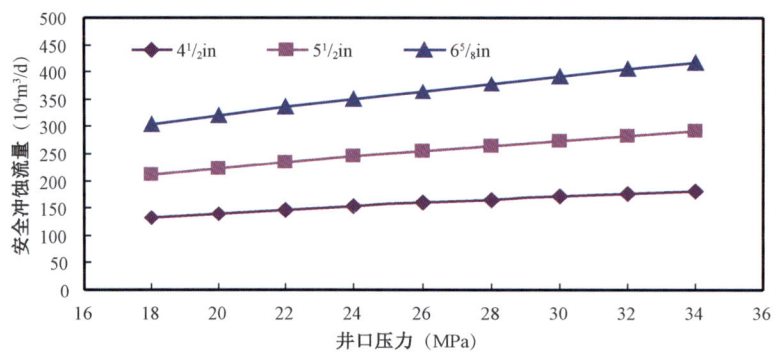

图 2-3-10 不同油管尺寸下注气水平井冲蚀流量曲线

4. 注气能力综合分析

综合上述分析可知:(1)地层压力越大,注气量越小;(2)油管直径越大,注气量越大;(3)井口压力越大,注气量越大(图 2-3-11 和图 2-3-12)。

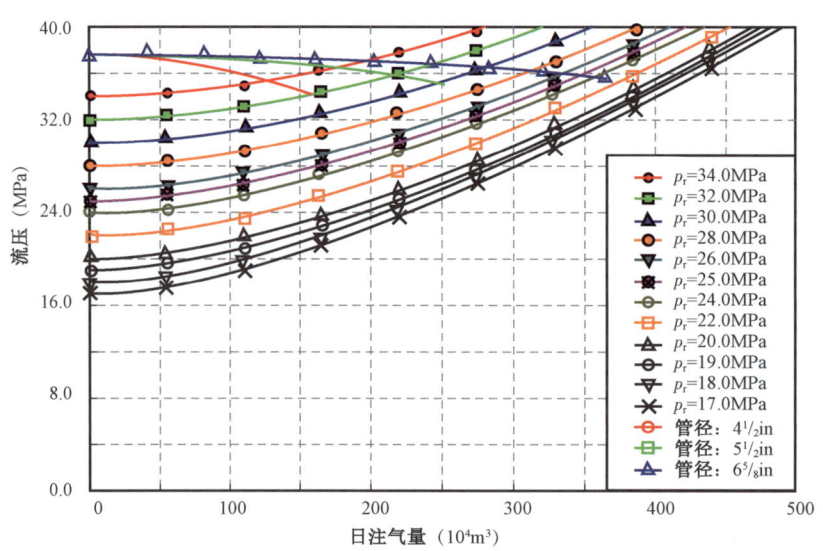

图 2-3-11 不同油管管径的注气水平井流入流出曲线(井口压力 30.0MPa)

由图 2-3-11 可知:(1)当井口压力为 30.0MPa 时,三种管径油管均会冲蚀。当地层压力小于等于 30.0MPa,4½in 油管将发生冲蚀;当地层压力小于等于 28.0MPa,5½in 油管将发生冲蚀;当地层压力小于等于 22.0MPa,6⅝in 油管将发生冲蚀;(2)如果最大地层压力取 34.0MPa,选用 5½in 油管的注气量比 4½in 油管大 45×10⁴m³/d,选用 6⅝in 油管的注气量比 5½in 油管大 22×10⁴m³/d;(3)如果最小地层压力取 18.0MPa,选用 5½in 油管的注气量比 4½in 油管大 96×10⁴m³/d,选用 6⅝in 油管的注气量比 5½in 油管大 111×10⁴m³/d。

通过以上评价,得到了井口压力为 30.0MPa 不同管径时的合理注气量与地层压力的关系曲线(图 2-3-12)。

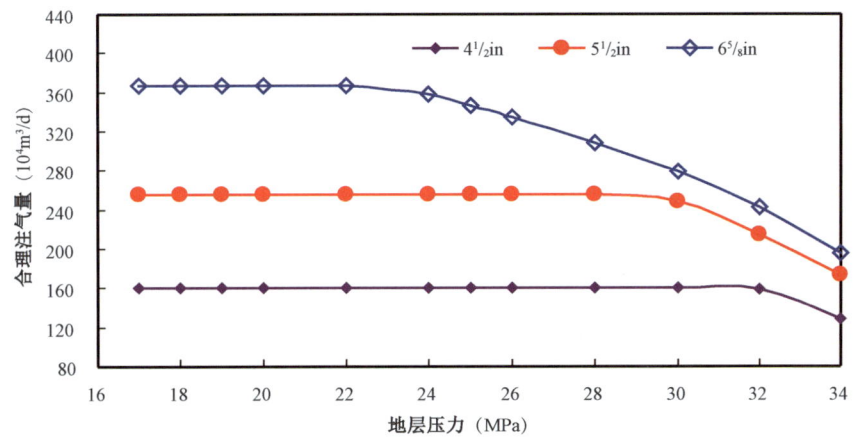

图 2-3-12　水平井合理注气量与地层压力的关系图(井口压力 30.0MPa)

由图 2-3-12 可知:(1)井筒若不发生冲蚀,那么地层压力越小,合理注气量越大;(2)油管管径越大,合理注气量越大;(3)当井口压力为 30.0MPa 时,随着地层压力增加,不同管径油管单井的合理注气量之差越来越小。

三、库容参数

(一)设计原则

天然气地下储气库的建造是一项大型、复杂、具有多目标性的工程项目,包括固定资产投资、钻井、修井、注采气工艺的完善、地面建设等,需要上亿元的投资。同时,由于天然气易燃易爆,储存过程中一旦发生泄漏,极易影响周边的公共安全。因此,其设计方案的确定事关重大,必须在建设前期进行充分的技术和工程论证[10]。

一般而言,储气库的设计需要考虑使用功能、技术性、经济性、安全性、环境影响等因素的影响[10,11],国内外储气库方案设计部署遵循的基本原则有以下几个方面[12~16]。

(1)储气库的最大储气压力设计上,注气后地层压力可以高于原始地层压力,以获取较大的库容及气井产能,但一般不应高于静水柱压力的 1.3 倍,以保证油气藏原有的密封性不受到破坏。

(2)垫层气比例的确定既与油气藏本身地质条件相关,还取决于气库的运行条件,特别是采气末的井口压力。

（3）库容利用率（即工作气规模）取决于储气库的最大储气压力和垫层气比例的大小。气库的最大储气压力越高，垫层气比例越小，则库容利用率越大。

（4）单井注采气能力评价由于与注采井数的多少直接相关，因此是储气库方案设计中必须考虑的重要问题之一。由于储气库要在需求旺季最大限度地开采出天然气，因而单井日采气量比气田开采时高是比较正常的，根据国外资料设计的日平均产气能力可以为气田生产时的 6～7 倍。按节点法确定的单井最大采气量、注气量具有充分的理论基础，但考虑到实际注气过程中，可能因储层非均质性、地层能量不均衡、流体性质不同以及地面集输条件、人为管理等因素的不同，带来实际上的单井注采量偏低，因此，将单井配产、配注量设定在理论注采量的 80%～90%。考虑到地层压力高时注气井井口压力偏高，会造成地面压缩机的出口压力要求高、压缩机投资大。因此，在不增加总井数的前提下，通过增加注气井数，减少单井注入量（60% 的理论可注量）的方法来降低注气井井口压力。

（5）注采井及观察井井位布置原则可归纳为以下几点：① 注采井相对集中地布置在储层比较发育的地带，并不要求均匀分布，井距大小应适当，基本以不发生大的井间干扰为原则；② 注采井最好设计为同井，无须另外布置注入井；③ 为监测储气库的泄漏，气油、气水界面以及压力等变化尚需一定量的观察井，观察井的井数根据油气藏封闭性好坏而定，封闭性越好，观察井数越少，对于枯竭气藏建库初期可不必布盖层观察井。井位部署主要避开 3 个不良因素：一是井点远离气水界面 200m 以上，防止注气过程中气体向水体突进和采气过程中边水侵入井底；二是井点远离断层 100m 以上，防止注采量往复变化过大，造成断层破裂损坏，影响储气库的封闭性；三是井点远离低渗透区和致密区 100m 以上，防止注采井的注采量达不到设计指标。

（6）储气库的运行方式根据用户用气调峰需求量设计。根据用户用气量的大小设计储气库容量（包括补偿用户季节性用气不平衡气量和突发事故应急储备气量，通常为补偿用户气量的 10%）。可用数值模拟的方法设计多种储气库运行方案，比较它们的各项因素，得到储气库的优化运行方案。

（7）为获取较好的建库经济效益，原油气藏现有老井和其他地下、地面工艺设施等要尽可能加以利用。油气藏建库以后，在技术、经济条件允许的情况下，应尽量减少对油气田产量的影响，并可利用气库运行中注气等有利条件改善油气田开发效果，提高油气田采收率。

（二）库容量设计

天然气地下储气库的库容量是指储气库达到最高允许压力时储存的天然气量，是衡量天然气地下储气库调峰能力的重要指标，是储气库工作气量设计的基础。

1. 气藏原始地质储量分析

气田的原始地层压力 33.96MPa，地层温度 92.5℃，天然气相对密度 0.5999，凝析油相对密度 0.7810，凝析油含量 $47g/m^3$。截至 2012 年 9 月，累计生产天然气 $61.95×10^8m^3$。

在计算中不考虑弱边水的影响，绘制 A 紫泥泉子组气藏的压降曲线，进行回归后得到压降方程：

$$\frac{p}{Z_t} = 34.127 - 0.2896 G_{pt} \qquad (2-3-7)$$

相关系数 $R^2 = 0.9956$，天然气地质储量为 $117.84 \times 10^8 \mathrm{m}^3$。

利用气藏 14 年开发资料，采用压降法计算动态储量，相关系数高达 0.9956，满足精度要求，可以将本次计算得到的动态储量作为 A 改建地下储气库库容量评价的物质基础。

根据储气库建设的需要，并有新注采井完钻，因此对储量进行重新复核。

在小层对比划分及三维地质建模基础上，利用容积法开展储量复核工作。按照 $E_{1-2}z_2^{1-1}$、$E_{1-2}z_2^{1-2}$ 两个单层和 $E_{1-2}z_2^2$ 砂层三个计算单元计算储量。

含气面积：在各个含气小层顶面构造图上，以气水边界 -3047m 为边界圈定该小层的含气面积，气水边界内气层分布受储层岩性物性变化影响的，以砂岩厚度 1m 或孔隙度 9% 为岩性边界，进一步确定 $E_{1-2}z_2^{1-1}$ 单层含气面积为 $20.9 \mathrm{km}^2$，$E_{1-2}z_2^{1-2}$ 单层含气面积为 $15.7 \mathrm{km}^2$，$E_{1-2}z_2^2$ 砂层含气面积为 $9.6 \mathrm{km}^2$（图 2-3-13）。

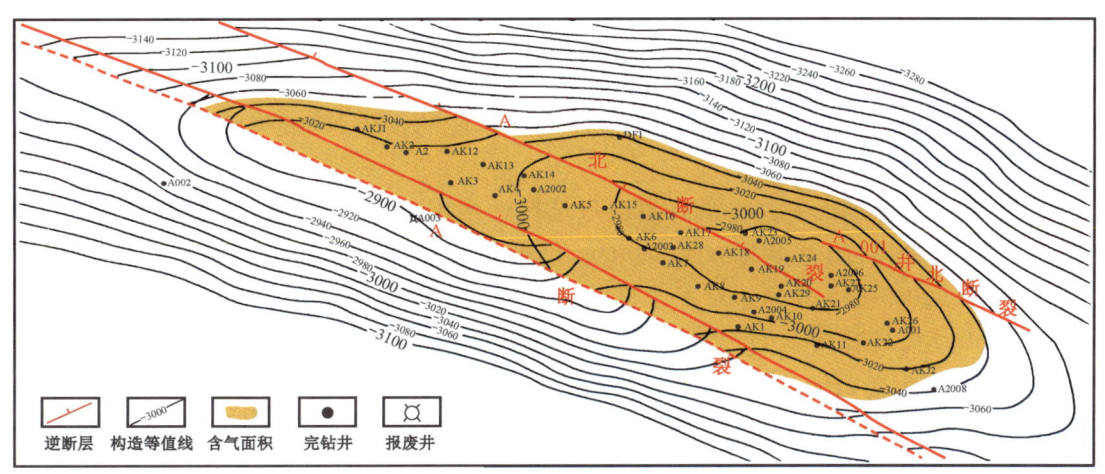

图 2-3-13　A 气田紫泥泉子组气藏 $E_{1-2}z_2^{1-2}$ 单层含气面积图

有效孔隙度：以含气小层为单元，根据气层内测井解释孔隙度值，单井孔隙度采用有效厚度权衡，计算单元孔隙度采用面积权衡，确定未动用层 $E_{1-2}z_2^{1-1}$ 单层有效孔隙度为 16.1%，$E_{1-2}z_2^{1-2}$ 单层有效孔隙度为 18.9%，$E_{1-2}z_2^2$ 砂层有效孔隙度为 18.0%。

含气饱和度：以含气小层为单元，根据气层内测井解释含气饱和度，确定未动用层 $E_{1-2}z_2^{1-1}$ 单层含气饱和度为 62.0%，$E_{1-2}z_2^{1-2}$ 单层含气饱和度为 70.0%，$E_{1-2}z_2^2$ 砂层含气饱和度为 66.0%。

根据气层下限值确定 $E_{1-2}z_2^{1-1}$ 单层有效厚度为 3.5m，$E_{1-2}z_2^{1-2}$ 单层有效厚度为 13.9m，$E_{1-2}z_2^2$ 砂层有效厚度为 15.0m（图 2-3-14）。

呼图壁气田紫泥泉子组气藏的叠合含气面积 $21.2 \mathrm{km}^2$，天然气地质储量为 $144.80 \times 10^8 \mathrm{m}^3$，凝析油地质储量 $68.76 \times 10^4 \mathrm{t}$，天然气可采储量为 $115.85 \times 10^8 \mathrm{m}^3$，凝析油可采储量 $37.13 \times 10^4 \mathrm{t}$。

2. 气藏原始含气孔隙体积水侵影响分析

气藏开发过程中，由于边底水的侵入，会使气藏剖面不断改变。边底水的侵入是一个

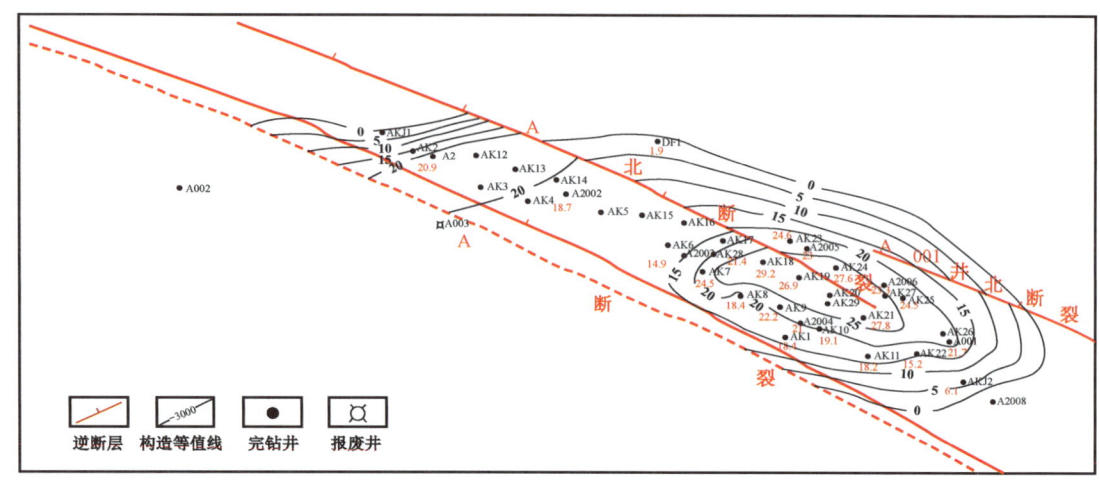

图2-3-14 A气田紫泥泉子组气藏$E_{1-2}z_2^{1-2}$单层有效厚度图

复杂的过程,与多种因素有关。影响气井出水时间的因素有井底距原始气水界面的高度、边底水的活跃程度、气层的物性条件和气井生产压差等[17]。气藏边底水侵入造成的气井出水,不仅会增加气藏的开采难度,而且会造成气井产能的损失,降低气藏采收率,影响气藏开发效益。

呼图壁气藏开采过程中边水沿高渗透带选择性水侵,水源主要来自A2井以西的边水。2005年8月,A2井水样Cl^-含量大于5800mg/L,矿化度大于12000mg/L,水型为Na_2SO_4型,属于典型的边水。2005年8月,A2002井水样的平均Cl^-含量5300mg/L,平均矿化度10500mg/L,水型为Na_2SO_4型,具有典型的边水特征。2007年5月,A2003井所取水样,平均Cl^-含量960mg/L,平均矿化度2100mg/L,水型为Na_2SO_4型,Cl^-含量和矿化度均远低于A2井和A2002井,但从两个指标变化趋势看,均不同程度增加,另外该井的Cl^-含量和矿化度高于东区的气井,因此认为有少量边水已逐步侵入A2003井。总之,从气井见水规律和趋势来看,认为边水沿着A2井→A2002井→A2003井的连通砂体由西向东侵入气藏。因此,对于弱边水气藏,水侵或者水淹后将大幅度减小可动用库存量,降低气库运行效率。

地层水侵入后,受储层物性及润湿性影响,气藏内部存在较多的封闭气。由于储层岩石具有亲水性,在气水两相流动过程中,当驱替压差不大时,无论是孔隙还是喉道,气水分布及流动方式主要表现为水包气,水沿管壁流动,气体在孔道中央流动,水驱气过程形成不同形式的封闭气,表现为绕流、卡断、孔隙盲端和角隅以及"H"形孔道形成的封闭气[18-20]。在气藏开发过程中,地层水或边水侵入后占据了一定的孔隙空间,从而减少可动含气孔隙体积。建库后多周期运行过程中气驱水淹区主要对象仍然是以大孔道为主,微细孔道难以有效驱替,有效供气半径减小,从而降低了注采井网对砂体控制程度,使得部分气体不能及时动用。如果气藏大量发育裂缝,还容易因裂缝水窜卡断、绕流等形成封闭气,裂缝水窜封隔各气区形成死气区[21,22]。

3. 气藏原始含气孔隙体积反凝析影响分析

多组分体系在等温降压或等压升温过程中出现液体凝析的现象,称为反凝析现象。在凝析气藏开采过程中,当气井井底压力降低至露点压力以下某个压力(最大凝析压力)区间内,组分凝析油在地层中析出,这些析出的流体滞留在储层岩石孔隙表面会堵塞部分孔隙通道,减少气体有效渗透率,气井产能减少。尤其是低渗透气井在生产时,近井地带的压降大,井底压力很容易低于露点压力,因此在井筒附近更容易产生严重的反凝析伤害[23—25]。

呼图壁气田原始凝析油含量 $47g/m^3$,为微含凝析油凝析气藏,同时多组相态实验测得最大反凝析压力平均为 11.59MPa,最大反凝析液量平均为 1.68%,储气库初期注气运行地层压力为 14.37MPa,仍高于平均最大反凝析压力。因此,在衰竭式开采过程中,地层流体反凝析液量少,凝析油损失较小。

利用所有生产动态数据作为基本的预测参数,计算得到了反凝析液量总量以及占原始含气孔隙体积之比。从表 2-3-16 中可知,气藏原始含气孔隙体积受反凝析液的影响程度很小,仅为 0.48%。

表 2-3-16　反凝析损失影响计算结果表

序号	项目	数值
1	凝析气地质储量($10^8 m^3$)	121.2
2	原始含气孔隙体积($10^4 m^3$)	4450
3	凝析油储量($10^4 t$)	60
4	剩余凝析气量($10^8 m^3$)	57.9
5	剩余凝析油量($10^4 t$)	36.3
6	剩余凝析气凝析油含量(g/m^3)	26
7	剩余凝析气中的凝析油量($10^4 t$)	15.1
8	反凝析损失凝析油量($10^4 t$)	21.2
9	反凝析液占原始含气孔隙体积比(%)	0.48

通过深入分析气藏原始含气孔隙体积影响因素,可知侵入水是影响含气孔隙体积的主要因素。另外,反凝析油、封闭气等将会占据一部分孔隙空间,同时受储层物性及非均质性影响,一部分孔隙空间难以有效动用。因此,为了降低建库注气风险,这部分不可动库存量应该从库容量中扣除。

4. 气藏改建地下储气库库容量分析

若设计储气库上限压力为气藏的原始地层压力,则储气库库容量即为计算的气藏动态储量。大多数储气库库容量计算采用压降法。

在气藏开采动态特征研究和原始地质储量复核基础上,利用压降法计算的 $E_{1-2}z_2$ 凝析气地质储量来评价呼图壁储气库建库的库容量,考虑到西区边水侵入气藏,结合同类型气藏改建储气库后多周期运行动态,为了降低建库风险,在原始凝析气地质储量复核结果基础上,拟将其 10% 作为暂不可动量扣除,并引入注气的气源——西二线干气,建立了物质平衡注采动态预测模型:

$$G_{gt}B_{gti} - (W_e - W_p B_w + \Delta V_1 + \Delta V_2)$$
$$= (G_{gt} - G_{pt})B_{gt} + G_{gt}B_{gti}\left(\frac{C_w S_{wi} + C_f}{1 - S_{wi}}\right)(p_i - p) + G_i B_{gz} \quad (2-3-8)$$

式中　G_{gt}——凝析气地质储量,$10^4 m^3$;

G_{Pt}——累计产凝析气量,$10^4 m^3$;

G_i——气藏累计注入干气量,$10^4 m^3$;

B_{gt}——某时的天然气体积系数;

B_{gti}——原始天然气体积系数;

B_{gz}——注入干气体积系数;

p_i——平均气藏的原始地层压力,MPa;

p——某时刻地层压力,MPa;

C_f——岩石有效压缩系数,1/MPa;

C_w——地层水压缩系数,1/MPa;

S_{wi}——束缚水饱和度。

W_e——气藏建库前总水侵量,$10^4 m^3$;

W_p——气藏建库前累计产水量,$10^4 m^3$;

ΔV_1——凝析气反凝析对孔隙体积影响;

ΔV_2——非均质、水封不可动孔隙体积。

则某一地层压力条件下气库的库容量为

$$Q_g = G_g - G_p + G_i \qquad (2-3-9)$$

式中　G_g——气藏干气储量,$10^4 m^3$;

G_p——建库前气藏累计干气产量,$10^4 m^3$。

根据以上预测模型得到了不同地层压力下的注气量和库存量(图2-3-15),通过与库存方案设计对比,库存增量和增幅较小。相同地层压力下库存增加 $0.65 \sim 1.34 \times 10^8 m^3$,平均 $1.02 \times 10^8 m^3$,增幅基本稳定在 1.25%(图2-3-16)。按建库方案设计的压力区间计算,复核后的库容量 $108.3 \times 10^8 m^3$,工作气量 $45.7 \times 10^8 m^3$,垫气量 $62.6 \times 10^8 m^3$,与库存方案设计的误差不到2%,因此库容参数基本合理。

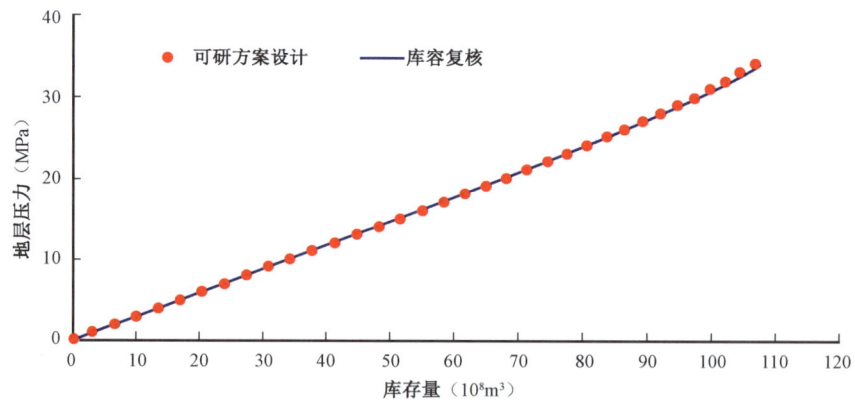

图2-3-15　扣除不可动量前后库存量与地层压力关系

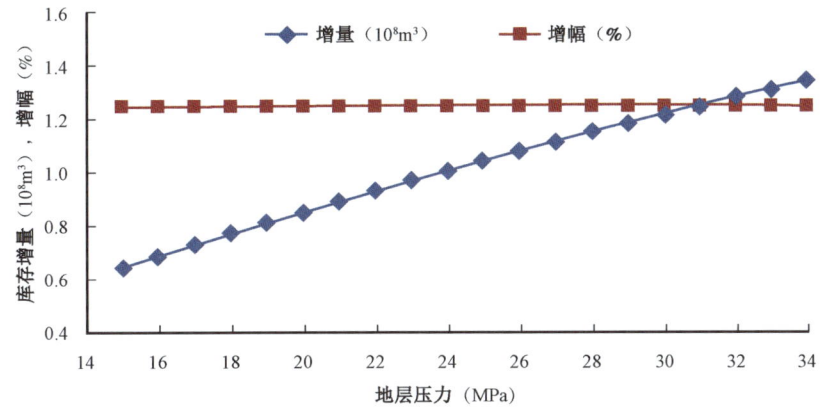

图 2-3-16 库容复核前后变化分析曲线

四、工作气量预测

(一)压力区间设计

1. 合理运行压力区间设计基本原则

(1)为降低高压注气风险,在保证较高库容规模的前提条件下,气库运行上限压力设计应留有一定的余地,同时确保储气圈闭密封性不遭到破坏。

(2)下限压力保证气库具备一定的工作气规模,以提高气库运行效率;保证气库采气末期最低调峰能力和维持单井最低生产能力;尽可能降低采气末期边、底水对气库稳定运行的影响;气井在采气末期产气能力应低于气井临界出砂流量,尽可能避免气井出砂。

(3)运行上、下限压力需要根据具体技术指标综合对比分析,以提高气库运行效率。

2. 储气库运行上限压力

提高储气库储气压力可增加储气容量,但都要以不破坏盖层和储气结构为前提。压力过高会破坏储气层封闭圈的密闭性,导致储气泄漏。

一般而言,在储气库的最大储气压力设计上,注气后地层压力可以高于原始地层压力,以获取较大的库容及气井产能,但一般不应高于静水压力的 1.3 倍,以保证油气藏原有的密封性不受到破坏。

考虑到 A 断裂、A 北断裂及 A001 井北断层封闭性的影响,储气库注气时上限压力应保持在原始地层压力(33.96MPa)附近,因此取上限压力为 34.0MPa。

3. 储气库运行下限压力

根据储气库运行上限压力和库容量参数,参照国内同类型气藏改建储气库的工作气比例[26~28],得到呼图壁储气库的工作气量,然后根据采气末期直井的采气能力估算注采井井数,在此基础上编制了多套方案对运行下限压力逐一优选。

1)全部工作气量用于调峰

根据调峰气量和采气末期气井能力,对注采井井数和运行下限压力进行组合,得到 18 套方案,其中直井井数分别为 39 口、41 口、43 口、44 口、45 口和 47 口,运行下限压力为 17.0MPa、18.0MPa 和 19.0MPa。最后,根据库存量与压力的关系得到工作气量后,计算单井日产气量,利用产能方程计算井底流压,井筒管流方程反算得到井口压力(表 2-3-17)。

当下限压力取 19.0MPa 时,工作气量为 $42.8×10^8 m^3$,工作气比例为 40%,单井日产气量在 $(60.7～73.2)×10^4 m^3$,生产压差为 2.4～3.6MPa,井口压力为 12.03～10.59MPa。

当下限压力取 18.0MPa 时,工作气量为 $45.1×10^8 m^3$,工作气比例为 42.2%,单井日产气量在 $(64.0～77.1)×10^4 m^3$,生产压差为 2.9～4.3MPa,井口压力为 10.68～8.89MPa。

当下限压力取 17.0MPa 时,工作气量为 $48.5×10^8 m^3$,工作气比例为 45.3%,单井日产气量在 $(68.8～82.9)×10^4 m^3$,生产压差为 3.6～5.5MPa,井口压力为 9.01～6.28MPa。

表 2-3-17 储气库运行下限压力优化结果表

方案	运行下限压力(MPa)	井数(口)	工作气量($10^8 m^3$)	工作气比例(%)	单井日产气量($10^4 m^3$)	井底流压(MPa)	生产压差(MPa)	井口压力(MPa)
F1	19.0	39	42.8	40.0	73.2	15.4	3.6	10.59
F2		41	42.8	40.0	69.6	15.8	3.2	11.07
F3		43	42.8	40.0	66.4	16.1	2.9	11.44
F4		44	42.8	40.0	64.8	16.2	2.8	11.58
F5		45	42.8	40.0	63.4	16.3	2.7	11.70
F6		47	42.8	40.0	60.7	16.6	2.4	12.03
F7	18.0	39	45.1	42.2	77.1	13.7	4.3	8.89
F8		41	45.1	42.2	73.3	14.1	3.9	9.44
F9		43	45.1	42.2	69.9	14.5	3.5	9.94
F10		44	45.1	42.2	68.3	14.7	3.3	10.18
F11		45	45.1	42.2	66.8	14.8	3.2	10.32
F12		47	45.1	42.2	64.0	15.1	2.9	10.68
F13	17.0	39	48.5	45.3	82.9	11.5	5.5	6.28
F14		41	48.5	45.3	78.9	12.1	4.9	7.22
F15		43	48.5	45.3	75.2	12.6	4.4	7.94
F16		44	48.5	45.3	73.5	12.8	4.2	8.23
F17		45	48.5	45.3	71.9	13.0	4.0	8.50
F18		47	48.5	45.3	68.8	13.4	3.6	9.01

通过采气临界出砂压差研究发现,随着地层压力降低,临界压差逐渐减小。如果采用射孔方式完井,地层压力为 19.0MPa 时,临界出砂压差为 2.4MPa;地层压力为 18.0MPa 时,临界出砂压差为 2.1MPa。如果采用砾石充填完井,地层压力为 18.0MPa 时,临界出砂压差为 3.5MPa;当地层压力增大后,可以适当增加生产压差。

若取下限压力为 19.0MPa,单井日产气量均低于采末气井能力($77×10^4 m^3$),但生产压差较大,工作气比例低,井口压力大于 10.0MPa;若取下限压力为 17.0MPa,单井日产气量均高于采末气井能力（$61 \times 10^4 \mathrm{m}^3$），生产压差基本大于采用砾石充填完井的临界出砂压差（3.5MPa），同时井口压力较低；若取下限压力为18.0MPa，当井数为44口时，单井日产气量$68.3 \times 10^4 \mathrm{m}^3$，生产压差为3.3MPa，井口压力为10.18MPa，满足下限压力设计的依据，可以确保储气库具有较高的工作气比例，采气末期采气能力较强，且生产压差低于砾石充填完井的临界出砂压差，井口压力不低于10.0MPa。

在上述分析基础上，可知如果采用射孔方式完井，地层压力较低时可能会出砂，但是采用砾石充填完井能有效解决气井出砂问题，因此建议采用有效的防砂完井工艺，提高单井产量，实现少井高产的目标。

综上所述，在全面考虑工作气量、工作气比例，采末单井日产气量、临界出砂压差、井口压力及注采井井数等相关参数后，最终确定呼图壁储气库下限运行压力为18.0MPa。

2）调峰运行采气 $20 \times 10^8 \mathrm{m}^3$

根据库存量与地层压力关系，从储气库运行上限压力往下计算，当工作气量为$20 \times 10^8 \mathrm{m}^3$时，储气库运行下限压力为26.0MPa，由直井采气节点分析得知，此时合理产气量为$99 \times 10^4 \mathrm{m}^3$，据此计算呼图壁储气库调峰运行采气$20 \times 10^8 \mathrm{m}^3$，共需新钻直井14口，单井日产气量为$95.2 \times 10^4 \mathrm{m}^3$，井底流压为21.7MPa，相应的井口压力为15.2MPa（表2-3-18）。

表2-3-18　储气库调峰运行末期参数表

运行下限压力（MPa）	工作气量（$10^8 \mathrm{m}^3$）	工作气比例（%）	井数（口）	单井日产气量（$10^4 \mathrm{m}^3$）	井底流压（MPa）	井口压力（MPa）
26.0	20.0	21.0	14	95.2	21.7	15.2

通过以上研究，设计的储气库运行下限压力可以确保储气库具备一定的工作气规模，同时采气末期日均采气量较高，以满足新疆地区用气调峰时储气库处于较高运行压力水平，应急调峰可通过降压开采实现最大调峰气量。因此，最终确定呼图壁储气库调峰运行下限压力为26.0MPa，应急采气运行时下限压力为18.0MPa。

（二）工作储气量、垫气量及其比例

在储气库的库容量、运行压力区间论证基础上，对工作气量、垫气量及其比例等库容参数进行设计，为建库可行性方案编制提供科学依据。

1. 工作气量

工作气量为储气库从运行上限压力降到下限压力时的总采出气量，其反映了储气库实际调峰能力。工作气比例为工作气量与库容量的比值，其反映了储气库实际运行效率。国内外不同类型储气库工作气比例介于25%~70%，区间范围大，无统一标准。如果储气库储层物性条件好，工作气量相对较大，工作气比例较高。

工作气量 = 调峰气量 + 事故应急气量。事故应急气量是指当输气管道发生事故时，利用天然气供应系统的能力最大限度地满足用户的保安需求量。确定管道事故应急气量首先需要确定管道持续事故时间，也就是管道停输时间，指管道发生事故导致输气干线被迫截断抢修的持续停输时间。根据国外的实践经验以及国内西气东输等管道的实际运行情况表明，在极端事故的工况下，储气库作为应急气源供气，要保证不可中断用户3天的用气量[29]。

2. 垫底气

储气库一般采用天然气作为垫底气。为了降低储气库投资、减少运营成本、提高储气库运行效率,一些国家(例如法国、美国、丹麦等)[30~33]也开始尝试利用惰性气体、空气或燃气压缩机的废气作为垫底气,但是需要考虑这类垫底气可能与工作气发生的混合现象[34~36]。目前我国还没有低价气代替天然气作为垫底气的工程实践,呼图壁储气库仍然采用天然气作为垫底气。

垫底气分为基础垫底气和附加垫底气,总垫气量 = 基础垫气量 + 附加垫气量。储气库运行期内应保持一定的垫气量,其主要作用是给储气层提供能量,采气末期使储气库保持一定的压力,保证调峰季节从储气库中采出所储存的气量;垫底气有利于减缓储气库内水的推进;垫底气将保证储气库在用气淡季较短的时间内存够应急气量,以便提高采气量。因此,储气库内存有一定量的垫底气对储气库本身来讲有积极的作用。垫气量的确定是根据储气库地质构造、地质特性而决定的,垫气量一般为储气库储气量的30%~70%,根据苏联及法国的经验,地下储气库中有效气与垫底气的最佳比值大约为1:1。

基础垫气量是气库压力降到无法开采时的气库内残存气量,它是衡量气库闲置资源量的重要指标。这部分气体量约10%~15%,是无法开采出来的。

附加垫气量是在基础垫气量的基础上,后续为升高储气库压力,保证采气井在下限压力能够达到最低调峰能力时所需要另外注入的气量。若气库运行的最低压力值升高或降低,则附加垫气量将增多或减少[37]。

3. 工作气量、垫气量确定

一般通过气藏工程方法、天然岩心物理模拟实验确定工作气量、垫气量及其比例[38]。根据建立的物质平衡注采动态模型对库存量与地层压力关系预测结果可知,对于调峰与应急采气同时发生的情形,上限压力 34.0MPa,下限压力 19.5MPa,库容量 $117.0 \times 10^8 m^3$,工作气量 $45.1 \times 10^8 m^3$,垫气量 $71.9 \times 10^8 m^3$,附加垫气量 $18.0 \times 10^8 m^3$;当调峰气量为 $20.0 \times 10^8 m^3$ 时,上限压力 34.0MPa,下限压力 27.0MPa。

储气库运行时注气周期为180d,采气周期为150d,因此正常调峰时日均注气量为 $1300.0 \times 10^4 m^3$,日均采气量为 $1333.0 \times 10^4 m^3$;当调峰与应急供气同时发生时,应急采气时间按90d计算,日均采气量峰值为 $4122.0 \times 10^4 m^3$(表 2 – 3 – 19)。

表 2 – 3 – 19 呼图壁储气库库容参数表

功能	上限压力 (MPa)	下限压力 (MPa)	库容量 ($10^8 m^3$)	工作气量 ($10^8 m^3$)	垫气量 ($10^8 m^3$)	附加垫气量 ($10^8 m^3$)	日均采气量 ($10^4 m^3$)	日均注气量 ($10^4 m^3$)
调峰与 应急供气	34.0	19.5	117.0	45.1	71.9	18.0	4122.0	1300.0
调峰	34.0	27.0	117.0	20.0	71.9	18.0	1333.0	1300.0

五、注采井网设计

(一)注采井网设计原则

储气库的井网设计在某些方面可以借鉴油气藏开发井网设计,但其设计原则与油气藏开发井网设计又有较大区别。两者存在较大区别的主要原因是储气库采用大流量双向循环注采。储气库井网设计是否合理直接关系到储气库运行效率的高低,因此需要综合考虑储层发育程度、分布状况和非均质性,隔夹层的厚度、分布状况、有效性和完整性,纵向流体性质、温压系统差异,气藏水驱特点以及纵向水侵程度,井型等影响因素。

储气库注采井网设计一般原则[39]:

(1)产能的高效性。立足高渗透带布井,稀井高产,不拘泥于井点的均匀性分布;同时也要兼顾储层发育程度较差区域,以扩大气驱波及效果,提高库存动用程度。

(2)气井的生产安全性。井位远离气水界面,防止注气过程中气体向水域的突进和采气过程中边水侵入气井。

(3)气库的安全性。井位远离断层(100m以上)和远离封闭性差的地层,防止气井注、采量往复变化过大,压力高低变化剧烈,造成断层或地层的破裂损坏。

(4)库容的可控性。气库井位尽量分散,增大气库库容的控制程度。

(5)应优先考虑水平井和丛式井。对于储层纵向发育,层间矛盾并不十分突出的气藏,应尽可能采取一套注采层系以降低注采井数。

有学者指出,储气库的井网部署应以最大限度控制库容、满足工作气注采需要为目的,不应过分强调"稀井高产"。储气库井网部署应优先满足强采强注的要求,需要一定的井网密度[40]。

综合储气库注采井网设计的一般原则与呼图壁储气库的实际情况,确定呼图壁储气库注采井网设计原则:

(1)注采井网应能满足库容参数设计要求的最低井数要求。

(2)注采井网布置应突出体现短期强采强注,保证较高运行效率的技术要求。

(3)平面上井网布置,既要考虑储层发育区,同时也要兼顾储层发育程度较差区域,以扩大气体波及效率,提高库容动用程度。

(4)井位部署区域要求有效厚度大于10m。

(二)注采井网设计

根据储气库注采井网设计原则,呼图壁储气库的注采井主要部署在 $-3047m$ 构造等高线以上、储层有效厚度大于10.0m、以储层较为发育的东区为主,兼顾西区。遵照"少井高产"的原则,东区按 $E_{1-2}z_2^1$ 砂层和 $E_{1-2}z_2^2$ 砂层两套层系分别部署水平井,西区部署直井。参照大港板桥储气库群经验,新钻注采井避开老井和断裂系统100m以上。总体上按照井距500m,在含气面积内沿着构造长轴走向采用矩形井网均匀布井。

气井风险评估认为A2002井、A2006井、A2008井、A001井、A2井的套管均存在损伤、孔洞、缩径、变形、腐蚀等问题;A2005井、A2006井套管为N80材质,不符合储气库建设要求;另外套管环空是否带压无法确定,套管质量变化无法检测。综合以上几点,为了确保储气库安全生产,认为现有老井不宜作为储气库注采井和监测井,因此方案设计井均为新钻井。

六、建库运行方案

呼图壁储气库以季节调峰与应急储备为主,由于应急储备采气具有偶然性和不确定性,发生的概率极低,因此按季节调峰与应急储备两种功能组成气库不同的运行模式,然后考虑不同井型,设计了三套方案(表2-3-20)。

表 2－3－20　呼图壁储气库不同运行模式下注采井数表

方案	周期	井数（口） 合计	井数（口） 直井	井数（口） 水平井	上限压力（MPa）	下限压力（MPa）	工作气量（$10^8 m^3$）	注采能力（$10^4 m^3/d$） 直井	注采能力（$10^4 m^3/d$） 水平井	日注采量（$10^4 m^3$）	备注
F1	注气	30	19	11	34	18	45.1	60.0	108.0	2508.0	调峰结束后应急储备采气
F1	采气							68.7	135.0	2789.0	
F2	注气	34	34		34	18	45.1	62.0		1550.0	直井布井，2013 年达到调峰 $20.0 \times 10^8 m^3$，2016 年底具备 $25.1 \times 10^8 m^3$ 的应急储备能力
F2	采气							82.0		2789.0	
F3	注气	30	26	4	34	18	45.1	62.0	80.0	1550.0	直井加水平井混合布井，2013 年达到调峰 $20.0 \times 10^8 m^3$，2016 年底具备 $25.1 \times 10^8 m^3$ 的应急储备能力
F3	采气							84.0	152.0	2789.0	

1. 方案一

调峰 5 个月结束后开始应急储备采气，周期为 3 个月时间。该方案设计的注采井 30 口，其中直井 19 口，水平井 11 口。第一周期（2013 年）日均注气量 $1111.0 \times 10^4 m^3$，阶段注气量 $20.0 \times 10^8 m^3$，日均采气量 $1333.0 \times 10^4 m^3$，阶段采气量 $20.0 \times 10^8 m^3$。第二周期（2014 年）以后能满足调峰和应急，方案设计调峰 5 个月结束后应急发生，应急时间 3 个月，压力运行区间为 18.0～34.0MPa。调峰时需要总井数 10 口，其中直井 4 口，日均采气量 $96.3 \times 10^4 m^3$，水平井 6 口，日均采气量 $158.0 \times 10^4 m^3$，气库日均采气 $1333.0 \times 10^4 m^3$，阶段采气 $20.0 \times 10^8 m^3$。应急需要总井数 30 口，其中直井 19 口，日均采气量 $68.7 \times 10^4 m^3$；水平井 11 口，日均采气量 $135.0 \times 10^4 m^3$，气库日均采气 $2789.0 \times 10^4 m^3$，阶段采气 $25.1 \times 10^8 m^3$，累计采气 $45.1 \times 10^8 m^3$（表 2－3－21）。初期，生产压差 2.1MPa，小于临界出砂压差，同时井口压力为 20.0MPa，满足进站压力要求；末期，生产压差 3.3MPa，小于临界出砂压差，同时井口压力为 10.0MPa，满足进站压力要求。

表 2－3－21　呼图壁储气库配产表（方案一）

参　数	月　份	季节调峰 第 1～5 个月	应急采气 第 1 个月	应急采气 第 2 个月	应急采气 第 3 个月
供气量	调峰（$10^4 m^3/d$）	1333.0			
供气量	应急（$10^4 m^3/d$）		2789.0	2789.0	2789.0
供气量	小计（$10^4 m^3/d$）	1333.0	2789.0	2789.0	2789.0
供气量	累计（$10^8 m^3$）	4.0～20.0	28.4	36.7	45.1
直井	井数（口）	4	19	19	19
直井	采气量（$10^4 m^3/d$）	96.3	68.7	68.7	68.7
水平井	井数（口）	6	11	11	11
水平井	采气量（$10^4 m^3/d$）	158.0	135.0	135.0	135.0

2. 方案二

根据呼图壁储气库建设总体工作安排,考虑到气库的功能定位为季节调峰与应急储备以及调峰阶段需求量的变化趋势,以均注均采方式为主,兼顾调峰高月气量的原则,2013 年设计气库运行可行性方案达到 $20.0 \times 10^8 m^3$ 的季节调峰能力、2016 年底具备 $25.1 \times 10^8 m^3$ 的应急储备能力。

根据北疆地区调峰需求量的变化趋势,调峰第 3 个月季节调峰气量最高,为平均调峰气量的 1.4 倍,第 1 个月和第 5 个月调峰气量最低,为平均调峰气量的 0.8 倍,第 2 个月和第 4 个月调峰气量为平均水平。因此,在满足 5 个月调峰采气量 $20.0 \times 10^8 m^3$ 条件下,气库从第 1 个月到第 5 个月的日产气量分别为 $1066.0 \times 10^4 m^3$、$1333.0 \times 10^4 m^3$、$1900.0 \times 10^4 m^3$、$1333.0 \times 10^4 m^3$、$1066.0 \times 10^4 m^3$。

气库运行压力区间为 $18.0 \sim 34.0 MPa$,第五周期可实现应急储备和季节调峰采气共计 $45.1 \times 10^8 m^3$,设计 34 口注采井,全部为直井。

2012 年 6 月,25 口井投入注采,首先注入 $16.5 \times 10^8 m^3$ 的附加垫气量,将地层压力恢复到下限压力 18MPa。从 2013 年开始,注气周期单井的日均注气 $62.0 \times 10^4 m^3$,气库日均注气量 $1550.0 \times 10^4 m^3$,阶段注气量 $27.9 \times 10^8 m^3$;采气周期单井的日均采气量 $(42.7 \sim 76.0) \times 10^4 m^3$,气库日均采气量 $(1066.0 \sim 1900.0) \times 10^4 m^3$,平均 $1333 \times 10^4 m^3/d$,阶段采气量 $20.0 \times 10^8 m^3$。

2015 年 34 口井全部投入注采,注气周期单井的日均注气 $45.6 \times 10^4 m^3$,气库日均注气量 $1550.0 \times 10^4 m^3/d$,阶段注气量 $27.9 \times 10^8 m^3$;采气周期单井的日均采气量 $(31.5 \sim 56.0) \times 10^4 m^3$,气库日均采气量 $(1066.0 \sim 1900.0) \times 10^4 m^3/d$,平均 $1333 \times 10^4 m^3/d$,阶段采气量 $20.0 \times 10^8 m^3$(表 2-3-22)。

表 2-3-22 呼图壁储气库配产表(方案二)

阶段	周期	注采月份	直井井数(口)	直井配气量($10^4 m^3/d$)	日均采气量($10^4 m^3/d$)	阶段采气量($10^8 m^3$)
未达到设计规模	2013—2014 年	注气	6 个月	25	62.0	1550.0	27.9
		采气	第 1 个月	25	42.7	1066.0	20.0
			第 2 个月		53.4	1333.0	
			第 3 个月		76.0	1900.0	
			第 4 个月		53.4	1333.0	
			第 5 个月		42.7	1066.0	
	2015—2016 年	注气	6 个月	34	45.6	1550.0	27.9
		采气	第 1 个月	34	31.5	1066.0	20.0
			第 2 个月		39.3	1333.0	
			第 3 个月		56.0	1900.0	
			第 4 个月		39.3	1333.0	
			第 5 个月		31.5	1066.0	

续表

阶段	周期	注采月份	直井井数（口）	直井配气量（$10^4 m^3/d$）	日均采气量（$10^4 m^3/d$）	阶段采气量（$10^8 m^3$）
达到设计规模	采气（应急储备）	3个月	34	82.1	2789.0	25.1
	采气（季节调峰）	第1个月	34	31.5	1066.0	20.0
		第2个月		39.3	1333.0	
		第3个月		56.0	1900.0	
		第4个月		39.3	1333.0	
		第5个月		31.5	1066.0	

到第五周期时可满足一次应急储备采气 $25.1 \times 10^8 m^3$ 和季节调峰采气 $20.0 \times 10^8 m^3$。在较高压力条件下三个月采出应急储备的工作气量，单井日均采气量 $82.1 \times 10^4 m^3$，气库日均采气量 $2789.0 \times 10^4 m^3$，阶段采气量 $25.1 \times 10^8 m^3$；随后开始季节调峰，单井的日均采气量 $(31.5 \sim 56.0) \times 10^4 m^3$，气库日均采气量 $(1066.0 \sim 1900.0) \times 10^4 m^3$，阶段采气量 $20.0 \times 10^8 m^3$。

气库采气运行时生产压差为 $0.5 \sim 3.3 MPa$，仅在初期气库处于低压运行时生产压差为 $0.9 \sim 3.3 MPa$，其他情形下对应的生产压差为 $0.4 \sim 1.9 MPa$，小于临界出砂压差，同时井口压力均在 $10.0 MPa$ 以上，满足进站压力要求。

3. 方案三

以方案二为基础，采用直井与水平井两种井型部署井网，其中 $E_{1-2}z_2^1$ 部署直井，$E_{1-2}z_2^2$ 布水平井。

气库运行压力区间为 $18.0 \sim 34.0 MPa$，第五周期可实现应急储备和季节调峰采气共计 $45.1 \times 10^8 m^3$，设计了 26 口直井和 4 口水平井，共计 30 口注采井。根据储层厚度，将直井分为 3 类，Ⅰ类井储层厚度大于 $20m$，共有 12 口井；Ⅱ类井储层厚度为 $15 \sim 20m$，共有 9 口井；Ⅲ类井储层厚度为 $10 \sim 15m$，共有 5 口井。

2012 年 6 月首先注入 $16.5 \times 10^8 m^3$ 附加垫气，将地层压力恢复到下限压力 $18.0 MPa$。2013—2014 年注气周期直井日均注气 $70.0 \times 10^4 m^3$，水平井日均注气 $90.0 \times 10^4 m^3$，气库日均注气量 $1550.0 \times 10^4 m^3$，阶段注气量 $27.9 \times 10^8 m^3$；采气周期直井日均采气 $(45.0 \sim 85.0) \times 10^4 m^3$，水平井日均采气 $(75.0 \sim 114.0) \times 10^4 m^3$，气库日均采气量 $(1066.0 \sim 1900.0) \times 10^4 m^3$，平均 $1333 \times 10^4 m^3/d$，阶段采气量 $20.0 \times 10^8 m^3$（表 2-3-23）。

2015 年 30 口井全部投入注采，注气周期直井日均注气 $50.0 \times 10^4 m^3$，水平井日均注气 $63.0 \times 10^4 m^3$，气库日均注气量 $1550.0 \times 10^4 m^3/d$，阶段注气量 $27.9 \times 10^8 m^3$；采气周期直井日均采气量 $(35.0 \sim 60.0) \times 10^4 m^3/d$，水平井日均采气量 $(39.0 \sim 85.0) \times 10^4 m^3/d$，气库日均采气量 $(1066.0 \sim 1900.0) \times 10^4 m^3/d$，平均 $1333 \times 10^4 m^3/d$，阶段采气量 $20.0 \times 10^8 m^3$。

到第五周期时可满足一次应急储备采气 $25.1 \times 10^8 m^3$ 和季节调峰采气 $20.0 \times 10^8 m^3$。在较高压力条件下三个月采出应急储备的工作气量，Ⅰ类直井日均采气量 $92.0 \times 10^4 m^3$，Ⅱ类直井日均采气量 $88.0 \times 10^4 m^3$，Ⅲ类直井日均采气量 $83.0 \times 10^4 m^3$，水平井日均采气量 $120.0 \times 10^4 m^3$，气库日均采气量 $2789.0 \times 10^4 m^3$，阶段采气量 $25.1 \times 10^8 m^3$；随后开始季节调峰，Ⅰ类直

井日均采气量为$(34.0\sim60.0)\times10^4m^3$,Ⅱ类直井日均采气量$(31.0\sim57.0)\times10^4m^3$,Ⅲ类直井日均采气量$(28.0\sim53.0)\times10^4m^3$,水平井日均采气量$(60.0\sim100.0)\times10^4m^3$,气库日均采气量$(1066.0\sim1900.0)\times10^4m^3$,阶段采气量$20.0\times10^8m^3$(表2-3-24)。

气库采气运行时生产压差为0.4~4.2MPa,小于临界出砂压差,同时井口压力均在10.0MPa以上,满足进站压力要求。

表2-3-23 呼图壁储气库未达到设计规模配产表(方案三)

阶段	周期	时间	井数(口)			配气量($10^4m^3/d$)		日均气量 (10^4m^3)	阶段气量 (10^8m^3)
			直井	水平井	总井数	直井	水平井		
2013—2014年	注气	6个月	17	4	21	70	90	1550.0	7.9
	采气	第1个月	17	4	21	45	75	1066.0	20.0
		第2个月				60	78	1333.0	
		第3个月				85	114	1900.0	
		第4个月				60	78	1333.0	
		第5个月				45	75	1066.0	
2015—2016年	注气	6个月	26	4	30	50	63	1550.0	27.9
	采气	第1个月	26	4	30	35	39	1066.0	20.0
		第2个月				42	60	1333.0	
		第3个月				60	85	1900.0	
		第4个月				42	60	1333.0	
		第5个月				35	39	1066.0	

表2-3-24 呼图壁储气库达到设计规模配产表(方案三)

阶段	周期	时间	井数(口)			配气量($10^4m^3/d$)				日均气量 (10^4m^3)	阶段气量 (10^8m^3)
			直井	水平井	总井数	Ⅰ类直井	Ⅱ类直井	Ⅲ类直井	水平井		
达到设计规模	采气(应急储备)	3个月	26	4	30	92	88	83	120	2789.0	25.1
	采气(季节调峰)	第1个月	26	4	30	34	31	28	60	1066.0	20.0
		第2个月				42	40	38	70	1333.0	
		第3个月				60	57	53	100	1900.0	
		第4个月				42	40	38	70	1333.0	
		第5个月				34	31	28	60	1066.0	

七、监测方案设计

地下储气库是一项系统工程,由于储气库采取高速注采且注采频繁交替,不同的注采周期内注采速度和注采量会有差异,加上储层非均质性的影响,每个注采周期内,地下油气水分布都不可能完全相同,因此为了保障地下储气库长久、安全、有效运行,及时掌握储气库运行动态和安全状况,必须建立系统化、永久化、动态化的监测体系,而科学、合理、有效地部署储气库监测井系统,是实现这一目标最重要、最直接的方式。

储气库监测体系一般包括:储气库内部温度与压力检测、盖层及断裂系统密封性监测、流体组分监测、气液界面及流体运移监测、储气库周边及溢出点监测、上覆浅层水监测等。监测内容主要包括:常规压力、温度、地层水烃类含量、地层流体组成和气液界面,有时根据需要采用示踪剂或气体同位素等进行监测[41]。

根据呼图壁储气库建库地质综合研究和可行性方案、初步设计方案结论,结合相关监测要求,制定了呼图壁储气库监测方案,监测对象主要为储气库密封性、内部温度压力、气水界面及流体运移。

(一)主要监测方法介绍

1. 压力和温度监测

(1)定期在井筒内下入高精度存储式电子压力计,测取井底压力、井筒压力梯度,测量液面等数据,并记录井口油压、套压数据。

(2)在监测井底压力时,同时下入温度计测取井底温度、井筒温度梯度及井口静温。

2. 示踪剂(放射性气体)监测

示踪剂是指为观察、研究和测量某物质在指定过程中的行为或性质而加入的一种标记物。作为示踪剂,其性质或行为在该过程中与被示剂物应完全相同或差别极小;其加入量应当很小,对体系不产生显著的影响。此外,示踪剂必须容易被探测。

利用示踪剂来监测储气库密封性和隔层稳定性,主要是在观察井周围区域的注采井中持续注入惰性气体示踪剂,然后在观察井中进行取样,分析气样中是否含有注入的示踪剂,以此判断储气库密封性和隔层稳定性。

选择合适的示踪剂(放射性气体),主要要求如下:(1)地层内不含或背景浓度极少,易于检测识别;(2)在地层中吸附滞留量少;(3)化学稳定性强,与地层配伍性好;(4)分析方法简单,灵敏度高;(5)成本低,无毒安全;(6)放射性气体对人体无伤害或伤害极小。

但是呼图壁储气库利用示踪剂监测断层密封性也有很多局限性:(1)示踪剂监测范围有限;(2)示踪气体在地层中渗流复杂,如果没有流入监测井就失去了监测作用;(3)A气藏有两条主断裂,每条断裂都比较长,监测井有限,因此监测效果会受到一定影响。

3. 微地震监测

微地震监测技术就是通过观测、分析微地震事件来监测生产活动的影响、效果及地下状态的地球物理技术。它可以应用于油气藏开发、煤矿"三带"(冒落带,裂隙带和沉降带)监测、矿山压力监测、地质灾害监测等多个领域[42]。在油气藏开发领域,该方法主要用于油田低渗透储层压裂的裂缝动态成像和油田开发过程的动态监测,主要是流体驱动监测[43]。国外用微地震来监测储气库的断层活动情况[44]。

为了将储气库系统置于监测之中,采取地面和井下长期永久观测的办法,地表埋置观测的检波器分布应覆盖整个气库,以提高观测覆盖面,具体方案如图2-3-17所示。

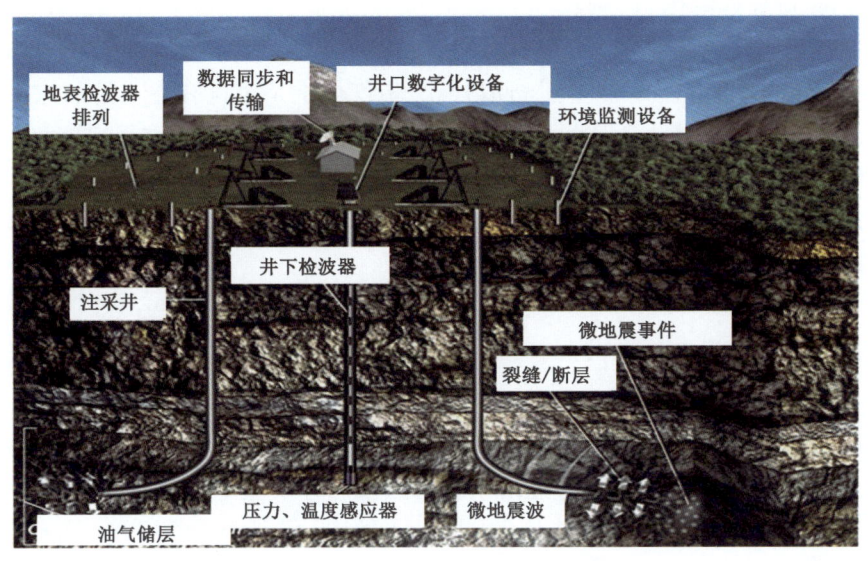

图 2-3-17 微地震监测部署图

在井筒中,安放井下检波器、压力和温度感应器,在近地表埋置高灵敏度微地震检波器,随时全方位记录和监测整个储气库范围内的微地震事件。

在实现了高精度数据采集和实时传输后,运行微地震监测系统,开始后续的处理分析。

根据记录的微地震事件,通过具体的数据处理和分析手段,定位引发微地震的震源位置,并确定震源能量,分析震源位置的密集程度及能级大小,实现对盖层和断裂密封性的监测。

4. 流体组分及性质监测

流体组分及性质监测包括天然气、凝析油及水等,应定期系统化、永久性监测。定期取天然气样品,进行天然气常规物性及全组分分析;定期取水样和凝析油样品,进行水常规分析和凝析油常规物性分析。

(二)监测内容及方案设计

1. 断裂密封性监测

通过在储气库断裂系统另一侧合理部署监测井和采用微地震技术,监测储气库运行过程中断裂系统可能存在的天然气漏失情况。

通过对工区内三条断裂的垂向密封性和侧向密封性分析,认为断裂的密封性好,满足改建地下储气库的要求。对气藏起控制作用的断裂有 A 断裂和 A 北断裂,在两条断裂中,A 北断裂位于气藏中间,受注采的影响较大,若断裂产生应力集中,则该断裂应先于 A 断裂产生影响,因此对该断裂部署监测井监测其在强注强采过程中的密封性。

在 A 北断裂北侧约 250m 处部署一口监测井 AKJ4 井,用于监测 A 北断裂的密封性,监测层位 $E_{1-2}z_2^1$ 和 $E_{1-2}z_2^2$。

(1)压力和温度监测。

每个月应测取 1 次,每年不少于 12 次,可根据生产需要适当加密监测。

(2)示踪剂(放射性气体)监测。

在储气库西区靠近 A 北断裂的注采井 AK13 井和 AK14 井中持续注入惰性气体示踪剂,然后在断裂另一侧的监测井 AKJ4 井进行取样,分析气样中是否含有注入的示踪剂。

要求在注气阶段每月注入 1 次示踪剂,注入示踪剂后每天采样 1 次,如样品中有示踪剂含量响应,则加密取样次数,每 4 小时取样 1 次,以此来监测示踪剂(放射性气体)含量,判断断裂是否因为注气而开启。

(3)微地震监测。

在 A2 井、A2003 井和 A001 井中下入井下检波器,下入深度 3000m,实时监测断层密封性情况。

2. 盖层密封性监测

盖层监测主要监测紫泥泉子组 $E_{1-2}z_3$ 直接泥岩盖层、安集海河组大套泥岩区域性盖层的密封性,同时监测注采井固井质量,防止由于目的层段固井质量不合格导致的天然气管外窜。

在沙湾组构造高部位部署一口浅层监测井 AKJ5 井,设计钻至沙湾组 N_1s 底界后,再留30.0m 口袋完钻。

(1)压力和温度监测。

每个月应测取 1 次,每年不少于 12 次,可根据生产需要适当加密监测。

(2)示踪剂(放射性气体)监测。

在浅层监测井周围区域的注采井 AK4 井、AK13 井和 AK14 井中持续注入惰性气体示踪剂,然后在对浅层监测井 AKJ5 井进行取样,分析气样中是否含有注入的示踪剂。

要求在注气阶段每月注入 1 次示踪剂,注入示踪剂后每天采样 1 次,如样品中有示踪剂含量响应,则加密取样次数,每 4 小时取样 1 次,以此来监测示踪剂(放射性气体)含量,判断盖层的密封性及注采井固井质量是否合格。

(3)微地震监测。

在 A2 井、A2003 井和 A001 井中下入井下检波器,下入深度 3000m,实时监测盖层密封性情况。

3. 隔层稳定性监测

$E_{1-2}z_2^1$ 砂层与 $E_{1-2}z_2^2$ 砂层之间的隔层横向上岩性变化较大,厚度分布也不稳定,A2002 井只有 1.7m,并且含有泥质粉砂岩。储气库的运行过程是一个强注强采的过程,$E_{1-2}z_2^1$ 砂层与 $E_{1-2}z_2^2$ 砂层之间隔层的稳定性是否会因为周期性的强注强采发生变化对储气库的注采运行很重要,因此在新钻注采井中选取代表井进行隔层稳定性监测。

在 $E_{1-2}z_2^1$ 砂层的注采井中选择 AK6 井、AK8 井和 AK9 井 3 口注采井进行隔层稳定性监测。

在 $E_{1-2}z_2^2$ 砂层的注采井 AHWK1 井和 AHWK2 井采用示踪剂(放射性气体)监测。向这两口井中持续注入惰性气体示踪剂,然后在 AK6 井、AK8 井和 AK9 中进行取样,分析气样中是否含有注入的示踪剂,如在样品中发现示踪剂,则说明隔层稳定性被破坏。

要求在注气期的最后 1 周持续注入示踪剂,从注气期结束后的平衡期的第 1 天开始取样,每天采样 1 次,如样品中有示踪剂含量响应,则加密取样次数,每 4 小时取样 1 次,以此来监测示踪剂(放射性气体)含量,监测隔层的稳定性。

4. 气水界面及流体运移监测

带边底水储气库应该加强流体界面、流体移动和分布范围的监测[45],监测的重点可以放在注气期与采气期末,监测井需要选在流体运移的主要方向及气水界面附近。

通过在流体运移主要方向及气水界面附近部署监测井,重点监测储气库运行过程中流体运移及气水界面变化情况,同时兼顾监测储气库运行压力、温度,及时掌握储气库运行状态,为准确分析储气库运行动态提供第一手资料。

在距 A2 井西侧约 600.0m 处部署一口监测井 AKJ1 井,监测层位 $E_{1-2}z_2^1$ 砂层,监测气库运行过程,$E_{1-2}z_2^1$ 砂层西部边水推进及气水界面变化情况。

在东区 A001 井和 A2008 井间部署一口监测井 AKJ2 井,监测层位 $E_{1-2}z_2^1$ 砂层和 $E_{1-2}z_2^2$ 砂层,主要监测东部边底水变化情况。

在水平井 AHWK1 井西侧约 900m 处部署一口监测井 AKJ3 井,监测层位 $E_{1-2}z_2^2$ 砂层,监测 $E_{1-2}z_2^2$ 砂层边底水变化情况。

(1)压力和温度监测。

每个月应测取 1 次,每年不少于 12 次,可根据生产需要适当加密监测。

(2)流体组分及性质监测。

天然气常规物性及全组分分析、凝析油样品分析和水常规分析在采气阶段至少每 1 个月测取 1 次。

(3)气水界面监测。

在 3 口监测井 AKJ1 井、AKJ2 井和 AKJ3 井中定期下入气水界面仪,测试气水界面,在注气期和采气期各测取 3 次,每年不少于 6 次,需要时可适当加密监测。

5. 井筒完整性评价技术

根据套间压力监测情况,通过工艺技术优选,确定选用多臂井径仪 + 电磁探伤测井技术,目标注采井选取时优先考虑在前 4 个注采周期中注采量比较大的井,兼顾套间压力较高的井。另外,选取新井 HUK28 井,测试留作基础数据(表 2 – 3 – 25)。

表 2 – 3 – 25　呼图壁储气库管柱评价测试工作量

井号	特征	投运时间	测试时间
HUHWK2	注采气量高,最大日注气量达到 $147 \times 10^4 m^3$	2013.6	2016.1
HUK19	注采气量居中	2013.6	2016.1
HUK28	新井,测试获取基准值	2017.8	2016.1
HUK21	套管环空带压	2013.6	2016.1
HUK19	注采气量居中	2013.6	2017.4
HUK21	套管环空带压	2013.6	2017.4

电磁探伤测厚仪(MTD)和多臂井径仪(MFC)结果显示呼图壁储气库 114.3mm,177.8mm 和 193.7mm 套管完整性良好,未见明显变形、损伤。

MTD 和 MFC 数据显示上提升短节、上流短节、NE 安全阀、下流短节、下提升短节位于设计位置。MTD 数据显示 177.8mm 和 193.7mm 套管内径变化清晰可见,并识别 339.73mm 套管鞋位于设计位置。

为进一步验证气库密封性,呼图壁储气库部署了一套微地震监测系统。在气库地层内地应力呈各向异性分布,剪切应力自然聚集在断面上。通常情况下,这些断裂面是稳定的。当原来的应力受到生产活动干扰时,岩石中原来存在的或新产生的裂缝周围地区就会出现应力集中,应变能增高;当外力增加到一定程度时,原有裂缝的缺陷地区就会发生微观屈服或变形,裂缝扩展,从而使应力松弛,储藏能量的一部分以弹性波(声波)的形式释放出来,产生小的地震,即微地震。微地震监测系统可通过定位微地震事件和能级分析,准确掌握注采气过程中断裂、夹层、盖层、注采井筒的形变,为储气库的安全运行提供保障。微地震监测包括野外现场数据采集、微地震波的数据处理及微地震事件分析定位 3 部分,其中事件分析的目的在于将事件的成因分析清楚,有助于对事件类型进行判断,进而指导风险规避。

为提高微地震监测系统的灵敏度及定位精度,通过多方案比对优选,呼图壁储气库微地震监测系统地下共部署了 3 口微地震深井(1200m)和 6 口微地震监测浅井(70m),系统灵敏度达 $-0.8N \cdot m$,可监控能级在 -3 以上级别的微地震事件,定位精度 30m。

微地震监测系统于 2013 年底开始部署实施,2014 年底已完成 3 口深井、3 口浅井地下感应器部署,地面数据录取、传输、存储系统也部署完成。利用 HUK20 井偶极声波建立地层速度初始模型,利用可控震源进行反褶积相位转换,实施速度反演,从而对速度模型实施优化,建立准确的速度模型。

利用建立的储气库速度模型,对微地震监测数据实施解释,微地震事件 198 次,其中工区内事件共 40 次(表 2-3-26)。

表 2-3-26 监测事件类型统计表

事件类型	触发类型	事件数
微地震事件	工区内	40
	工区外	39
	中浅层	89
非微地震事件	单相	22
	区域	37
	噪音	62098
总数		62325

微地震事件中共 89 个为中浅层微地震事件,这类事件分布于浅监测井与深监测井之间,震级为 $-1.6 \sim -0.5$,主要由地面活动所引起,对气库动态密封性不会造成影响。其余共 79 个与储层相关的微地震事件,其中 2015 年 3 月,储气库注气后事件发生频率明显增加,事件分布于浅监测井与深监测井之间,震级为 $-1.6 \sim -0.5$,储层应力变化小于 0.1MPa。因此初步判断,由于注入气扩散会导致储层发生微地震事件,但目前储层受到的应力变化较小,区域断裂、夹层、盖层、注采井筒均未发生损坏,且损坏风险较小,气库具备良好的动态密封性。

6. 生产动态监测

利用储气库新钻注采井,重点监测储气库运行过程中运行压力、温度、产液剖面和流体性质与组分,掌握储气库运行现状,为准确分析储气库运行动态提供第一手资料。

呼图壁储气库紫泥泉子组储层物性好,孔隙度为19.50%,渗透率为48.6mD,开采动态表明井间连通性好。因此,在新钻注采井中选取8口注采井(AK4、AK5、AK6、AK11、AK12、AK20、AK24、AHWK2)监测气库地层压力和温度、流体性质与组分变化,选取4口注采井(AK5、AK12、AK20、AK24)测量产吸剖面,以便及时掌握气库压力变化动态,确保气库安全平稳运行。

(1)压力和温度监测。

每个月应测取1次,每年不少于12次,可根据生产需要适当加密监测。

(2)产吸剖面监测。

对于产水量大的井或者产量波动较大的井应加强剖面监测,录取生产测井资料。

产液剖面主要录取资料:井号、层位、井段、测井时间、测井仪器型号或测井系列、流体性质、流体密度、压力、温度、自然伽马、压力梯度、井温梯度、微差井温、磁性接箍、流量。产液剖面每个采气期测取2次。

吸气剖面主要录取资料:井号、层位、井段、测井时间、测井仪器型号或测井系列、流体性质、流体密度、压力、温度、自然伽马、压力梯度、井温梯度、微差井温、磁性接箍、持气率、流量。吸气剖面每个注气期测取2次。

(3)流体组分及性质监测。

天然气常规物性及全组分分析、凝析油样品分析和水常规分析在采气阶段至少每1个月测取1次。

7. 产能监测

在新钻注采井中选取代表井进行产能试井和不稳定试井,获取储气层位动静态资料并分析产能的变化。

在新钻注采井中选取4口注采井进行产能监测,其中$E_{1-2}z_2^1$砂层直井3口:AK6井、AK12井、AK24井,$E_{1-2}z_2^2$砂层水平井1口:AHWK2井(图2-3-18)。

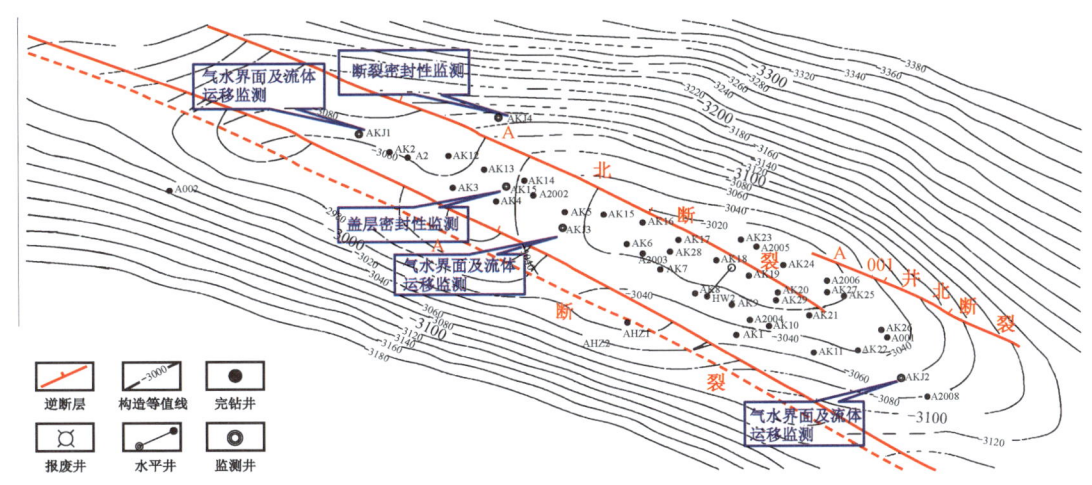

图2-3-18 呼图壁储气库监测井部署图(叠合图)

每 1 个周期进行 1 次产能试井和不稳定试井,获取储气层位动静态资料并分析气井产能变化。

八、推荐方案部署与实施建议

(一)推荐方案部署

推荐方案三作为实施方案,在 $E_{1-2}z_2^1$ 和 $E_{1-2}z_2^2$ 两套层系设计注采井 30 口,其中 $E_{1-2}z_2^1$ 设计直井 26 口,$E_{1-2}z_2^2$ 设计水平井 4 口,井距为 500.0m,监测井 5 口,污水回注井 2 口,回注地层新近系沙湾组(N_1s),微地震浅层观测井 6 口。注采直井设计井深 3600m,注采水平井设计井深 4200m;$E_{1-2}z_2^1$ 监测井设计井深为 3600.0m,$E_{1-2}z_2^2$ 监测井设计井深为 3640.0m,浅层监测井设计井深 2600m,污水回注井设计井深 2600m,微地震浅层观测井设计井深 70m,总进尺 13.314×10^4 m。气库达到设计规模前日均注气量 $1550.0 \times 10^4 m^3$,阶段注气量 $27.9 \times 10^8 m^3$;气库日均采气量 $(1066.0 \sim 1900.0) \times 10^4 m^3$,阶段采气量 $20.0 \times 10^8 m^3$。气库达到设计规模后,应急储备日均采气量 $2789.0 \times 10^4 m^3$,阶段采气量 $25.1 \times 10^8 m^3$;季节调峰日均采气量 $(1066.0 \sim 1900.0) \times 10^4 m^3$,阶段采气量 $20.0 \times 10^8 m^3$,累计采气量 $45.1 \times 10^8 m^3$。

随着干气注入量的不断增加,地层混合流体的性质显著变干,同时随着注采气周期数的增多,更多的凝析气被注入的干气所替换,地层混合流体性质越来越干,轻组分逐渐增加,越来越接近干气组分(表 2-3-27)。气油比随注采周期的延长显著提高,凝析油量总体变化趋势是逐步下降,初期下降幅度很快,后期递减逐步趋缓,在多周期运行后,基本上以采干气为主。

表 2-3-27 10 个注采周期气体组分变化结果

注采周期	组分1 (C_1+N_2)	组分2 (C_2+CO_2)	组分3 (C_3+C_4)	组分4 (C_5+C_6)	组分5 (C_{7a+})	组分6 (C_{7b+})
1	93.72	5.25	0.70	0.27	0.06	0.00
2	94.30	4.71	0.68	0.26	0.05	0.00
3	94.68	4.38	0.65	0.25	0.04	0.00
4	95.10	4.02	0.61	0.24	0.03	0.00
5	95.49	3.66	0.59	0.24	0.02	0.00
6	95.89	3.32	0.56	0.22	0.01	0.00
7	96.29	2.98	0.53	0.20	0.00	0.00
8	96.09	3.11	0.54	0.26	0.00	0.00
9	96.29	3.00	0.52	0.19	0.00	0.00
10	96.61	2.75	0.49	0.15	0.00	0.00

(二)钻井实施建议

优先实施 $E_{1-2}z_2^1$ 东部高部位的直井,第二批主要实施 $E_{1-2}z_2^1$ 西部的直井、监测井、微地震浅层观测井和污水回注井,第三批实施 $E_{1-2}z_2^2$ 水平井。

参 考 文 献

[1] 马小明,赵平起. 地下储气库设计与实用技术[M]. 北京:石油工业出版社,2011.
[2] 张厚福,方朝亮,高先志,等. 石油地质学[M]. 北京:石油工业出版社,1999.
[3] 庞晶,钱根宝,王彬,等. 新疆H气田改建地下储气库的密封性评价[J]. 天然气工业,2012,32(2):83-85.
[4] 赵树东,王皆明. 天然气储气库注采技术[M]. 北京:石油工业出版社,2000.
[5] 闫爱华,孟庆春,林建品,等. 苏4潜山储气库密封性评价研究[J]. 长江大学学报,2013,10(16):48-50.
[6] 徐海霞,赵万优,王长山,等. 断层封闭性演化研究方法及应用[J]. 断块油气田,2008,15(3):40-42.
[7] 肖立新,陈能贵,张健,等. 准噶尔盆地南缘古近系紫泥泉子组沉积体系分析[J]. 天然气地球科学, 2011,22(3):426-431.
[8] 赵澄林,朱筱敏. 沉积岩石学[M]. 北京:石油工业出版社,2001.
[9] Beggs H D. Gas production operations[M]. OGCI publications,1984.
[10] 董凤娟,冯兵,何光渝,等. 应用层次分析法确定地下储气库最优设计方案.[J]. 油气储运,2007,26(10):18-21.
[11] 苏欣,赵宏涛,袁宗明,等. 基于模糊综合评判法的地下储气库方案优选.[J]. 石油学报,2006,27(2):125-128.
[12] 杨毅,李长俊,张红兵,等. 模糊综合评判法优选地下储气库方案设计研究[J]. 天然气工业,2005,25(8):112-114.
[13] 赵树栋,王皆明. 天然气地下储气库注采技术[M]. 北京:石油工业出版社,2000.
[14] Katz D L,Tek M R. Overview on underground storage of natural gas[J]. Journal of petroleum technology,1981,33(6):943-951.
[15] Mayfield J F. Inventory verification of gas storage fields[J]. Journal of Petroleum Technology,1981,33(9):1731-1734.
[16] 王俊魁,舒萍. 大庆油区地下储气库建库研究[J]. 大庆石油地质与开发,1999,18(1):24-27.
[17] 李喜平,梁生,李君. 边水气藏开发过程中的气水关系分析[J]. 天然气工业,2000(S1).
[18] WU Haojiang,ZHOU Fangde,WU Yuyuan. Intelligent identification system of flow regime of oil gas - water multiphase flow [J]. International Journal of Multiphase Flow,2001,27(3):459-475.
[19] CIESLINSKIJT,MOSDORF R. Gas bubble dynamics experiment and fractal analysis [J]. International Journal of Heat and Mass Transfer,2005,48(9):1808-1818.
[20] 胥洪成等. 水淹枯竭气藏型地下储气库盘库方法[J]. 天然气工业,2010,30(8):79-82.
[21] 曾波,漆建忠,邹源红. 川东石炭系气藏产出地层水特征初探[J]. 天然气勘探与开发,2004,27(1):8-11.
[22] 张新征,张烈辉,李玉林,等. 预测裂缝型有水气藏早期水侵动态的新方法[J]. 西南石油大学学报, 2007,29(5):82-85.
[23] 刘玉慧,袁士义,宋文杰,等. 反凝析液对产能的影响机理研究[J]. 石油勘探与开发,2001,28(1):54-56.
[24] 周小平,孙雷,陈朝刚. 低渗透凝析气藏反凝析水锁伤害解除方法现状[J]. 钻采工艺,2006,28(5):66-68.
[25] 严谨,张烈辉,王益维. 凝析气井反凝析污染的评价及消除[J]. 天然气工业,2005,25(2):133-135.
[26] 苏欣,赵宏涛,袁宗明,等. 基于模糊综合评判法的地下储气库方案优选[J]. 石油学报,2006,27(2).
[27] 舒萍,樊晓东,刘启. 大庆油区地下储气库建设设计研究[J]. 天然气工业,2001,21(4):84-87.
[28] 沙宗伦,方凌云,方亮,等. 大庆喇嘛甸地下天然气储气库开发技术研究[J]. 天然气工业,2001,21(5):80-83.

[29] 朱荣强. 天然气储气库储气规模的确定[J]. 山东化工,2013,(1):63-65.
[30] Laille J P,Molinard J E,Wents A. Inert Gas Injection as Part of the Cushion of the Underground Storage of Saint-Clair-Sur-Epte France[C]//SPE Gas Technology Symposium. Society of Petroleum Engineers,1988.
[31] De Moegen H,Giouse H. Long-term study of cushion gas replacement by inert gas[C]//SPE Annual Technical Conference and Exhibition. Society of Petroleum Engineers,1989.
[32] Perkins T K,Johnston O C. A review of diffusion and dispersion in porous media[J]. Society of Petroleum Engineers Journal,1963,3(1):70-84.
[33] Shaw D C. Numerical simulation of miscible displacement processes in gas storage reservoirs[M]//Underground Storage of Natural Gas. Springer Netherlands,1989:347-370.
[34] 谭羽飞,廉乐明,严铭卿. 国外天然气地下储气库的数值模拟研究[J]. 天然气工业,1998,18(6):93-94.
[35] 李娟娟,焦文玲,王占胜. 含水层型地下储气库惰性气体作垫层气概述[J]. 石油规划设计,2007,18(5):40-42.
[36] 李娟娟,焦文玲,王占胜. 含水层型地下储气库惰性气体作垫层气的数学建模与求解[J]. 天然气勘探与开发,2007,30(3):49-54.
[37] 王亮. 储气库库址的选型方法探究[J]. 中国石油和化工标准与质量,2013,6:216.
[38] 刘志军,兰义飞,冯强汉,等. 低渗岩性气藏建设地下储气库工作气量的确定[J]. 油气储运,2012,31(12):891-894.
[39] 马小明,余贝贝,马东博,等. 砂岩枯竭型气藏改建地下储气库方案设计配套技术[J]. 天然气工业,2010,30(8):67-71.
[40] 丁国生,王皆明. 枯竭气藏改建储气库需要关注的几个关键问题[J]. 天然气工业,2011,31(5):87-89.
[41] 丁国生,王皆明. 枯竭气藏改建储气库需要关注的几个关键问题[J]. 天然气工业,2011,31(5):87-89.
[42] 刘百红,秦绪英,郑四连,等. 微地震监测技术及其在油田中的应用现状[J]. 勘探地球物理进展,2006,28(5):325-329.
[43] 刘建中,王春耘,刘继民,等. 用微地震法监测油田生产动态[J]. 石油勘探与开发,2004,31(2):71-73.
[44] Nagelhout A C G,Roest J P A. Investigating fault slip in a model of an underground gas storage facility[J]. International Journal of Rock Mechanics and Mining Sciences,1997,34(3):212.e1-212.e14.
[45] 马小明,赵平起. 地下储气库设计实用技术[M]. 北京:石油工业出版社,2011.

第三章 钻完井工程

储气库钻完井工程为储气库建设三大重点工程之一,钻完井工程质量关系到气藏安全及气库能力的发挥,应充分考虑气藏及气层上覆地层特征,有针对性地选择钻井工艺、固井工艺、完井工艺,加强储层保护,提升管柱防腐性能。充分评价气藏内部老井井况,做好老井废弃处理。

第一节 钻 井 工 艺[1]

针对各层岩石、压力及气层特征,合理设计套管程序,优选钻井工艺及钻井液体系,建立现场施工技术指标,提高井壁质量,为固井施工提供良好的井筒环境。

一、基本情况

呼图壁储气库自上而下发育的地层依次为第四系西域组(Q_1x),新近系独山子组(N_2d)、塔西河组(N_1t)、沙湾组(N_1s),古近系安集海河组($E_{2-3}a$)、紫泥泉子组($E_{1-2}z$),地质分层及岩性见表3-1-1。

表3-1-1 地质分层及岩性描述表

界	地层 系	统	组	代号	厚度(m)	岩性描述
新生界	第四系	下更新统	西域组	Q_1x	412~467	灰色砂砾岩、砂质小砾岩为主,夹褐灰色泥岩
	新近系	上新统	独山子组	N_2d	1247~1389	上部为灰色砂砾岩、泥质小砾岩及浅棕色泥岩及含砾泥岩不等厚互层,下部为砂泥岩不等厚互层
		中新统	塔西河组	N_1t	399~491	棕褐色、灰绿色泥岩、粉砂质泥岩夹薄层棕色粉砂岩及泥质砂岩
			沙湾组	N_1s	253~328	灰白色不等粒砂岩、含砾泥质不等粒砂岩及砂质泥岩不等厚互层
	古近系	渐新统	安集海河组	$E_{2-3}a$	738~947.5	上部为灰绿、浅灰绿、棕色泥岩为主,夹细粉砂岩,中下部为棕、绿灰色粉砂质泥岩与砂岩不等厚互层
		始新统	紫泥泉子组	$E_{1-2}z$	575	中上部为棕色泥岩、砂质泥岩与含砾不等粒砂岩及细砂岩互层,底部为含砾不等粒砂岩、泥质细砂岩夹泥岩及砂质泥岩
		古新统				

目的层紫泥泉子组自下而上分为$E_{1-2}z_1$、$E_{1-2}z_2$、$E_{1-2}z_3$三个砂层段,气层主要为$E_{1-2}z_2$,紫二段$E_{1-2}z_2^2$和$E_{1-2}z_2^1$两个砂层组,紫泥泉子组与上覆安集海河组($E_{2-3}a$)为整合接触。

呼图壁气田前期钻井12口,包括探井3口、评价井3口、开发井6口。除呼3井以外,其余井均为四开井身结构,探井表层套管下深200~500m,评价井和开发井在200~300m,表层套管尺寸为ϕ508mm。开发井二开技术套管下入的套管均为ϕ339.7mm,封固安集海河组以上地层,三开下入ϕ244.5mm技术套管,封隔安集海河组的易坍塌层位,四开下入ϕ139.7mm油层套管。主要技术指标见表3-1-2。

表3-1-2 邻井钻井技术指标表

井别	井号	完钻井深(m)	钻井周期(d)	钻机台月(台月)	钻机月速(m/台月)	机械钻速(m/h)
探井	呼2	4634	563.10	18.77	246.80	1.23
	呼001	3810	298.50	9.95	382.90	2.06
	呼002	3800	320.40	10.68	355.80	1.17
开发井	HU2002	3735	179.40	5.98	624.58	2.18
	HU2003	3765	184.80	6.16	611.20	2.26
	HU2004	3710	220.80	7.36	504.08	2.45
	HU2005	3670	91.46	3.05	1203.28	4.87
	HU2006	3750	203	6.78	553.1	1.56
	HU2008	3760	191.40	6.38	589.34	2.37
开发井平均值		3750	194.10	5.95	589.34	2.61

开发井平均钻井周期194.1d,平均机械钻速2.61m/h。HU2005井钻井周期为91.46d,呼003井钻井周期为147d(井深3436m)。HU2005井二开钻进至2393m用时32d,呼003井二开钻进至2532m用时44d。HU2005井三开安集海河组钻进至3354m用时27d,呼003井三开安集海河组钻进至3250m用时30d。

钻井主要技术难点如下:
(1)纵向上有多套压力系统,复杂层位多,需要下入多层套管进行封隔;
(2)安集海河组地层厚度738~947.5m,底部存在300m左右高压砂泥互层,水敏性极强,同时受南缘山前构造高地应力影响,井眼失稳垮塌严重;
(3)紫泥泉子组地层压力系数低(0.46),储层保护难度大;
(4)平均机械钻速低(2.61m/h),钻井周期长,钻井成本高。

二、地层压力分析

利用邻井的测井和测试资料,结合实钻资料,对地层孔隙压力、坍塌压力和破裂压力进行综合分析解释,根据实钻资料评估的地层孔隙压力,利用GMI地应力建模系统预测地层压力系统。

选择邻井呼001井和HU2005井作为三压力剖面预测的依据,具体过程如下:
(1)利用呼001井的声波、电阻率、伽马、自然电位、密度、泥质含量和井径测井成果,计算地层的弹性参数和强度参数;
(2)根据地层弹性、强度参数及密度测井资料,计算上覆岩层压力和最大、最小水平地应力;
(3)利用声波和电阻率资料检测地层孔隙压力,通过两种方法预测结果对比,结合该区实测压力数据选出最佳预测结果；

（4）利用套管鞋试漏数据反算构造应力系数；

（5）利用摩尔—库仑剪切破坏准则和拉伸破坏准则，预测坍塌压力和破裂压力。

预测结果分析，见表3－1－3。

表3－1－3 地层压力预测分析结果表

地层	孔隙压力系数	坍塌压力系数	破裂压力系数	实际钻井液密度（g/cm³）
N_{1t}	1.0～1.13	0.79～1.24	1.9～1.93	1.10～1.23
N_{1s}	1.13	0.65～1.24	1.93～1.98	1.14～1.23
E_{2-3a}	1.13～1.5	1.55～1.72	1.98～2.07	1.63～1.93
$E1-2z$	0.96（原始） 0.46（当前）	0.83～1.33	1.95～2.07	1.08～1.25

孔隙压力：井深1800m以上地层为正常压力系统，以下井段压力逐渐增大，安集海河组孔隙压力系数1.13～1.5，紫泥泉子组原始地层压力为正常压力系统。

坍塌压力：安集海河组巨厚泥岩层最不稳定，坍塌压力系数为1.55～1.72。

破裂压力：浅层破裂压力系数1.82，深层破裂压力系数2.07。

呼图壁气田前期已开发13年，原有气井生产井7口，日产气$89×10^4 m^3$，累计产气$53×10^8 m^3$，采出程度44.5%。建库前实测地层衰竭压力为16.5MPa，压力系数为0.46。

三、井身结构设计

根据地质特征和地层压力系统分析，在钻井过程中存在两个必封点，必封点一：进入安集海河组地层顶部5～10m，井深约2560m；必封点二：进入紫泥泉子组地层5～10m，井深约3380m。井身结构如图3-1-1和图3-1-2所示。

（一）直井注采井井身结构

一开使用ϕ660.4mm钻头钻进至300m，下入ϕ508mm套管封住上部疏松含砾石地层。二开使用ϕ444.5mm钻头钻穿沙湾组至井深2560m，进入安集海河组地层20～30m，下入ϕ339.7mm技术套管。

三开使用ϕ311.2mm钻头钻至井深3380m，进入紫泥泉子组地层约5～10m，下入ϕ244.5mm技术套管。

四开使用ϕ215.9mm钻头钻至设计完钻井深（扩眼至ϕ250.8mm）3600/3640m，下入ϕ177.8mm油层尾管，悬挂器位置选择在井深3180m左右（位于ϕ244.5mm技术套管鞋以上200m），固井水泥浆返至尾管悬挂器位置，完井回接ϕ177.8mm套管至井口，固井水泥浆返至地面。

（二）水平井井身结构

一开、二开、三开同直井，四开使用ϕ215.9mm钻头钻至设计完钻井深4191m，下入ϕ177.8mm+ϕ139.7mm复合油层尾管，悬挂器位置选择在井深3180m左右（位于ϕ244.5mm技术套管鞋以上200m），固井水泥浆返至尾管悬挂器位置，完井回接ϕ193.7mm（0～120m）+ϕ177.8mm（120～3180）套管至井口，固井水泥浆返至地面。

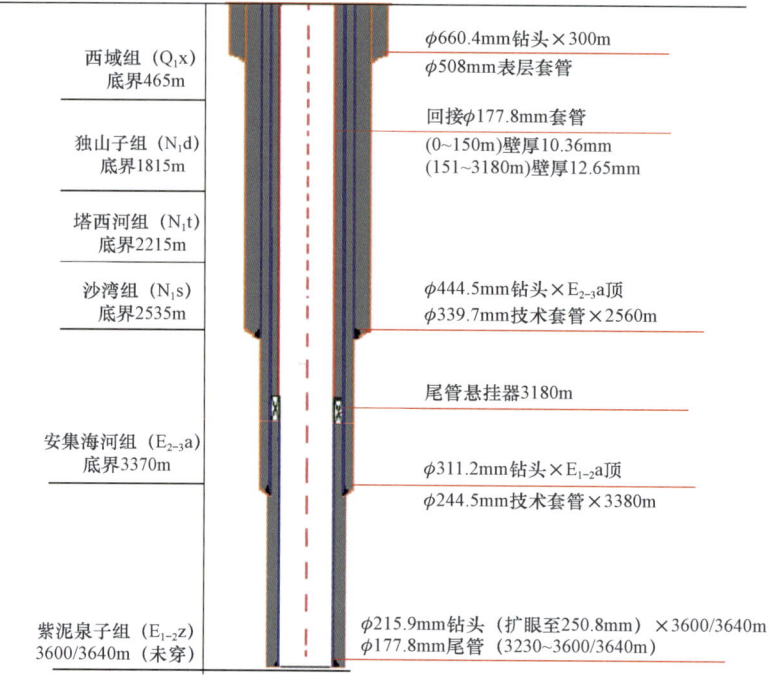

图 3-1-1　直井注采井井身结构示意图

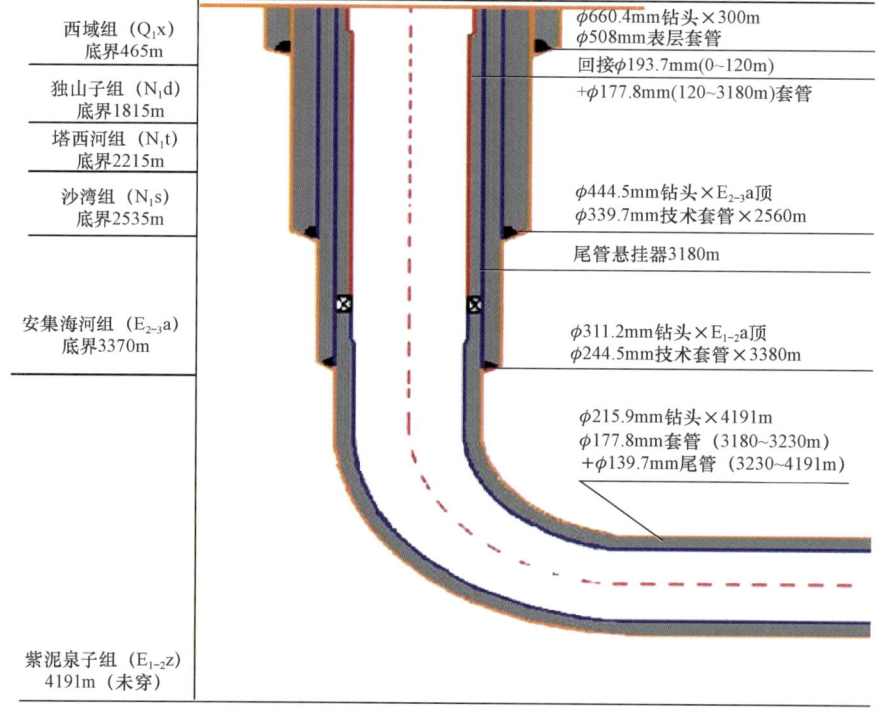

图 3-1-2　水平井井身结构示意图

四、井身剖面设计

井身设计参数如下。

地面海拔高度:545.135m,补心高度:10.5m,磁偏角:3.3°E,造斜点井深:3378.02m,设计方位:217.99°,靶前位移:150.03m,A 点垂深:3541.43m,B 点垂深:3584.05m,水平段长:500m,靶区倾角:85.11°,靶区设计:前窗(A 点)2m×10m,后窗(B 点)2m×20m。

HUHWK2 水平井井身剖面采用"直—增—稳(平)"三段制单圆弧轨迹设计(表3-1-4),造斜点选择在 ϕ244.5mm 技术套管以下30m 左右,设计曲率10.48°/30m,水平段长500m。

表3-1-4 HUHWK2 水平井井身剖面设计参数表

斜深(m)	井斜(°)	方位(°)	垂深(m)	水平位移(m)	曲率(°/30m)	段长(m)
3378.02	0	217.99	3378.02	0	0	3368.59
3621.66	85.11	217.99	3541.43	150.03	10.48	243.64
4121.66	85.11	217.99	3584.05	648.21	0	500

注:按地面计算。

五、水平井轨迹控制技术[2]

HUHWK2 水平井采用弯螺杆钻具和转盘钻钻具组合联合控制井眼轨迹,使用 MWD 随钻测斜系统进行实时监测,并配合使用顶部驱动装置。造斜段平均机械钻速1.17m/h,水平段平均机械钻速2.33m/h。

造斜段钻具组合:ϕ216mm 钻头+9LZ172 弯螺杆钻具(1.5°~1.75°)+ϕ127mm 无磁钻杆(1 根)+ϕ172mmMWD 循环短节+ϕ127mm 无磁钻杆(1 根)+ϕ172mm 液力加压器(1 根)+ϕ127mm(30 根)斜坡钻杆+ϕ127mm 加重钻杆(30 根)+ϕ165mm 随钻振击器+ϕ127mm 加重钻杆(20 根)+ϕ127mm(18°)斜坡钻杆。

水平段钻具组合:ϕ216mm 钻头+5LZ172 弯螺杆钻具(0.75°~1.25°)无扶正块+ϕ212mm 扶正器+ϕ127mm 无磁钻杆(1 根)+ϕ172mmMWD 循环短节+ϕ127mm(60 根)斜坡钻杆(新)+ϕ127mm 加重钻杆(30 根)+ϕ165mm 随钻振击器+ϕ127mm 加重钻杆(20 根)+ϕ127mm 斜坡钻杆。

在定向钻进施工过程中存在托压现象,钻压无法有效传递,滑动钻进5~10min 即出现黏卡现象,钻具难以正常活动,须多提30kN 以上或者开动顶驱装置旋转钻柱。经电测井径数据显示,造斜段井径不规则,形成了"糖葫芦"井眼,从而造成托压现象。

在水平段钻进过程中,由于托压影响使得定向施工比较困难,为了满足轨迹控制要求,现场采用不同钻具组合来控制井斜方位,采用不同度数、无扶正块螺杆钻具和螺旋稳定器,合理调整钻压,同时加强钻具倒换,取得了一定效果。

HUHWK2 水平井设计钻井周期180d,实际钻井周期322.38d。实际施工从2011 年6 月15 日13:00 开钻,到2012 年4 月20 日7:00 完钻,2011 年11 月25 日至2012 年2 月24 日冬季封存,冬休90d。斜井段和水平段设计钻井工期56d,从定向造斜开始至完钻实际工期为

40.29d,节约 15.71d,钻井技术指标见表 3-1-5。

表 3-1-5　HUHWK2 水平井钻井技术指标表

序号	名　称		设计参数	实钻数据
1	斜深(m)		4121.66	4180
2	垂深(m)		3594.56	3587.08
3	造斜点井深(m)		3377.44	3375m
4	水平位移(m)		648.21	713.27
5	水平段长(m)		500	500
6	最大井斜(°)		85.11	89
7	平均造斜率(°/30m)		10.48	8.43
8	闭合方位(°)		217.99	218.1
9	A 点	斜深(m)	3621.66	3680
		垂深(m)	3541.44	3562.68
		水平位移(m)	150.03	214.01
10	B 点	斜深(m)	4121.66	4180
		垂深(m)	3584.06	3587.08
		水平位移(m)	648.21	713.27
11	完井套管	表层套管	ϕ508.00mm×309.43m	ϕ508.00mm×298m
		二开技术套管	ϕ339.7mm×2479.43m	ϕ339.7mm×2070m
		三开技术套管	ϕ244.5mm×3349.43m	ϕ244.5mm×3342.87m
		回接套管	ϕ193.7mm×159.43m	回接套管
			ϕ177.8mm×3149.43m	
		尾管	ϕ193.7mm×(3149.43~3199.43m)	生产尾管 ϕ177.8mm×(3175.38~3233.90m)
			ϕ177.8mm×(3199.43~4121.66m)	ϕ139.7mm×(3233.90~4177m)
12	钻井周期(d)		180	322.38(冬休90d)

注:按补心计算。

六、钻井现场施工技术指标[3]

呼图壁气田前期开发井平均钻井周期 194.1 天,钻机月速度 589.34m/台月,平均机械钻速 2.61m/h。储气库注采直井平均完钻井深 3632.7m,平均钻井周期 156.4 天,减少了 37.7 天,平均机械钻速 4.5m/h,提高了 72.4%,如图 3-1-3 和图 3-1-4 所示。

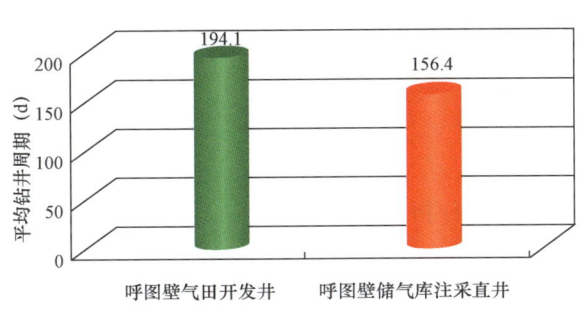

图 3-1-3　钻井周期对比图　　　　图 3-1-4　平均机械钻速对比图表

七、钻井液体系和储层保护技术

(一) 钻井液配方和性能

独山子组、塔西河组和沙湾组中,独山子组上部为灰色砂砾岩、泥质小砾岩与浅棕色泥岩及含砾泥岩不等厚互层,下部为砂泥岩不等厚互层;塔西河组岩性主要为棕褐色、灰绿色泥岩、粉砂质泥岩夹薄层棕色粉砂岩及泥质砂岩;沙湾组主要岩性为灰白色不等粒砂岩、含砾泥质不等粒砂岩及砂质泥岩不等厚互层。由于二开大尺寸钻头钻进井段长,主要为大段砾石层及膏质泥岩地层,易发生缩径、井塌、卡钻,井眼稳定难度大,根据前期已钻井情况并通过实验评价,二开钻井液体系推荐钾钙基聚磺井液体系(表 3-1-6)。

表 3-1-6　二开钻井液主控性能指标表

密度 (g/cm³)	漏斗黏度 (s)	API 失水 (mL)	滤饼 (mm)	pH 值	含砂 (%)	摩阻 系数	静切力 Pa		塑性 黏度 (mPa·s)	动切力 (Pa)
							初切	终切		
1.15~1.25	40~80	≤5	≤0.5	9~10	≤0.5	≤0.15	2~8	5~15	10~30	5~15

配方:4% 膨润土 +0.2%~0.4% Na_2CO_3 +1%~2% RSTF +5%~7% KCl +1% TX +0.5% KOH +0.5%~0.7% FA367 +0.5%~0.7% CMC-LV +0.5% CSW-1 +3%~5% 阳离子乳化沥青 +0.3%~0.5% CaO + 重晶石

三开钻遇地层为安集海河组,其上部为灰绿、浅灰绿、棕色泥岩为主,夹细粉砂岩,中下部为棕、绿灰色粉砂质泥岩与砂岩不等厚互层。安集海河组为水敏性泥岩地层,易水化膨胀发生井壁失稳。受山前构造高地应力影响,井眼极不稳定,推荐采用抑制性较强的钾钙基钻井液体系。

配方:1%~2% 膨润土 +0.2% Na_2CO_3 +2%~3% RSTF +8%~10% KCl +0.6%~0.8% FA367 +0.5% XY-27 +6%~8% 阳离子乳化沥青 +1%~1.5% CSW-1 +3%~4% TX +1%~2% KOH +0.3%~0.5% CaO +0.6%~0.8% CMC-LV +0.4%~0.5% MFG +10%~15% OS100 +25%~30% Weigh2 +0.3%~0.5% KSZJ-1 + 活化重晶石

通过室内评价三开所用钻井液体系钾钙基钻井液体系的常规性能(表 3-1-7),其测试性能符合现场施工要求的主控指标。

表 3－1－7　三开钻井液主控性能指标表

密度 (g/cm³)	漏斗黏度 (s)	API 失水 (mL)	滤饼 (mm)	pH 值	含砂 (%)	摩阻系数	静切力 Pa 初切	静切力 Pa 终切	塑性黏度 (mPa·s)	动切力 (Pa)
1.6～1.95	45～100	≤5	≤0.5	9～10	≤0.5	≤0.15	5～10	10～30	35～65	5～20

四开针对目的层紫泥泉子组储层岩性特征和敏感性分析,对以下几种钻井液体系进行实验评价。

配方1(钾钙基钻井液):

4%膨润土＋0.2% Na_2CO_3＋2% RSTF＋7% KCl＋0.3% FA367＋0.5% XY－27＋8%阳离子乳化沥青＋1.5% CSW－1＋1% TX＋0.5% KOH＋0.3% CaO＋0.5% CMC－LV＋2% QCX－1% WC－1＋0.2% ABSN

配方2(钾钙基钻井液 1.20g/cm³):

4%膨润土＋0.2% Na_2CO_3＋2% RSTF＋7% KCl＋0.3% FA367＋0.5% XY－27＋8%阳离子乳化沥青＋1.5% CSW－1＋1% TX＋0.5% KOH＋0.3% CaO＋0.5% CMC－LV＋2% QCX－1＋1% WC－1＋0.2% ABSN＋活化重晶石

配方3(无固相有机盐钻井液):

水＋0.3% XC＋1%～2% Redu1＋0.1%～0.2% IND10＋2%白沥青＋1% Visco1＋1% PGCS＋2% QCX－1＋2%润滑剂＋30%～50% weigh2

配方4(HRD钻井液):

淡水＋0.1% NaOH＋0.5% HVIS＋2% HFLO＋1% HPA＋2.5% HLB＋5% KCL＋0.05% HGD＋0.07% HCA

配方5(HRD＋双膜钻井液):

淡水＋0.1% NaOH＋0.5% HVIS＋2% HFLO＋1% HPA＋2.5% HLB＋5% KCL＋0.05% HGD＋0.07% HCA＋1% JYW－1＋2% CMJ－2

配方6(HRD＋双膜＋PAC－LV 钻井液):淡水＋0.1% NaOH＋0.5% HVIS＋2% HFLO＋0.5% PAC－LV＋1% HPA＋2.5% HLB＋5% KCL＋0.05% HGD＋0.07% HCA＋1% JYW－1＋2% CMJ－2

配方7(钾钙基双膜钻井液):

2%膨润土＋0.2% Na_2CO_3＋2% RSTF＋7% KCl＋0.3% FA367＋0.5% XY－27＋8%天然沥青粉＋1.5% CSW－1＋1% TX＋0.5% KOH＋0.3% CaO＋0.5% CMC－LV＋2% QCX－1＋1% WC－1＋0.2% ABSN＋1% JYW＋2% CMJ－2＋1%胶凝剂ZL

配方8(钾钙基双膜钻井液 1.20g/cm³):

2%膨润土＋0.2% Na_2CO_3＋2% RSTF＋7% KCl＋0.3% FA367＋0.5% XY－27＋8%天然沥青粉＋1.5% CSW－1＋1% TX＋0.5% KOH＋0.3% CaO＋0.5% CMC－LV＋2% QCX－1＋1% WC－1＋0.2% ABSN＋1% JYW＋2% CMJ－2＋1%胶凝剂ZL＋活化重晶石

实验结果(表3－1－8)表明,配方2、配方3、配方5、配方6、配方7、配方8在常规性能方面均可以满足钻井需求,再通过储层伤害评价实验进一步对配方进行筛选。

表 3－1－8　钻井液基本性能参数实验数据表

项目	配方1	配方2	配方3	配方4	配方5	配方6	配方7	配方8
密度(g/cm^3)	1.08	1.30	1.20	1.05	1.06	1.06	1.08	1.30
API 失水(mL)	5.0	4.6	4.8	11.0	6.4	4.7	4.4	4.0
滤饼(mm)	0.4	0.6	0.3	0.3	0.3	0.3	0.4	0.6
表观黏度($mPa·s$)	31	39	35	26	38	39	37	43
塑性黏度($mPa·s$)	24	30	22	14	21	22	27	32
动切力(Pa)	7	9	13	12	17	17	10	11
3t/min 读值	3	5	4	7	11	11	4	6
pH 值	10	10	9	11	11	11	10	10
K_f			0.06	0.06	0.07	0.07		
HTHP 失水 100℃（mL）	15	7.6	10.0	16.4	7.6	7.5	9.4	6.8
初切	5/2	5/2	5/2	8/2	12/2	12/2	6/2	7/2
终切	12/2	15/2	14/2	18/2	20/2	20/2	13/2	15/2

（二）双膜协同屏蔽暂堵保护储层技术

针对气藏水锁现象及井底压差大的情况,在屏蔽暂堵保护油气层技术上使用双膜协同保护储层完井液体系,即在原有完井液体系的基础上通过隔离膜降滤失剂 CMJ－2 和超低渗透井眼稳定剂 JYW－1 的双膜协同保护作用降低钻井液滤失量,提高底层承压能力,从而达到提高储层保护效果的作用。

双膜钻井完井液的两种主剂分别为 CMJ－2 和 JYW－1,隔离膜剂 CMJ－2 是一种新型有机胺天然纤维聚合物,是天然纤维经碱化,在高温条件下裂解后,在催化剂作用下与不饱和有机胺化合物进行缩聚反应而得到的。CMJ－2 的分子主链以碳链为主,侧链上含有众多的磺酸根基团、羟基或胺基。磺酸根基、胺基电荷密度高,水化性强,侧链羟基、胺基与黏土矿物既有吸附作用,又能够与黏土颗粒形成氢键,并且容易在井壁上形成一层不透水隔离膜。这些基团作为支链化的结构可以增大空间位阻,对外界阳离子的侵入不敏感,使主链的刚性增强,有利于抗温能力的提高。阻止了滤液向地层渗透,从而降低了泥页岩的水化膨胀、分散作用,能有效防止井壁坍塌,保护油气层。超低渗透处理剂 JYW－1 在井壁岩石表面浓集形成胶束,依靠聚合物胶束或胶粒界面吸力及其可变形性,封堵岩石表面较大范围的孔喉,在井壁岩石表面形成致密超低渗透封堵膜,有效封堵不同渗透性地层和微裂缝泥页岩地层。同时在井壁表层很快(形成井壁的同时)形成渗透率为零的封堵层。在井壁的外围形成保护层,钻井液及其滤液不会渗透到地层深处,可以实现接近零滤失。井眼稳定剂通过在井壁表面形成超低渗透膜、在进入浅地层的孔喉通道后迅速形成凝胶状的封堵膜薄层,形成渗透率为零的封堵层,并大幅度提高承压能力。

加入表面活性剂以降低水锁损害,加入油溶性暂堵剂进一步加强屏蔽环的封堵能力。分别对钾钙基聚磺、有机盐、HRD、HRD+双膜、HRD+ABSN 和 HRD+双膜+ABSN、钾钙基双膜屏蔽钻井液进行岩心流动实验,以评价其储层保护效果。实验数据见表 3－1－9。

表 3-1-9　钻井完井液储层保护效果评价表

配方	初始渗透率(mD)	恢复渗透率(mD)	渗透率恢复值
钾钙基聚磺钻井液	35.2	21.5	61%
钾钙基双膜屏蔽钻井液	39.5	16.6	42%
钾钙基双膜屏蔽钻井液（切割1cm）	39.5	35.9	91%
有机盐钻井液	40.3	30.2	75%
HRD 钻井液	37.5	25.1	67%
HRD + ABSN 钻井液	40.6	29.6	73%
HRD + 双膜钻井液	44.2	37.6	85%
HRD + 双膜 + ABSN 钻井液	39.7	36.1	91%
HRD + 双膜 + ABSN 钻井液破胶后	39.7	37.7	95%

通过水敏评价、屏蔽暂堵评价、双膜协同评价及渗透率恢复值实验评价结果,推荐四开钻井液体系为钾钙基聚磺双膜屏蔽钻井完井液体系,优选配方为:

1% ~ 2% 膨润土 + 0.2% Na_2CO_3 + 2% ~ 3% RSTF + 5% ~ 7% KCl + 0.3% ~ 0.5% FA367 + 8% 天然沥青 + 0.5% ~ 1.0% CSW-1 + 1% TX + 0.5% ~ 1% KOH + 0.3% ~ 0.5% CaO + 0.5% ~ 0.7% CMC-LV + 2% QCX-1 + 1% WC-1 + 0.2% ABSN + 1% JYW-1 + 2% CMJ-2 + 1% 胶凝剂 ZL + 2% 油溶性暂堵剂 + 重晶石。

第二节　固井工艺[1]

多方法开展套管强度计算及水泥石力学性能研究,优选套管材质和水泥浆体系,满足注采工况载荷条件下的安全要求。采用声幅测井和超声成像测井相结合的固井质量检测方法,准确评价固井质量,并为施工优化提供依据。

一、套管设计

(一)强度计算方法

(1)强度计算模型:三轴应力模型。
(2)抗挤计算方法:管外液柱压力按下套管时钻井液密度计算(生产套管考虑安集海河地层高地应力的影响),水平井考虑上覆岩层压力,管内按全掏空考虑。
(3)轴向拉伸载荷:抗拉不考虑钻井液浮力。
(4)抗内压计算方法:表套按井口试压、技套按发生40%井涌关井、油套按最高注入压力考虑。

表3-2-1 直井套管强度计算表

套管程序	井眼尺寸(mm)	井段(m)	套管规范 尺寸(mm)	套管规范 扣型	长度(m)	钢级	壁厚(mm)	重量 线重(kg/m)	重量 段重(t)	重量 累计重(t)	抗内压 强度(MPa)	抗内压 安全系数	抗外挤 强度(MPa)	抗外挤 安全系数	抗拉 强度(kN)	抗拉 安全系数
表套	660.0	0~300	508.0	BCSG	300	J55	12.7	158.49	47.5	47.5	16.0	2.67	5.3	1.47	7095	15.2
技套	406.4	0~2560	339.7	BCSG	2560	P110	12.19	101.3	259.3	259.3	34.0	1.29	16.1	0.50	9248	3.64
油套	311.2	0~3380	244.5	TP-CQ	3380	TP140V	11.99	70.01	236.6	236.6	78.0	4.32	56.0	0.85	8036	3.47
尾管	215.9(扩眼至250.8mm)	3180~3600	177.8	BEAR或TP-CQ	420	HP1-13Cr110	12.65	52.09	21.9	21.9	94.5	2.78	89.8	2.01	4978	22.0
回接	215.9	0~150	177.8	VAM TOP	150	VM125HC	10.36	43.2	6.5	164.5	88.0	2.59	81.0	34.6	4697	2.92
		151~3180	177.8	VAM TOP	3000	VM125HC	12.65	52.13	158	158	107.3	3.15	110.8	2.81	5658	3.65

注：(1) 强度计算模型：三轴应力计算。
(2) 轴向拉伸载荷：不考虑浮力。
(3) 抗挤计算方法：管外按下套管时钻井液密度计算，管内按全掏空考虑。
(4) 抗内压计算方法：①φ508.0mm 表层套管，内压按井口试压 6MPa 考虑。安集海清脱断层段、紫泥泉子组目的层段考虑高抗挤套管，防套管挤毁。②φ339.7mm 技术套管内按下钻进最大深度时 25.8MPa = 1.95×3380×0.0098×0.4，井口最大内压力 $p = 0.4 \times 0.0098 \times 1.95 \times 3380 = 25.8$ MPa；③φ244.5mm 技术套管内按下钻进最大深度时 40% 井涌量考虑，管外按地层水压力梯度 0.0105MPa/m 计算，井口最大内压力 $p = 0.4 \times 0.0098 \times 1.24 \times 3600 = 17.5$ MPa；④φ177.8mm 生产套管按最高注气压力 34MPa 考虑。
0.0105MPa/m 计算，井口最大内压力 $p = 0.4 \times 0.0098 \times 1.24 \times 3600 = 17.5$ MPa；④φ177.8mm 生产套管按最高注气压力 34MPa 考虑。

表3-2-2 水平井套管强度计算表

套管程序	井眼尺寸(mm)	井段(m)	套管规范 尺寸(mm)	套管规范 长度(m)	套管规范 扣型	钢级	壁厚(mm)	线重(kg/m)	重量 段重(t)	重量 累计重(t)	抗内压 强度(MPa)	抗内压 安全系数	抗外挤 强度(MPa)	抗外挤 安全系数	抗拉 强度(kN)	抗拉 安全系数
表套	660.0	0~300	508.0	300	BCSG	J55	12.7	158.49	47.5	47.5	16.0	2.67	5.3	1.47	7095	15.2
技术套管	406.4	0~2560	339.7	2560	BCSG	P110	12.19	101.3	259.3	259.3	34.0	1.29	16.1	0.50	9248	3.64
技术套管	311.2	0~3380	244.5	3380	TP-CQ	TP140V	11.99	70.01	236.6	236.6	78.0	4.32	56.0	0.85	8036	3.47
生产尾管	215.9	3180~3230	177.8	50	BEAR	HP1-13Cr110	12.65	52.09	2.6	35.5	94.5	2.78	89.8	2.22	4978	30.0
生产尾管	215.9	3230~3690	139.7	461	BEAR	HP1-13Cr110	10.54	34.26	15.8	32.9	100.2	2.95	100.2	2.24	3243	23.9
生产尾管	215.9	3691~4191	139.7	500	BEAR	HP1-13Cr110	10.54	34.26	17.1	17.1	筛管					
回接	215.9	0~120	193.7	120	VAM TOP	VM125HC	12.7	58.04	7.0	166.5	99.0	2.91	98.0	56.0	6223	3.81
回接	215.9	121~3180	177.8	3060	VAM TOP	VM125HC	12.65	52.13	159.5	159.5	107.3	3.15	110.8	2.81	5658	3.61

注:(1)强度计算模型:三轴应力计算。
(2)轴向拉伸载荷:不考虑浮力。
(3)抗挤计算方法:下套管时钻井液密度计算。管内全掏空考虑。
(4)抗内压计:①ϕ508.0mm 表层套管,井口最大内压力 $p=0.4×0.0098×1.95×3380=25.8$MPa考虑。安集海滑脱断层段 6MPa考虑;②ϕ339.7mm 技术套管内按下次钻进最大深度时 40% 井涌量考虑,管外按地层水压力梯度0.0105MPa/m计算,井口最大内压力 $p=0.4×0.0098×1.24×3640=17.7$MPa;③ϕ244.5mm 技术套管内按下次钻进最大深度时 40% 井涌量考虑,管外按地层水压力梯度0.0105MPa/m计算,井口最大内压力 $p=0.4×0.0098×1.24×3640=17.7$MPa;④ϕ177.8m+ϕ139.7mm 生产套管按最高注气压力 34MPa考虑。紫泥泉子组目的层段高抗挤套管,防套管挤毁。

(二)套管柱设计结果

1. 注采直井及气层监测井套管设计

直井套管强度计算见表 3-2-1。

2. 水平井套管设计

水平井套管强度计算见表 3-2-2。

二、固井水泥浆体系优选

水泥石的强度特征可以用于评价水泥石宏观承载能力,而变形特征则能够更进一步地反映出水泥石材料在载荷作用下的变形规律与变形能力,是判别水泥石弹性或塑性性质的重要依据。了解和掌握水泥石的变形特征,是分析和评价井下凝固水泥石在注采工况载荷条件下是否安全,是实现对地层和套管有效封固的重要依据,也是指导改进水泥浆体系设计的基础。

(一)水泥浆体系及水泥石力学性能研究

实验测定了水泥石三轴和不同压力条件下的应变、应力、抗压强度、弹性模量、泊松比等参数。配制的韧性水泥浆体系水泥石样品有三种,$1^{\#}$、$2^{\#}$ 和 $3^{\#}$ 水泥浆配方分别如下:

(1)$1^{\#}$ 水泥浆配方。

G 级 + 3% WG + 4% SNP + [3% ST900L + 0.8% SXY - 2 + 0.7% ST400S + 0.5% HS - R + 44% H_2O]

(2)$2^{\#}$ 水泥浆配方。

G 级 + 11.1% D181 + 76.3% D166 + 26.2% D178 + 6.4% D154 + 3% D174 + 3.9% D168 + 3.3% D145A + 0.95% D197 + 0.36% D047 + 0.43% D153 + 60% H_2O

(3)$3^{\#}$ 水泥浆配方。

G 级 + 40% D181 + 30% D166 + 35% D178 + 6% D154 + 4% D174 + (4.8% D168 + 2.2% D145A + 1.3% D197 + 0.44% D047 + 0.4% D153) + 65% H_2O。

其中,D178—小颗粒填充剂;D181—减轻剂;D166—大颗粒填充剂;D168—降失水剂;D047—消泡剂;D145A—分散剂;D197—缓凝剂;D153—防沉降剂;D174—膨胀剂。

水泥石三轴压缩实验,在借鉴前人研究成果的基础上,对围压条件下水泥石的力学性能进行分析。实验结果见表 3-2-3。

表 3-2-3 水泥石三轴压缩实验结果表

类型	件号	围压设置(MPa)	温度(℃)	弹性模量(MPa)		泊松比		抗压强度(MPa)	
				实验值	平均值	实验值	平均值	实验值	平均值
$1^{\#}$	1-1	43.6	76	6849.2	7914.3	0.105	0.157	76.9	72.1
	1-3			8662.5		0.190		69.0	
	1-5			8231.1		0.175		70.4	
	1-2	26.0		9014.7	7949.6	0.208	0.157	67.3	72.1
	1-4			7201.3		0.124		75.2	
	1-6			7632.7		0.139		73.8	

续表

类型	件号	围压设置(MPa)	温度(℃)	弹性模量(MPa)		泊松比		抗压强度(MPa)	
				实验值	平均值	实验值	平均值	实验值	平均值
2#	2-1	43.6	76	5997.4	5239.3	0.105	0.157	48.6	45.4
	2-3			5250.3		0.190		43.2	
	2-5			4470.2		0.175		44.3	
	2-2	26.0		1365.3	2123.4	0.228	0.206	42.2	45.4
	2-4			2112.3		0.192		47.6	
	2-6			2892.6		0.199		46.5	
3#	3-1	43.6	76	3211.1	5311.8	0.125	0.165	72.6	70.7
	3-3			6723.5		0.191		70.6	
	3-5			6000.7		0.178		68.9	
	3-2	26.0		7473.7	5373.0	0.202	0.163	61.8	63.7
	3-4			3961.3		0.137		63.8	
	3-6			4684.1		0.150		65.5	

(二)固井水泥环应力状态分析

根据弹性力学原理可知套管居中条件下的水泥环力学问题属于轴对称的平面应变问题,为简化力学模型做如下基本假设:

(1)井眼为垂直井眼,且为规则的圆形;
(2)套管理想居中,固井过程中水泥浆完全充满环形空间;
(3)地层为各向同性、均匀连续的线弹性体,水平方向地应力沿周向均匀分布;
(4)水泥环在破坏前,水泥石材料为均质、连续、各向同性的线弹性材料;
(5)水泥环两个胶结面产生微间隙前与套管和井壁完全接触。

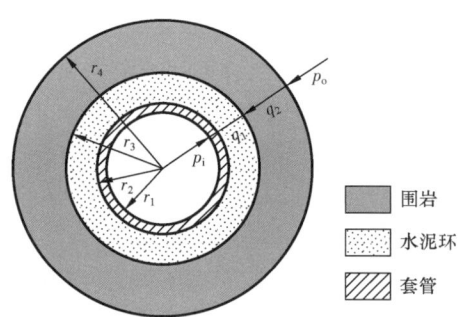

图 3-2-1 套管、水泥环及地层岩石组合体示意图

套管、水泥环及井壁围岩组合体示意图如图 3-2-1 所示。图中,r_1、r_2、r_3 及 r_4 分别表示套管内径、套管外径、水泥环外径及近井围岩外边界。p_i 表示套管内压力,p_0 表示围岩外层的外挤力,q_i 表示各层之间的力。

根据弹性力学组合厚壁筒分析方法,如果各层之间连接紧密,没有滑动,则各层之间满足径向压力相等、径向位移连续的特点。以下分别考虑内外压载荷、温度载荷和轴向载荷单独作用时套管的受力,最终将各种载荷引起的应力及位移叠加,计算套管柱的受力情况。

1. 注气、采气压力变化下系统受力分析

注气、采气压力变化下系统受力下水泥环的等效应力为

$$\sigma_{\text{von}} = \sqrt{(\sigma_{sr}-\sigma_{s\theta})^2 + (\sigma_{sr}-\sigma_{sz})^2 + (\sigma_{s\theta}-\sigma_{sz})^2} \qquad (3-2-1)$$

式中 s——水泥环的参数；

　　　r、θ、z——分别表示径向、环向和轴向；

　　　σ——应力。

2. 温度载荷下系统受力分析

温度载荷作用水泥环的等效应力为

$$\sigma'_{\text{von}} = \sqrt{(\sigma'_{sr}-\sigma'_{s\theta})^2 + (\sigma'_{sr}-\sigma'_{sz})^2 + (\sigma'_{s\theta}-\sigma'_{sz})^2} \qquad (3-2-2)$$

3. 效果分析

水泥环在注气过程中，承受套管传递的压应力和温度变化产生的温度载荷。因此在注气阶段对水泥环进行适应性分析时，必须充分考虑这两种因素对水泥环的影响。假设水泥环在破坏前是弹性的，并且变形为小变形，那么水泥环在套管内压和温度载荷下的应力则符合应力迭加原理，即水泥环所受应力为压应力与温度载荷之和。

分别对呼图壁储气库 HUK17、HUK18、HUK19 和 HUK20 井的注气工况为例（表3-2-4），利用解析法分析不同工况下水泥环的受力状态。

表3-2-4　储气库工况参数表

井 号	工作状态	地层压力（MPa）	井底压力（MPa）	井筒温度（℃）
HUK17	注气	13.9	18.7	58.3
	采气		9.7	76.3
HUK18	注气	14.7	18.7	50.4
	采气		11.6	76.3
HUK19	注气	27.3	32.1	52.6
	采气		18.8	76.3
HUK20	注气	13.9	16.9	49
	采气		13.3	76.3

套管、水泥环地层岩石力学参数见表3-2-5。

表3-2-5　套管、水泥环、地层岩石力学参数表

种类		抗压强度（MPa）	弹性模量（MPa）	泊松比	内聚力（MPa）	内摩擦角（°）
套管		768	206000	0.3	—	—
水泥环	1#	72.1	5311.8	0.165	21.36	12.37
	2#	45.4	7914.3	0.157	14.02	8.85
	3#	67.2	5342.4	0.202	18.3	13.38
地层岩石		—	9384.5	0.178	33.85	5.19

套管和水泥环的导热率分别取 34.7W/m·℃ 和 1.692W/m·℃。忽略线膨胀系数随温度的变化将其当作与温度无关的常数,套管的热膨胀系数分别取 0.872×10^{-5}/℃,水泥环的热膨胀系数取为 0.997×10^{-5}/℃。

计算结果及分析:

水泥环三向应力均为负,水泥环将发生压碎破坏。由压力产生的水泥环等效应力计算结果见表 3-2-6。

表 3-2-6 由压力产生的水泥环等效应力计算结果表

井号	工作状态	等效应力(MPa)		
		1#	2#	3#
HUK17	注气	38.2	27.3	32.3
	采气	35.6	25.7	30.4
HUK18	注气	38.2	27.3	32.3
	采气	36.2	26.1	30.8
HUK19	注气	42.1	29.6	35.4
	采气	38.2	27.3	32.4
HUK20	注气	37.6	26.9	31.9
	采气	36.6	26.3	31

由温度变化产生的水泥环等效应力计算结果见表 3-2-7。

表 3-2-7 由温度变化产生的水泥环等效应力计算结果表

井号	等效应力(MPa)
HUK17	8.7
HUK18	12.3
HUK19	10.6
HUK20	13.6

将两者迭加得到则水泥环最大等效应力整理见表 3-2-8。

表 3-2-8 水泥环最大等效应力计算结果表

井号	最大等效应力(MPa)		
	1#	2#	3#
HUK17	46.9	36	41
HUK18	50.5	39.6	44.6
HUK19	52.7	40.2	46
HUK20	50.2	39.9	44.6

由上表可以看出:不同水泥石对应不同工况下,均在 HUK19 井中受到最大等效应力,即 HUK19 井工况最为极端,1#、2# 和 3# 水泥石受到的最大等效应力分别为 52.7MPa、40.2MPa 和

46MPa。将水泥环最大等效应力值与其三轴抗压强度相对比,整理后的数据见表3-2-9。

表3-2-9 水泥环最大等效应力与抗压强度之间的关系表

样品号	抗压强度(MPa)	最大等效应力(MPa)	差值(MPa)
1#	72.1	52.7	19.4
2#	45.4	40.2	5.2
3#	67.2	46	21.2

根据所建立的水泥环破坏判据,三种水泥石的最大等效应力均小于与其对应的水泥石抗压强度,因此水泥石在极端工况下仍能满足使用要求。其中3#水泥石的最大等效应力与其抗压强度差值最大,即3#水泥石在注采工况条件下性能最优、1#水泥石次之,而2#水泥石较差。

三、固井质量检测评价

研究制定了储气库固井质量声幅测井和超声成像测井综合评价系列(表3-2-10),并进行精细化评价解释,固井施工159井次,固井质量合格率100%,优质率39.6%(表3-2-11)。

表3-2-10 储气库固井质量评价测井项目表

钻井阶段	套管外径(mm)	测井系列	测井项目
一开	508	521	CBL/VDL
二开	339.7	LOGIQ	CBL/VDL;CAST-F
三开	244.5	521	CBL/VDL
		MAXIS500	IBC
四开	177.8 139.7	521	CBL/VDL/GR
		MAXIS500	IBC
回接套管部分	177.8	521	CBL/VDL/GR
完井全井段 (钻穿胶塞后)	177.8 139.7	521	CBL/VDL/GR/CCL SGDT

表3-2-11 固井质量评价结果表

项目	封固段(m)	固井井次	测井解释评价结果				
			优质(口)	合格(口)	不合格(口)	合格率(%)	优质率(%)
表层	0~300	33	3	30		100	9
二开	0~2550	33	17	16		100	51.5
三开	0~3350	31	14	17		100	45.2
尾管	3150~3600	31	12	19		100	38.7
回接	0~3150	31	17	14		100	54.8
合计		159	63	96		100	39.6

第三节 防 腐 工 艺

呼图壁储气库运营的主要气源来自西气东输二线,来气中 CO_2 含量在 1.89% 左右,防腐设计以注入气进行考虑,随机监测的注入气的气质见表 3-3-1。

表 3-3-1 西二线来气天然气分析数据表

气源类别	相对密度	烃组分(%)							二氧化碳(%)	氮气(%)
		甲烷	乙烷	丙烷	异丁烷	正丁烷	异戊烷	正戊烷		
西气东输二线	0.6070	92.55	3.96	0.33	0.11	0.09	0.22	0	1.89	0.85

注:西气东输二线数据来源于《西气东输二线管道工程霍尔果斯—中卫站场总报告》初步设计文本:项目号 CQE200700506;文件号 CQE200700506-ED-EX-0005(第二版)。

由于气源中含有一定量的 CO_2,需要考虑 CO_2 的腐蚀问题。考虑到储气库长期服役的运行特点,结合气源特征,设计呼图壁储气库气井防腐工艺采用防腐材质管柱和油套环空保护液的组合方式实施防腐保护。

一、防腐管柱选材[4]

通过对气井腐蚀因素分析,运用腐蚀预测软件进行腐蚀预测研究及目标管材的室内实验评价,在综合分析的基础上,筛选出适合于呼图壁储气库的管材。根据相关资料研究,结合工作气源特点,影响呼图壁储气库管材腐蚀的环境因素有 CO_2 分压、地层水矿化度及 Cl^- 含量、温度、压力、流速等,其中 CO_2 分压占主导影响。

(一)均匀腐蚀速度理论预测

运用 Predict 2.0 钢铁腐蚀预测软件对碳钢、低合金钢油管材质进行均匀腐蚀速率的理论模拟。实验工况预计储气库注采方式为:8 个月注入,4 个月采出,以采出工况为理论模拟条件,主要考虑温度、CO_2 分压、流速、Cl^- 浓度、气油比、水气比等影响因素,具体模拟参数选择范围见表 3-3-2。

表 3-3-2 模拟参数选择范围

模拟参数	温度(℃)	CO_2 分压(MPa)	流速(m/s)	Cl^- 浓度(mg/L)	气油比(m^3/m^3)	水气比($m^3/10^6 m^3$)
范围	20~100	0~1.2	0~10	0~20000	8034~58424	0~110

模拟预测结果表明:(1)在模拟温度范围内,随温度升高腐蚀速度增加;(2)在模拟 CO_2 分压区间,随着分压升高,腐蚀介质酸性升高,腐蚀速率上升;(3)当流速超过 4m/s 后,腐蚀速率恒定;(4)Cl^- 浓度腐蚀速率变化值远小于温度和 CO_2 分压的影响;(5)气油比参数远高于 $890m^3/m^3$ 这个极限值,此时油相不具有良好的缓蚀效果;(6)当产出天然气含水量普遍高于对应温度、压力下的天然气饱和含水汽量,即低于露点温度,将会导致较为严重的 CO_2 腐蚀。

(二)室内腐蚀实验研究

对不同材质油管开展室内腐蚀模拟实验研究。实验材料取自成品普通 P110、BG3Cr110、BG13Cr110、HP1-13Cr110,所用试样均为六分之一圆弧试样,各种材料的平行腐蚀试样为 3 个,其中 2 个试样作为失重试样分析,一个用为腐蚀试样的表面及 X—射线衍射分析。实验结果见表 3-3-3 和表 3-3-4。

表 3-3-3 均匀腐蚀速率汇总表

材料	均匀腐蚀速率(mm/a)						
	条件1	条件2	条件3	条件4	条件5	条件6	条件7
普通 P110	1.0713	1.3776	2.4939	1.2446	1.7284	1.4505	1.4625
BG3Cr110	0.8855	1.0539	1.3337	0.4654	0.8251	0.6102	0.657
BG13Cr110	0.0362	0.0416	0.064	0.0223	0.0468	0.0277	0.0258
HP1-13Cr110	0.0224	0.0292	0.0396	0.0064	0.0171	0.0154	0.0182

表 3-3-4 点腐蚀速率汇总表

材料	点腐蚀速率(mm/a)						
	条件1	条件2	条件3	条件4	条件5	条件6	条件7
普通 P110	3.65	5.0579	14.235	3.0764	4.4842	0.782	1.7207
BG3Cr110	1.9293	3.1286	7.8214	0.5214	1.1993	0.6256	0.365
BG13Cr110	0	0	0.2086	0	0	0	0
HP1-13Cr110	0	0	0	0	0	0	0

腐蚀实验结果表明:HP1-13Cr110 的防腐性能在各方面均优于其他材料,推荐 13CRM-110 或 HP1-13CR-110 作为呼图壁储气库气井管材。为保证采气生产管柱密封可靠,防止地层腐蚀介质对套管的腐蚀,要求管柱选用气密封接头油管。

二、环空保护液优选[5]

环空保护液应用于注采井与监测井的油套环空之间,保护套管内壁和油管外壁不受腐蚀。呼图壁储气库气井环空保护液的优选主要对比了清洁盐水水基和油基环空保护液的各项性能。

(一)清洁盐水环空保护液

清洁盐水是目前各油田最常使用的环空保护液,其优点是无固相,减轻腐蚀。但由于盐水的井下密度随着压力增加而增加,随温度的增加而降低,所以如果盐水密度接近饱和盐水密度时,当温度下降到某一临界值,此类保护液会产生结晶,轻度的结晶会在环形空间内产生沉积而结垢,严重时盐水会完全变成淤浆或固化。同时,为了防止腐蚀,还要在盐水中加入缓蚀剂。通常,盐水具有较低的腐蚀速率,各类金属材料在大多数盐水里的平均腐蚀速率一般小于 10mm/a,当盐水中添加缓蚀剂后,腐蚀速度将更低。缓蚀剂的种类可以根据使用的环境,包括温度、保护的金属材料等进行选择。

按照呼图壁储气库项目要求,水基环空保护液评价试验参照执行了塔里木油田分公司的企业标准,主要对环空保护液的使用性能指标(缓蚀率、阻垢率、杀菌率)进行系统评价。实验采用了 SM125TT 和 VM125HC 两种材质评价套管内壁的耐蚀性。根据实验结果来看 TYH 的缓蚀、杀菌、防垢性能基本能够满足要求,实验结果见表 3-3-5。

表 3-3-5 环空保护液评价试验数据表

序号	样品名称	用量[%(质量)]	试片材质	温度(℃)	试验时间(h)	试验压力(MPa)	平均腐蚀速率(mm/a)	缓蚀率(%)	阻垢率(%)	杀菌率(%) SRB	杀菌率(%) TGB	杀菌率(%) FE
1	空白试验		VM125HC	93	168	0.5(CO_2)	0.00428					
2	TYH	2.0	VM125HC	93	168	0.5(CO_2)	0.0003	92.3	80.2	90	90	
3	TYH	3.0	VM125HC	93	168	0.5(CO_2)	0.0002	95.3	91.0	95	90	
4	TYH	3.0	VM125HC	93	168	0.4(CO_2)	0	100				
5	XA	3.0	SM125TT	93	288		0.05373					
6	XA	3.0	SM125TT	93	288	5.0(N_2)	0.04808					
7	SYZK(固体)	1.0	SM125TT	93	288	5.0(N_2)	0.0018		75.3	80	80	
8	2号	3.0	SM125TT	93	288	5.0(N_2)	0.0001		85.3	95	90	
9	TYH	3.0	VM125HC	93	288	5.0(N_2)	0					

根据室内实验结果(分别采用 BG125TT、BG13Cr110 两种材料,清洁盐水环空保护液与有机盐环空保护液两种液体,测定 CO_2 均匀腐蚀速率)。在清洁盐水环空保护液中,两种材料的局部腐蚀很轻微,未见明显点蚀现象。而在有机盐环空保护液中,BG13Cr110 的 CO_2 腐蚀实验中出现较为明显点蚀现象。清洁盐水环空保护液对 BG125TT 的腐蚀速率为 0.0441mm/a,对 BG13Cr110 的腐蚀速率为 0.0087mm/a。室内实验结果及评价见表 3-3-6。

表 3-3-6 水基环空液基本性能

项目	水基环空保护液
密度	1.00~1.05g/cm³
pH 值	≥9
对 BG125TT 腐蚀率(CO_2,0.7MPa)	0.0441mm/a
对 BG13Cr110 腐蚀率(CO_2,0.7MPa)	0.0087mm/a
经济成本	价格低廉
施工操作性	配置简单,易操作

(二)油基环空保护液

油基环空保护液通常采用工业白油为基准油,并在油品中添加油基缓蚀剂、乳化剂等添加剂,有效降低油品以及可能存在的少量水体对金属的腐蚀,减少套管腐蚀,提高套管使用寿命。

1. 油基环空保护液安全性能评价

油基环空保护液使用安全与否,决定了其能否在现场施工中进行实际应用。尤其在新疆干燥炎热的夏季,日光直接照射下,金属表面温度通常可达到 70~80℃。因此油基环空保护液首先要评价的性能就是其使用安全性,也就是油品常说的闪点。针对目前国内现有的不同厂家、不同标号的白油、油基环空保护液开展闭口闪点、开口闪点测定,测试结果见表3-3-7。

表3-3-7 不同厂家、标号工业白油、油基环空保护液闪点评价结果

样品名称	闭口闪点	开口闪点	安全性
7#工业白油	75	79	差
15#工业白油	130	160	好
溶剂白油	113	122	较好
油基环空保护液	95	113	较好

上述评价结果可看出,15#工业白油具有较高的闪点,在使用安全性方面好。

2. 油基环空保护液黏度筛选确定

油基环空保护液除了在安全性、腐蚀性和使用稳定性重点考虑以外,从众多不同标号油品中筛选合适黏度的油品也需要进行筛选确定。

根据流体流动理论,液体在管道中流动时,黏度越大,受到的黏滞阻力越大,液体在管道接触面上形成的层流层厚度也越大。环空保护液主要起到保护油套环空金属材质免受水、二氧化碳腐蚀,延长油套管使用寿命的作用。因此,环空保护液在管道接触面上有足够厚的层流层,形成油膜的厚度越大,对于金属材质的保护越有利。

工业白油目前的常用牌号有5#、7#、10#、15#、32#、68#、100#白油,油品黏度随着牌号增加而增加。从形成油膜以及有利施工泵送角度考虑,可选择的白油牌号为7#、10#、15#、32#,其中15#工业白油能够更有效地形成稳定的油膜,保护金属材质,降低金属腐蚀率。

3. 油基环空保护液腐蚀性能评价

采用高温高压静态腐蚀率测试仪器对15#工业白油、油基环空保护液在无CO_2、1MPa CO_2分压情况下对油套管金属材质以及封隔器胶筒材质的腐蚀情况进行了测试,结果见表3-3-8。

表3-3-8 油基环空保护液腐蚀性能评价数据

序号	样品名称	试片材质	温度(℃)	试验压力(MPa)	腐蚀速率(mm/a)	平均腐蚀速率(mm/a)	备注
1	15#工业白油	VM125HC	87~103	1MPa 二氧化碳	0.0044	0.034	试验后白油由无色透明变为浅棕色
					0.0044		
					0.0147		
2	15#工业白油	VM125HC	89~100		0.0020	0.0017	试验后白油由无色透明变为浅棕色
					0.0015		
					0.0015		
3	油基环空保护液(中海油)	VM125HC	89~97	1MPa 二氧化碳	0.0029	0.0029	试验后试样由淡黄色透明变为深茶色
					0.0029		
					0.0030		

续表

序号	样品名称	试片材质	温度（℃）	试验压力（MPa）	腐蚀速率（mm/a）	平均腐蚀速率（mm/a）	备注
4	15#工业白油	13Cr	89~99	1MPa 二氧化碳	0 0 0	0	
5	15#工业白油	封隔器胶筒	89~100	12~24	3.42% 3.45% 3.39		在油品中，封隔器胶筒材料增重，未减重

常规腐蚀试验腐蚀率指标为试验温度下，试片腐蚀率小于0.076mm/a的情况为轻度腐蚀。采用储气库套管材料VM125HC和油管材质Cr 13材料以及封隔器胶筒测试油基环空保护液的腐蚀性能，在无CO_2分压情况下对套管材质的腐蚀率为0.0014mm/a，1MPa CO_2分压存在情况下对套管材质的腐蚀率为0.0076 mm/a，对油管材质腐蚀率为0，均远低于轻度腐蚀指标，可视为基本无腐蚀。

封隔器胶筒增重约3.4%，此数据是将胶筒切片，全部浸泡在油基环空保护液中得到的，其接触

表面积远大于端面浸泡面积（至少在端面面积10倍以上）。在封隔器坐封后，环空保护液和封隔器接触面非常小，因此封隔器胶筒增重率可基本忽略。同时，封隔器胶筒在环空保护液中略有增重，而体积增加也很少，可以判断在此环空保护液体系中，封隔器胶筒不会因为环空保护液的腐蚀、或胶筒材质收缩等因素降低封隔器封隔效果，能够更有效保证封隔器工作正常。

4. 油基环空保护液耐温性能评价

将油基环空保护液样品与高温高压静态腐蚀仪率测试后的环空保护液样品的性状、运动黏度进行对比，油基环空保护液初始性状为无色清亮透明液体，在93℃下热稳7天后为淡黄色清亮透明液体，无杂质、沉淀出现。运动黏度14.8mPa·s，与初始值相同。说明油基环空保护液在93℃以下具有良好的热稳性能。

图3-3-1 油基环空保护液热稳前后性状

由于在注入与生产过程中温度急剧变化，尤其在注入过程中环空的温度比较高，环空保护液会发生热胀冷缩现象，引起环空压力的增加。如果压力明显增加，可采取放出少量液体的方法，保持环空压力在安全的范围内。

(三) 环空保护液推荐选用

通过对上述两种不同体系的环空保护各推荐性能指标的室内实验评价及使用过程中的优缺点对比(表3-3-9),可以看出,从热稳定性及腐蚀性考虑油基环空液优于水基环空保护液;从经济成本及施工操作性考虑水基环空液优于油基环空保护液。鉴于呼图壁储气库高效、安全运行30年的建设目标,推荐呼图壁储气库气井采用油基环空保护液。

表3-3-9 油基环空液与水基环空液优缺点对比

项目	水基环空保护液	油基环空保护液
热稳定性	差	好
腐蚀性	本身有腐蚀	无腐蚀
经济成本	价格低廉	价格是水基的3~5倍
有效期	较长	更长
施工操作性	配置简单,易操作	专业队伍操作
后续更换、维护成本	替换、施工频繁	补液、施工少

第四节 完 井 工 艺[6]

呼图壁气藏为岩性层状构造气藏,作为储气库气井,完井方式应充分气井产能、完井工艺、长期安全及防砂等因素。

一、完井方式研究

(一) 井壁稳定性研究

完井方式选择中所涉及的井眼稳定性,主要是研究在生产过程中(井底流压低于地层压力)井眼是否会挤毁而垮塌的问题,不讨论钻井过程中的井眼稳定性问题。通过研究在生产过程中井壁岩石所受的剪切应力与岩石抗剪切强度的关系,从而为选择是否采用支撑井壁的完井方式提供依据。力学稳定性判别方法主要有 Mohr—Coulumb 剪切破坏理论和 Von. Mises 剪切破坏理论两种。

1. Mohr—Coulumb 剪切破坏理论

不考虑热应力的影响,按照忽略中间主应力的 Mohr—Coulumb 剪切破坏理论,作用在井壁岩石最大剪切应力平面上的剪切应力和有效法向应力为

$$\tau_{max} = \frac{1}{2}(\sigma_1 - \sigma_3)\cos\varphi \quad (3-4-1)$$

$$\overline{\sigma}_N = \frac{1}{2}(\sigma_1 - \sigma_3)\cos\phi \quad (3-4-2)$$

式中　τ_{max}——最大剪切应力，MPa；

　　　σ_v——作用在最大剪切应力平面上的有效法向应力，MPa；

　　　p_s——地层孔隙压力，MPa；

　　　σ_1——作用在井壁岩石上的最大主应力，MPa；

　　　σ_3——作用在井壁岩石上的最小主应力，MPa。

根据剪切强度公式，可得到井壁岩石的剪切强度计算公式：

$$[\tau] = C_h + \overline{\sigma}_N \tan\phi \qquad (3-4-3)$$

$$C_h = \frac{1}{2}\sqrt{\sigma_c \sigma_t} \qquad (3-4-4)$$

$$\phi = 90° - \arccos\frac{\sigma_c - \sigma_t}{\sigma_c + \sigma_t} \qquad (3-4-5)$$

式中　$[\tau]$——产层岩石的抗剪切强度，MPa；

　　　C_h——产层岩石的内聚力，MPa；

　　　ϕ——产层岩石的内摩擦角，弧度；

　　　σ_c——产层岩石的单轴抗压强度，MPa；

　　　σ_t——产层岩石的单轴抗拉强度，MPa。

只要已知产层岩石的单轴抗压强度 σ_c 和抗拉强度 σ_t 便可算出产层岩石的剪切强度 $[\tau]$。若产层岩石的抗剪切强度大于井壁岩石之最大剪切应力，即 $\tau_{max} < [\tau]$，表明不会发生井眼的力学不稳定；反之则将会发生井眼的力学不稳定，此时水平井不能采用裸眼完井方式。

2. Von. Mises 剪切破坏理论

根据 Von. Mises 剪切破坏理论法，判断井壁的力学稳定性。由剪切强度均方根公式，可计算出

井壁岩石的剪切强度均方根，即

$$[J_2^{0.5}] = \alpha + \overline{J}_1 \text{tg}\beta \qquad (3-4-6)$$

$$J_2^{0.5} = \sqrt{\frac{1}{6}\left[(\sigma_1 - \sigma_2)^2 + (\sigma_2 - \sigma_3)^2 + (\sigma_3 - \sigma_1)^2\right]} \qquad (3-4-7)$$

$$\overline{J} = \frac{1}{3}(\sigma_1 + \sigma_2 + \sigma_3) - p_s \qquad (3-4-8)$$

式中　$[J_2^{0.5}]$——储层岩石的剪切强度均方根，MPa；

　　　α——岩石材质常数，MPa；

　　　C_h——产层岩石的内聚力，MPa；

　　　β——为岩石材质常数；

　　　$\overline{J}_1$——为有效法向应力，MPa；

　　　p_s——地层孔隙压力，MPa；

若算出的剪切强度均方根 $[J_2^{0.5}]$ 大于剪切应力均方根 $[J_2^{0.5}]$，表明不会发生力学上的不稳定；反之，将有可能发生井眼坍塌，必须采用能支撑井壁的完井方法。

1) 直井井壁稳定性理论分析

按照力学稳定性判别理论公式对呼图壁储气库注采直井进行井壁稳定性定量评价。基本参数详见表 3-4-1。

表 3-4-1　呼图壁气田储层岩石的力学参数表

参数名称	参数数值	数值来源
垂向应力(MPa)	81	油田实验数据
最大水平主应力(MPa)	$(\frac{\mu}{1-\mu}+1.24)(\sigma_v-p_p)+\alpha p_p$	来自北京阳光奥友
最小水平主应力(MPa)	$(\frac{\mu}{1-\mu}+0.34)(\sigma_v-\alpha p_p)+\alpha p_p$	来自北京阳光奥友
岩石内聚力(MPa)	14.30	三轴实验
岩石内摩擦角(rad)	0.3838	三轴实验
毕奥特系数	0.53	解释

(1) Mohr—Coulumb 剪切破坏计算结果见表 3-4-2。

表 3-4-2　不同地层压力下井壁稳定的临界压差表

地层压力(MPa)	34	33	32	31	30	29	28	27	26	25	24	23	22	21	20	19	18	17
井壁稳定合理生产压差(MPa)	8.6	8.2	7.8	7.4	7.0	6.6	6.2	5.8	5.4	5.0	4.6	4.2	3.8	3.4	3.0	2.6	2.2	1.8

结果表明，当地层压力比较高时，在 23MPa 以上，临界生产压差在 4MPa 以上；低于 22MPa，则临界生产压差依次减小，18MPa 时，临界生产压差为 2.2MPa。超过上述压差，则井壁是不稳定的。

(2) Von. Mises 剪切破坏计算结果见表 3-4-3。

表 3-4-3　不同地层压力下井壁稳定的临界生产压差表

地层压力(MPa)	34	33	32	31	30	29	28	27	26	25	24	23	22	21	20	19	18	17
井壁稳定合理生产压差(MPa)	8.1	7.7	7.3	6.9	6.5	6.1	5.7	5.3	4.9	4.5	4.1	3.7	3.3	2.9	2.5	2.1	1.7	1.3

根据上述模型进行计算结果表明，当地层压力比较高时，在 23MPa 以上，井壁稳定的临界生产压差在 4MPa 以上；低于 22MPa，则临界生产压差依次减小，18MPa 时，临界生产压差为 1.7MPa。超过上述压差，则井壁是不稳定的。根据实际运行的生产压差，储气库井壁在地层压力比较低时是不稳固的。

2) 水平井井壁稳定性理论分析

(1) Mohr—Coulumb 剪切破坏。

在最大主应力方位($\theta=0,\beta=0$),稳定临界点的合理压差见表3-4-4。

表3-4-4 不同地层压力下井壁稳定的临界生产压差表

地层压力（MPa）	34	33	32	31	30	29	28	27	26	25	24	23	22	21	20	19	18	17
井壁稳定合理生产压差(MPa)	8.6	8.2	7.8	7.4	7.0	6.6	6.2	5.8	5.4	5.0	4.6	4.2	3.8	3.4	3.0	2.6	2.2	1.8

在不利方位($\theta=0,\beta=90$),根据下列计算结果见表3-4-5,没有生产压差时,井壁就不稳定。

表3-4-5 不利方位下井壁稳定合理生产压差表

地层压力(MPa)	井壁稳定合理生产压差(MPa)	实际剪切力（MPa）	抗剪切力（MPa）
34	0	101.9211	42.5761
33		103.3402	42.96004
32		104.7593	43.34399
31		106.1783	43.72793
30		107.5974	44.11188
29		109.0164	44.49582
28		110.4355	44.87977
27		111.8546	45.26372
26		113.2736	45.64766
25		114.6927	46.03161
24		116.1117	46.41555
23		117.5308	46.7995
22		118.9499	47.18344
21		120.3689	47.56739
20		121.788	47.95133
19		123.2071	48.33528
18		124.6261	48.71923
17		126.0452	49.10317

（2）Von. Mises剪切破坏。

在最大主应力方位($\theta=0°,\beta=0°$),稳定临界点的合理压差见表3-4-6,结果表明,即使沿理想方位钻水平井,其井壁在低地层压力下也是容易失稳的。

表 3-4-6　不同地层压力下井壁稳定的临界生产压差

地层压力(MPa)	34	33	32	31	30	29	28	27	26	25	24	23	22	21	20	19	18	17
井壁稳定合理生产压差(MPa)	8.1	7.7	7.3	6.9	6.5	6.1	5.7	5.3	4.9	4.5	4.1	3.7	3.3	2.9	2.5	2.1	1.7	1.3

在不利方位($\theta=0°,\beta=90°$),生产压差为 0 时,井壁就不稳定,说明该方位水平井井壁极不稳定。因此,水平井应优选在最大主应力方位钻进。

根据呼图壁气藏特性,无论直井还是水平井,在将来的注采条件下井壁都会失稳,尤其是地层压力比较低的时候,因此不能采用裸眼完井,必须采用能够支撑井壁的完井方式。水平井必须优选最大主应力方位钻井,否则容易失稳。

(二)储层出砂研究预测

定性预测方法判断储层出砂的可能性。从目前的研究水平来看,很难用单一方法准确预测在生产过程中是否出砂与何时出砂,只有通过多种方法才能使得预测结果比较可靠。项目研究采用的定性预测方法分为现场观测法、声波时差法、孔隙度法、组合模量 EC 法、出砂指数法、斯伦贝谢法、岩心速敏实验法、实验室模拟法及现场出砂实验法等。其中现场观测法、组合模量 EC 法、出砂指数法、斯伦贝谢法研究结果认为储层不存在出砂现象;声波时差法、孔隙度法、岩心速敏实验法研究结果认为储层有轻微出少的可能性;现场出砂实验法表明:在地层压力为 16.56MPa 的情况下,有轻微出砂现象。

由于定性判断方法时,存在数据质量问题;定性判断也仅仅是判断正常生产时不会出砂,但是储气库气井属于强注强采井,仍需要定量计算合理的生产压差。对于理论计算,由于考虑因素不同、简化程度不同,需要多种模型进行计算,对比应用。

1. 直井临界出砂压差计算

方法一:根据力学模型弹性解及 Mohr—Coulomb 准则,油气井开始出砂时的临界井底流压公式为

$$p_{cr} = \frac{\dfrac{2\sigma_{zo}+(1-2v)B\cdot p_p}{1-v}\sin\varphi+2C_n\cos\varphi-\dfrac{2\sigma_{zo}v}{1-v}-\dfrac{1-2v}{1-v}B\cdot p_p}{\dfrac{1-2v}{1-v}B-2+\dfrac{\sin\varphi}{1-v}B} \quad (3-4-9)$$

油气层临界出砂生产压差可用下式表示为

$$\Delta p_{cr} = p_p - p_{cr} \quad (3-4-10)$$

式中　Δp_{cr}——临界生产差,MPa;

　　　p_{cr}——临界井底流压,MPa;

　　　p_p——地层压力,MPa;

　　　σ_{zo}——垂向应力,MPa;

　　　v——岩石泊松比,无量纲;

　　　B——Biot 常数,与岩性有关,无量纲;

φ——岩石内摩擦角,(rad);
C_h——岩石内聚力,MPa。

根据呼图壁气田相关测井资料以及取心岩石的实验分析得到如下参数,详见表3-4-7。

表3-4-7 呼图壁气田储层岩石力学参数表

学参数名称	参数数值	数值来源
垂向应力(MPa)	81	上覆岩石密度计算得到
泊松比(无因次)	0.2616	声波时差计算得到
岩石单轴抗压强度(MPa)	42.4	依据莫尔强度准则,由摩擦角和内聚力计算得到
三轴抗压强度(MPa)	104	取三轴实验数据(63.0~112.6)
纵波声波时差(μs/m)	263.89	测井资料得到
横波声波时差(μs/m)	464.46	测井资料推测
岩石内聚力(MPa)	14.30	三轴实验数据平均值
岩石内摩擦角(rad)	0.3838	三轴实验数据平均值
Biot系数(无因次)	0.53	根据前面提供三种计算Biot系数方法求平均值

方法二:根据井壁稳定性的力学机理和油气井井应力分布的基本规律,直井出砂的临界压差井底流压计算模型为

$$p_{cr} = \frac{3\sigma_h - \sigma_H + 2Bp_p\sin\varphi/(1-\sin\varphi) - \sigma_c}{\frac{2}{1-\sin\varphi}} \quad (3-4-11)$$

临界生产压差为 $\Delta p_{cr} = p_p - p_{cr}$。

方法三:产层岩石坚固程度判断指数"C"公式法

根据研究成果,垂直井井壁岩石所受的切向应力是最大张应力。对于直井,最大切向应力由下式表达:

$$C = 2(p_p - p_{wf}) + 2v(10^{-6}\rho_f gH - r_p)/(1-v) \quad (3-4-12)$$

根据岩石破坏理论,当岩石的最大切向应力大于其抗压强度时,将会引起岩石结构的破坏而出骨架砂。

因此,垂直井的防砂判据为,$\sigma \geq C$,令 $\Delta p = p_p - p_{wf}$,则临界生产压差

$$\Delta p = \frac{1}{2}\left[\sigma_c - \frac{2v(10^{-6}\rho_f gH - p_p)}{1-v}\right] \quad (3-4-13)$$

方法四:出砂临界生产压差为

$$\Delta p_{max} = p_p - \frac{0.5\mu}{1-\mu}p_0 + \frac{1-1.5\mu}{1-\mu}\alpha \cdot p_p - 0.866S \quad (3-4-14)$$

式中 p_p——孔隙压力,34~17MPa;
p_0——上覆岩石压力 MPa;

V_{sh}——泥质含量,%;

S——抗剪切强度,15MPa。

计算结果表明,随着地层压力降低,合理生产压差依次减小;地层压力18MPa时合理生产压差为2.8MPa。

直井采用上述四种模型计算的合理生产压差统计见表3-4-8。

表3-4-8 直井合理压差汇总

地层压力(MPa)	方法一结果	方法二结果	方法三结果	方法四结果	推荐压差(MPa)
20	10.23984	6.068939	2.72	6.378836	2.72
19	9.395361	5.473459	2.36	4.632407	2.36
18	8.550887	4.877979	2.01	2.885979	2
17	7.706412	4.282499	1.66	1.13955	1.13
16	6.861938	3.687018	1.50	0.8	0.8
15	6.017464	3.091538	0.95	0.3	0.3

2. 水平井临界出砂压差计算

根据水平井井壁稳定性力学机理和井应力分布基本规律,可得到水平井临界井底流压计算模型。

$$p_{cr} = \frac{2\sigma_h\cos^2\beta + 2\sigma_H\sin^2\beta - \sigma_{zo} + 2Bp_p\sin\varphi/(1-\sin\varphi) - \sigma_c}{\frac{2}{1-\sin\varphi}} \qquad (3-4-15)$$

临界生产压差为

$$\Delta p_{cr} = p_p - p_{cr} \qquad (3-4-16)$$

式中 p_{wf}——临界井底流压,MPa;

p_P——地层压力,MPa;

σ_c——单轴抗压强度,MPa;

ν——岩石泊松比,无量纲;

g——重力加速度,m/s^2;

ρ_f——上覆岩层的平均密度,kg/m^3;

H——产层中部深度,m。

因为水平井的方位角β(井斜方位与最大水平应力方位的夹角)值不确定,所以在其他参数都确定的情况下,围绕不同的β值来求取对应的临界生产压差。β角虽然在0°~180°范围内都可能存在,但是在0°~90°和90°~180°内的取值对临界生产压差的影响变化规律是一样的,所以主要讨论β角在0°~90°范围内变化时对临界生产压差的影响。

计算结果表明:β角在0~90°之间变化时β角越大临界生产压差越小;地层压力越大临界生产压差越大。β角是井斜方位角与最大水平主应力之间的夹角,当β角为0°时,井筒和最大水平主应力平行,此时井壁受到的水平应力最小因而临界压差生产压差最大;当 β 角为 $90°$ 时,井筒和最大水平主应力垂直,此时井壁受到的水平应力最大因而临界压差生产压差最小,本模型计算的临界压差都在 0MPa 以下,即:即使不生产井壁也发生了破坏。

根据上述不同模型的数值计算分析及直井、水平井临界生产压差研究,得到下述结论:

(1)直井在低的地层压力下合理生产压差比较小,容易出砂。

(2)水平井在优选钻井方位的情况下,不容易出砂;水平井比直井更不容易出砂。

(3)结合经验法、实验室模拟法、数值计算法的计算分析结果。合理的推荐压差见表 3-4-9。

(4)呼图壁气田在常规正常采气生产过程中,基本不出砂。在作为储气库强注强采模式下,在地层压力较低时,当生产压差超出砂过临界压差时,具有一定的出砂可能性。

表 3-4-9 合理临界生产压差

推荐临界出砂压差(MPa)	地层压力(MPa)							
	18	19	20	21	22	23	24	25
直井	2	2.36	2.72	3.07	3.43	3.78	4.14	4.49
水平井($\beta=60^0$)	2.2	2.6	3	3.4	3.8	4.2	4.6	5

(三)储气库完井方式优选

完井方式主要考虑以下因素:

(1)在产层与井筒之间建立最佳的连通条件,产层受到的损害最小;

(2)产层具有最大的渗流面积,降低流动阻力,有利于高产量;

(3)满足周期调峰强注强采;

(4)如果出砂,能有效地控制气层出砂;能够后期防砂;

(5)防止井壁坍塌,确保生产长期安全生产;

(6)需要控水层位能够控水;

(7)有利于井下作业等。

根据呼图壁储气库强注强采模式下出砂可能性分析结果,储气库气藏在正常注采作业过程中,出砂可能性极小,按照调峰配产规律,当地层压力比较低时,可通过限制产量,达到控制出砂的目的,因此无须采用防砂完井。对气井常用完井方式进行充分对比分析后,推荐储气库注采井直井、监测井及污水回注井均采用套管射孔完井方式。

二、完井管柱及井口设计[7]

(一)生产油管尺寸优选

生产管柱设计原则主要考虑:(1)管柱大小应满足应急调峰配产需要;(2)注气时井口压力应低于压缩机出口压力;(3)生产强采时应保证生产管柱不被冲蚀;(4)考虑 CO_2 的影响,生产管柱应满足防腐需求;(5)考虑地层水的影响,生产管柱应满足井底携液要求;(6)生产管柱应考虑油管的抗拉、抗挤和抗内压强度的要求;(7)在满足安全和工程的前提下应力求生产管柱的简单实用,尽量精简井下工具。

1. 直井生产管柱尺寸优选

储气库气井油管尺寸的合理确定必须考虑气库的调峰及应急配产能力、油管的强度、携液能力和冲蚀条件等重要因素。呼图壁储气库地质气藏可行性研究配产配注方案要求直井单井注气量最高为 $70 \times 10^4 \mathrm{m}^3/\mathrm{d}$,单井调峰采气量最高为 $85 \times 10^4 \mathrm{m}^3/\mathrm{d}$,应急采气量为 $90 \times 10^4 \mathrm{m}^3/\mathrm{d}$。对不同尺寸管柱在出砂安全生产压差下的生产能力、冲蚀、携液等适应性综合评价,结果见表 3-4-10。

表 3-4-10　$3\frac{1}{2}$ in 管柱生产能力总评价表

	地层压力	20.47	21.36	22.48	24.17	25.4	26.6
	井口压力 10MPa 时产量($10^4\mathrm{m}^3/\mathrm{d}$)	63.5	69	75	85	88	97
考虑出砂配产	出砂压差(MPa)	2.89	3.20	3.60	4.20	4.62	4.94
	出砂临界产量($10^4\mathrm{m}^3/\mathrm{d}$)	68.79	74.12	80.72	90.57	97.47	103.24
地质配产能力	地质配产($10^4\mathrm{m}^3/\mathrm{d}$)	45	60	85	85	60	45
	地质配产对应井口压力(MPa)	11.6	11.2	9.8	10.3	16.4	19.1
冲蚀生产能力	地质配产对应的冲蚀产量($10^4\mathrm{m}^3/\mathrm{d}$)	62.2	61.9	55.26	59.76	73.8	80.2
	地质配产冲蚀校核($10^4\mathrm{m}^3/\mathrm{d}$)	不冲蚀	不冲蚀	冲蚀	冲蚀	不冲蚀	不冲蚀

由表 3-4-10 看出,在地层压力为 22.48~24.17MPa、配产 $85 \times 10^4 \mathrm{m}^3/\mathrm{d}$ 时,若采用 $3\frac{1}{2}$ in 管柱进行生产将会产生冲蚀危害,影响生产管柱的使用寿命。综合考虑出砂、冲蚀、调峰等因素,$3\frac{1}{2}$ in 管柱的最大调峰采气量低于地质调峰配产 $85 \times 10^4 \mathrm{m}^3/\mathrm{d}$。

由表 3-4-11 看出,采用 $4\frac{1}{2}$ in 管柱进行生产,满足地质调峰配产、防出砂、冲蚀等要求,调峰配产可达到 $85 \times 10^4 \mathrm{m}^3/\mathrm{d}$,气井的生产能力得到了最大发挥。

表 3-4-11　$4\frac{1}{2}$ in 管柱生产能力总评价表

	地层压力	20.47	21.36	22.48	24.17	25.4	26.6
	井口压力 10MPa 时产量($10^4\mathrm{m}^3/\mathrm{d}$)	84	90	96	110	116	123
出砂生产能力	出砂压差(MPa)	2.89	3.20	3.60	4.20	4.62	4.94
	出砂压差对应产量($10^4\mathrm{m}^3/\mathrm{d}$)	68.79	74.12	80.72	90.57	97.47	103.24
地质配产能力	地质配产($10^4\mathrm{m}^3/\mathrm{d}$)	45	60	85	85	60	45
	实际配产对应井口压力(MPa)	11.8	12.3	11.6	12.7	17.1	20.5
冲蚀生产能力	对应冲蚀排量($10^4\mathrm{m}^3/\mathrm{d}$)	108	111	105	113	121	128
	地质配产冲蚀校核($10^4\mathrm{m}^3/\mathrm{d}$)	满足					

综合考虑上面分析的种种因素,在携液能力、受力分析等方面,两种管柱大小都满足。但是采用 $3\frac{1}{2}$ in 管柱进行生产时,应急生产能力和调峰配产不满足要求,适应应急储备供气能力差,需要总井数较多;而采用 $4\frac{1}{2}$ in 管柱进行生产,应急生产能力及调峰配产均满足要求,适应应急储备供气能力强。综合分析上述因素,推荐采用 $4\frac{1}{2}$ in 管柱进行生产。

对于监测井,由于不进行生产,可采用 $2\frac{7}{8}$ in 管柱完井。

2. 水平井生产管柱尺寸优选

水平井的设计调峰配产(应急)、配注量分别为 $114\times10^4\mathrm{m}^3/\mathrm{d}$(应急 $120\times10^4\mathrm{m}^3/\mathrm{d}$)、$90\times10^4\mathrm{m}^3/\mathrm{d}$,而配产大小的主要限制在于冲蚀流量的限制。在其他方面,选用 $5\frac{1}{2}$ in 管柱与 $4\frac{1}{2}$ in 管柱相比必然能够提高最小地层压力下的产量,降低注入压力,在水平井较高的产量下,能够顺利携水;优选管壁厚度后,强度也满足要求。下面主要讨论不同尺寸管柱下的临界冲蚀排量、生产能力及配注入井口压力的影响(表3-4-12至表3-4-14)。

表 3-4-12 不同管柱尺寸下的冲蚀产量预测表

油管内径(mm)	井口压力(MPa)						
	8	10	12	13	14	15	16
62	32.32	35.72	39.09	40.79	42.42	43.96	45.44
76	48.56	53.67	58.74	61.30	63.74	66.06	68.27
99.56	84.92	93.85	102.72	107.19	111.46	115.52	119.39
121.36	129.27	142.86	156.389	163.19	169.68	175.87	181.76
153	196.81	217.502	238.08	248.45	258.33	267.75	276.71

表 3-4-13 不同管柱尺寸下的产量预测表

油管内径(mm)	地层压力(MPa)						
	17	19	21	23	25	27	29	31
62	46.84	49.44	51.79	53.92	55.86	57.63	59.25	60.74
76	70.38	74.29	77.82	81.03	83.94	86.59	89.03	91.27
99.56	123.07	129.91	136.09	141.69	146.78	151.43	155.69	159.61
121.36	187.36	197.77	207.18	215.71	223.46	230.53	237.01	242.98
153	285.25	301.09	315.53	328.40	340.20	350.97	360.84	369.92

表 3-4-14 不同管径油管注气井口压力

地层压力(MPa)	注气量($10^4\mathrm{m}^3/\mathrm{d}$)	$4\frac{1}{2}$ in 管柱井口压力(MPa)	$5\frac{1}{2}$ in 管柱井口压力(MPa)
18	90	17.118	15.882
20		18.459	17.304
22		19.855	18.768
24		21.298	20.267
26		22.777	21.798
28		24.293	23.357

续表

地层压力 (MPa)	注气量 ($10^4 m^3/d$)	$4\frac{1}{2}$ in 管柱 井口压力(MPa)	$5\frac{1}{2}$ in 管柱 井口压力(MPa)
30	90	25.841	24.943
32		27.419	26.555
34		29.025	28.189

根据上述计算结果,如果采用 $4\frac{1}{2}$ in 管柱,在井口压力从8MPa到14MPa的范围内,产量不能超过 $114×10^4 m^3/d$,井口压力低时,冲蚀产量更低(12MPa 井口压力时冲蚀产量为 $102×10^4 m^3/d$),满足不了配产要求($114×10^4 m^3/d$)。如果采用 $5\frac{1}{2}$ in 管柱,则冲蚀产量(允许配产)大大提高,在井口压力为12MPa时,冲蚀产量就达到 $156×10^4 m^3/d$,能够满足地层压力比较高时的配产要求。因此建议水平井优选 $5\frac{1}{2}$ in 管柱进行生产。

根据上述节点分析的结果,气库在各注气运行周期中,采用 $5\frac{1}{2}$ in 和 $4\frac{1}{2}$ in 油管生产,其井口压力预测均低于 32 MPa,满足注气运行要求。

3. 天然气水合物形成预测研究

根据气库运行过程中的温度模拟结果,井口温度变化范围为47.1~61.1℃。常用的预测水合物生成条件的方法主要有计算法、图解法、经验公式法。下面用图解法和波诺马列夫法对呼图壁储气库生产运行过程中天然气水合物生成进行预测研究。预测结果见表3-4-15。

表3-4-15 不同压力下水化物的生成温度预测

压力 (MPa)	水合物生成温度(℃)		压力 (MPa)	水合物生成温度(℃)	
	图解法	波诺马列夫法		图解法	波诺马列夫法
8	16.5	17.6	22	24.3	25.7
9	17.4	18.5	23	24.6	26.1
10	18.2	19.4	24	25	26.4
11	18.9	20.2	25	25.3	26.7
12	19.6	20.9	26	25.6	27.1
13	20.2	21.5	27	25.9	27.4
14	20.8	22.1	28	26.2	27.7
15	21.3	22.6	29	26.4	27.9
16	21.8	23.2	30	26.7	28.2
17	22.3	23.7	31	26.9	28.5
18	22.7	24.1	32	27.2	28.7
19	23.2	24.5	33	27.4	29
20	23.6	25	34	27.7	29.2
21	23.9	25.3			

根据计算结果,呼图壁气井在整个生产过程中,天然气水合物的生成温度为 19.1～29.2℃,远小于实际温度。因此呼图壁气田储气库在生产阶段与注入阶段井筒内不会生成水合物。

(二)井下管柱工具优选

根据国内已建储气库的经验和国内现有技术的实际,保证储气库的正常运行,要求入井工具及管柱遵循安全可靠、经久耐用、技术先进、监控方便、力求简单、兼顾经济的原则。依据勘探与生产分公司下发的《油气藏型储气库钻完井技术要求》(试行),注采管柱主要工具选择及各工具性能特点见表 3-4-16。

表 3-4-16 主要工具性能特点

序号	工具名称		用途及特点
1	井下安全阀		用于紧急情况下实现井下关井,切断气源;具有阀瓣自平衡系统、金属阀瓣密封、耐高压寿命长等特点
3	封隔器	永久式	用于封隔油套环形空间。保护上部套管不受高压、腐蚀作用,安装于产层上部。配合锚定密封插管与油管连接,液压坐封,无回收功能,钻铣释放,封隔性能好于可回收式。封隔器下部的坐落短节与油管塞配合可实现动上部管柱时的不压井作业,有利于产层的保护
4	压力监测	电子压力计监测	可实时监测温度和压力两参数。电缆传导,一套地面设备可以监测多路井下参数。可实现无线数据传输。电缆穿越封隔器到达产层中部
5	流动短节		安装于安全阀两端,起防冲蚀、稳定流体流态作用
6	坐落接头		安装于封隔器以下,用于悬挂流动控制装置,与流动控制装置配合隔绝下部流体压力或临时坐落压力计、温度计等

(三)管柱结构优化设计

1. 注采井管柱方案

注采直井管柱方案为液压坐封永久式射孔联作多功能管柱,注采水平井为液压坐封永久式多功能管柱。该方案特点是可实现紧急关井、套管保护功能、后期不压井作业、不动管柱更换井口、悬挂测试装置等;注采直井采用一趟管柱射孔完井联作工艺实现储层保护,主要工具见表 3-4-17。

表 3-4-17 液压坐封永久式多功能管柱工具

项目	射孔完井工具串	参数
1	安全阀控制管线 $\frac{1}{4}$ in	
2	液控管线保护器	
3	流动短节	与安全阀配合
4	$4\frac{1}{2}$ in 井下安全阀	压力等级 5000psi,下入深度 100m
5	锁定插入密封总成	

续表

项目	射孔完井工具串	参数
6	7in永久封隔器	压力等级7500psi,外径144.45mm,内径98.4mm,而壁厚为12.65mm的7in套管内径为152.5mm,两边间隙分别为4.025mm。下入深度在尾管悬挂器20m以下
7	磨铣延伸筒	
8	变扣接头	
9	坐落短节	
10	射孔枪(注采直井)	ϕ88.9mm射孔枪或ϕ114mm射孔枪

2. 监测井管柱方案

监测井管柱结构设计在参照注采井管柱结构的基础上,增加了压力、温度监测功能,采用 $2\frac{7}{8}$in 的油管、$2\frac{7}{8}$in 安全阀、7in 可取封隔器及 $2\frac{7}{8}$in 电子压力计等。监测井包括单层监测井和两层监测井。

(四)管柱结构力学分析

根据储气库安全技术要求,管柱力学研究主要对多个极限工况下的管柱受力情况进行系统分析与评价。

(1)直井注气时油管轴向安全系数校核结果见表3-4-18。

表3-4-18 直井注气时油管安全系数校核

技术参数	数值
油管类型、钢级	SM13CrM-110 或 JFEHP1-13Cr1103600m
温度(℃)	180
注入量($10^4 m^3/d$)	70
油管外径(mm)	114.3
油管壁厚(mm)	7.37
油管内径(mm)	99.56
油管丝扣极限载荷(kN)	1877.15
油管线重(kg/m)	20.09
全井油管重量(kN)	708.7
总摩阻损失(MPa)	4.68
轴向抗拉强度(MPa)	861.4
最小屈服强度(MPa)	757.5
实际轴向应力(MPa)	244.52
轴向安全系数	3.52
螺纹实际承载安全系数	2.51

根据上述计算结果,不考虑封隔器时,注气时管柱受力是安全的。

(2) 直井封隔器坐封工况下管柱力学校核结果见表3-4-19。

表3-4-19　直井封隔器坐封时安全系数校核

技数参数	数值
外径×壁厚×下深	114.3mm×7.37mm×3600m
液压(MPa)	35
油管井底压力(MPa)	70.304
管柱变形位移伸长(cm)	69.84
最大组合应力(MPa)	383.827
强度校核	小于许用应力值757.5MPa
油管安全系数	1.97
管柱轴向应力(MPa)	400.228
油管抗拉安全系数	2.15
管柱组合优化评价	√√(SM13CrM-110适合坐封液压峰值压力下上部油管柱抗拉安全性能要求)

根据上述计算结果,封隔器坐封时,管柱受力是安全的。

(3) 直井封隔器管柱注气工况下管柱力学校核结果见表3-4-20。

表3-4-20　直井考虑封隔器的注气安全系数校核

技数参数	数值
外径×壁厚×下深	114.3mm×7.37mm×3600m
注气量($10^4 m^3$m/min)	0.0486
油管井底压力(MPa)	35.219
管柱变形位移伸长(cm)	36.79
最大组合应力(MPa)	300.100
强度校核	小于许用应力值757.5MPa
油管安全系数	2.52
管柱轴向应力(MPa)	300.142
油管抗拉安全系数	2.87
管柱组合优化评价	√√

根据上述计算结果,考虑封隔器存在状态下的注气状态,管柱受力是安全。

(4) 直井封隔器管柱采气工况下管柱力学校核结果见表3-4-21。

表3-4-21　直井考虑封隔器的采安全系数校核

技数参数	数值
外径×壁厚×下深	114.3mm×7.37mm×3600m
采气量	$0.0611×10^4 m^3/min$
油管井口压力(MPa)	24.247
管柱变形位移伸长(cm)	46.61

续表

技数参数	数值
最大组合应力(MPa)	279.832
强度校核	小于许用应力值757.5MPa
油管安全系数	2.71
管柱轴向应力(MPa)	295.358
油管抗拉安全系数	2.92
管柱组合优化评价	√√

根据上述计算结果,考虑封隔器存在状态下的采气状态,管柱受力是安全的。

(5)水平井注气时油管轴向安全系数校核结果见表3-4-22。

表3-4-22 水平井注气时油管轴向安全系数校核

技术参数	数值	
油管类型、钢级 VAM-TOP扣	SM13CrM-110 或JFEHP1-13Cr110 (180℃)3600m	SM13CrM-110 或JFEHP1-13Cr110 (180℃)3600m
注入量($10^4 m^3/d$)	70	90
油管外径(mm)	114.3	139.7
油管壁厚(mm)	7.37	9.17
油管内径(mm)	99.56	121.36
油管丝扣极限载荷(kN)	1877.15	2850.35
油管线重(kg/m)	20.09	29.763
全井油管重量(kN)	708.7	870.3
总摩阻损失(MPa)	4.68	2.96
轴向抗拉强度(MPa)	861.4	861.4
最小屈服强度(MPa)	757.5	757.5
实际轴向应力(MPa)	244.52	231.65
轴向安全系数	3.52	3.27
丝扣实际承载安全系数	2.51	2.33

根据上述计算结果,注气时管柱受力是安全的。

(6)水平井封隔器坐封工况下管柱力学校核结果见表3-4-23。

表3-4-23 水平井封隔器坐封时安全系数校核

技术参数	数值	
外径×壁厚×下深	114.3mm×7.37mm×3220m	139.7mm×9.17mm×2310m +114.3mm×7.37mm×(2310~3220)m
液压(MPa)	35	35
油管井底压力(MPa)	70.304	70.304

续表

技术参数	数值	
管柱变形位移伸长(cm)	73.65	64.28
最大组合应力(MPa)	423.327	436.549
强度校核	小于许用应力值757.5MPa	小于许用应力值757.5MPa
油管安全系数	1.79	1.71
管柱轴向应力(MPa)	468.442	487.865
油管抗拉安全系数	1.87	1.73
管柱组合优化评价	√√(SM13CrM-110或JFEHP1-13Cr110适合坐封液压峰值压力下上部油管柱抗拉安全性能要求)	√√(SM13CrM-110或JFEHP1-13Cr110适合坐封液压峰值压力下上部油管柱抗拉安全性能要求)

根据上述计算结果,封隔器坐封时,管柱受力是安全的。

(7)水平井封隔器管柱注气工况下管柱力学校核结果见表3-4-24。

表3-4-24 水平井考虑封隔器的注气安全系数校核

技术参数	数值	
外径×壁厚×下深	114.3mm×7.37mm×3600m	139.7mm×9.17mm×2310m+114.3mm×7.37mm×(2310~3220)m
注气量($10^4 m^3$/min)	0.0486	0.0486
油管井底压力(MPa)	35.219	35.219
管柱变形位移伸长(cm)	46.49	43.54
最大组合应力(MPa)	337.347	340.259
强度校核	小于许用应力值757.5(MPa)	小于许用应力值757.5MPa
油管安全系数	2.28	2.11
管柱轴向应力(MPa)	324.167	336.238
油管抗拉安全系数	2.56	2.47
管柱组合优化评价	√√	√√

根据上述计算结果,考虑封隔器存在状态下的注气状态,管柱受力是安全。

(8)水平井封隔器管柱采气工况下管柱力学校核结果见表3-2-25。

表3-4-25 水平井考虑封隔器的采气安全系数校核

技术参数	数值	
外径×壁厚×下深	114.3mm×7.37mm×3600m	139.7mm×9.17mm×2310m+114.3mm×7.37mm×(2310~3220)m
采气量($10^4 m^3$/min)	0.0611	0.0611
油管井口压力(MPa)	24.247	24.247
管柱变形位移伸长(cm)	54.68	50.38
最大组合应力(MPa)	301.648	291.462

续表

技术参数	数值	
强度校核	小于许用应力值757.5MPa	小于许用应力值757.5MPa
油管安全系数	2.51	2.60
管柱轴向应力（MPa）	304.376	315.848
油管抗拉安全系数	2.42	2.34
管柱组合优化评价	√√	√√

根据上述计算结果，考虑封隔器存在状态下的采气状态，管柱受力是安全的。

(五)采气井口装置选型

根据标准SY/T 5127—2002《井口装置和采油树规范》及《石油天然气开采安全规程》《油气藏型储气库钻完井技术要求(试行)》相关要求，结合呼图壁改建储气库注采基本技术参数，井口装置的各种材质及密封形式应根据使用工况，满足耐二氧化碳腐蚀(最高0.68MPa)、耐高低温、耐高压、耐冲蚀工况，并可保证酸压施工，长期安全可靠工作。

注采基本技术参数依据地质与气藏工程方案资料，见表3-4-26。

表3-4-26　注采基本技术参数

技术参数	数值	技术参数	数值
运行压力上限（MPa）	34	O_2含量	无
井下温度（℃）	≤93	地层水温度（℃）	20~95
井口工作压力（MPa）	10~32	地层压力（MPa）	18~34
环境温度（℃）	-36.8~45℃	地层水流速（m/s）	0~8.0
气体相对密度	0.6	地层水产量	1 m^3水/12×$10^4 m^3$气
油管尺寸（mm）	114.3	地层水矿化度（mg/L）	12834~16188 mg/L
H_2S含量	微量不考虑	地层水Cl^-含量	2758~16000 mg/L
CO_2最高分压（MPa）	0.68	碳酸盐含量	
油管材质	SM-13CrM-110 或 JFE-HP1-13Cr-110		

按照相关标准和技术规范，井口装置优选详细评价了压力等级、产品规范等级、产品质量性能等级、产品材料等级、温度级别等各个性能参数，优选结果见表3-4-27。

表3-4-27　井口装置总体配置表

序号	材料名称	采用标准	压力级别	材料级别	规范级别	性能级别	温度级别	备注
1	采气树	API Spec 6A	34.5MPa	CC	PSL3G	PR2	L—U	
2	油管头		34.5MPa	CC	PSL3G	PR2	L—U	
3	三级套管头		34.5MPa	CC	PSL3G	PR2	L—U	
4	二级套管头		34.5MPa	CC	PSL3	PR2	L—U	
5	一级套管头		13.8MPa	CC	PSL2	PR2	L—U	

三、完井工艺研究

(一)射孔工艺[8]

呼图壁气田 Z_2 砂层储层埋藏深度在 3550m 左右,地层平均温度为 93℃(按地温梯度折算),目前地层压力系数为 0.42,射孔完井作业存在很大风险:

(1)地层压力系数低,储层保护难度大;

(2)预测钻井对储层伤害深度大,对射孔深穿透技术要求高;

(3)射孔起爆震动较大,易出现枪断裂及变形,取枪困难,尤其是水平井;

为此,安装施工单位要做好射孔施工精细设计,保证射孔质量。

根据呼图壁气田目前地质特点,为能最大限度保护储层,减少作业次数和降低作业对储层的伤害程度,设计注采井均采用一趟管柱射孔完井联作技术,推荐直井采用油管传输负压射孔,负压值 1.5MPa;水平井采用油管传输负压射孔工艺,负压值 3MPa。射孔前射孔液替出原压井液。采用一趟管柱射孔完井作业过程中,确保封隔器坐封及射孔作业准确定位。射孔后套损系数小于 0.2。具体射孔完井参数见表 3 - 4 - 28:

表 3 - 4 - 28 射孔完井参数

井型	直井	水平井
射孔枪外径(mm)	89	73
射孔弹型	powerJet Omega 3506 HMX	Power JetOmega2906 HMX
射孔弹混凝土靶穿深(API 标准)(mm)	>1100	>900
射孔弹耐温指标	160℃/48h	160℃/48h
射孔密度(孔/m)	16	20
孔眼直径	>9.0	
射孔相位(°)	90°,螺旋布孔	
射孔工艺	油管输送射孔工艺(TCP)	
枪身处理	采用一趟管柱,射孔后不取枪	

(二)完井工艺方案

1. 注采直井完井工艺

注采直井完井工艺初步设计采用一趟管柱射孔完井联作工艺(永久封隔器),射孔完井作业管柱结构为:射孔枪串(投棒点火器 + 液压点火器) + 筛管 + JFEBEAR 气密封油管 + 坐落短节 + $4\frac{1}{2}$in 气密油管 2 根 + 磨铣延伸筒 + 7inMHR 永久式封隔器 + 密封插管总成 + $4\frac{1}{2}$in 气密油管 1 根 + 校深短节 + $4\frac{1}{2}$in 气密油管 + $4\frac{1}{2}$in NE 井下安全阀(带上、下流动、提升短节及液压控制管线) + $4\frac{1}{2}$in 气密油管 + 双公油管短节 + 油管挂。

该完井方案采用永久封隔器完井管柱,注、采气生产过程中管柱受力及气密封安全可靠。完井工艺及步骤紧凑,有利于储层保护和加快施工周期,采用一趟管柱射孔完井,射孔后不取枪。完井过程中不存在压井作业,可以最大程度地保护储层不受伤害。考虑枪身的影响,设计采用 $\phi 89mm$ 和 $\phi 101mm$ 的射孔器,使枪套环空当量通径达到 $\phi 92mm$ 的 4 in 油管的内通径,充分释放产能,枪身存在对产能影响不大。该方案施工工艺成熟、简单、方便、成功率高

2. 注采水平完井工艺[9]

水平井完井设计基本同直井,在完井工艺方面,水平井完井工艺难点除了上风险之外,还存在以下风险,主要体现在:(1)枪身处理难度大:不取枪影响产能,后期措施困难,且有砂埋的风险;取枪过程亦存在风险,压井困难、压井对产层伤害、枪身变形难以取出等风险;(2)水平井射孔段长,如果不能正常传爆,会造成不能全部射开射孔井段。针对以上完井风险,通过方案对比,确定采用两趟管柱射孔起枪完井工艺。

该方案的主要风险在于起枪后的压井,根据目前压井液发展技术,暂堵型压井已经比较成熟,而且在新疆油田气井中应用范围较广,安全性较高,未曾发生过压井液问题而引起的事故,只要做好井控工作,严格按照规范进行现场作业,风险是可控的。而其优点是:枪身起出后,能够增加气流通道,充分释放产能,同时对后期可能进行的酸化、冲砂作业提供机会。

3. 监测井完井工艺

为避免射孔枪起爆过程损坏或影响井下监测仪器的灵敏度,设计监测井采用两趟管柱完井工艺。工艺过程首先下入射孔管柱进行射孔作业,射孔成功后进行压井并起出射孔枪,然后下入完井管柱。

(三)完井液体系研究

1. 射孔液

根据呼图壁气田压力系数低,储层压力系数 0.45,储层中等偏强—强水敏、中等偏强—强盐敏,确定射孔液应具有低密度、低滤失、有效抑制黏土膨胀等性能。通过性能对比及室内实验评价,推荐采用无固相有机盐压井液体系做储气库气井射孔液。该体系目前在新疆油田气井已现场应用 10 余井次,其 API 失水量、高温高压失水量均满足气井压井液要求,液相岩心渗透率伤害恢复率大于 95%,气相岩心渗透率伤害恢复率大于 90%。其稳定的性能得到了现场应用证明。

2. 压井液

气井压井液主要分为暂堵类压井液体系和低伤害无固相压井液体系。暂堵类压井液体系包括钾钙基双膜完井液体系、弱凝胶压井液体系、束缚水压井液体系;低伤害无固相压井液体系包括无固相有机盐压井液体系、水包油压井液体系、油基压井液体系等。根据对目前国内低压气井压井液资料调研和性能特点分析,考虑呼图壁气田储层压力情况,推荐选择束缚水压井液进行压井。

束缚水压井液密度 $0.98 \sim 1.03 g/cm^3$、抗温能力达到 $140℃$、16h 页岩膨胀率小于 6%、岩芯渗透率恢复值大于 85%。该压井液体系中没有游离水,因此不会因滤液大量进入储层而导致水敏、水锁等储层伤害,可满足低压井快速求产和保护油层的要求。该压井液体系稳定时间可达 1 个月,暂堵层的承压能力大于 18MPa;储层伤害深度小于 2cm;流动性好,黏度一般在 $40 \sim 80 mPa \cdot s$;抑制性强,施工过程安全,性能可靠。其基本性能见表 3-4-29。

表 3-4-29　束缚水压井液基本性能表

密度 (g/cm³)	AV (mPa·s)	PV (mPa·s)	YP (Pa)	API (mL)	HTHP (mL)	砂床滤失量(mL)	进入深度(cm)
1.01	50	26	24	19.6	29	0	14.3

(四)完井现场实施效果

2012 年 6 月第一口完钻井 HUK18 井成功实施一趟管柱射孔完井作业,试气显示:日产气 $32.37 \times 10^4 m^3$、产油 1.05t,无阻流量 $133.8 \times 10^4 m^3$。目前呼图壁储气库建设项目的 30 口注采井、9 口监测井已全部投用。施工成功率 100%,方案符合率 100%。除个别井因储层原因,试气过程出现产水现象,其他试产井均达到了储气库设计产能。

第五节　老 井 处 理

气藏开发老井经过 15 年的生产,不同程度出现套管腐蚀、断裂现象。因此,有必要开展老井检测评估,制定合理的封井方案,实现老井可靠废弃,确保气藏完整。

一、老井评价

(一)呼图壁气田老井概况

呼图壁气田共有老井 13 口,建库前正常生产的气井 5 口(HU2002、HU2003、HU2005、HU2006、呼 001),污水回注井 1 口(呼 3),报废关井 3 口(呼 1、呼 002、呼西 1),停产井 3 口(呼 2、HU2004、HU2008),新井完钻井 1 口(呼 003),老井分布如图 3-5-1 所示。气藏累计采出天然气 $55.80 \times 10^8 m^3$,采出程度 44.24%,地层压力 16.50MPa,处于稳产阶段的后期。

1. 老井井身结构

呼图壁气田的 13 口老井中,除呼 3 井为 2 层套管(表层套管、技术套管),呼 1 井、呼 003 井为 3 层套管(未下油层套管)完井外,其余 10 口井均为 4 层套管完井(HU2002、HU2003、HU2004、HU2005、HU2006、HU2008、呼 001、呼 2、呼西 1、呼 002);在 4 层套管完井的 10 口井中,有 2 口井(呼 002、呼 2)$\phi 244.48mm$ 技术套管下入 Z_2 段气层顶部以下,气层顶部 $\phi 244.48mm$ 套管和 $\phi 139.7mm$ 套管重叠;其余井 $\phi 244.48mm$ 技术套管未下入产层,只下入到 Z_3 段顶部。

2. 老井固井质量

从完井固井质量看,$E_{1-2}z_2$ 气层顶部直接盖层段为单层套管的 7 口井中,其中 6 口井(HU2002、HU2003、HU2004、HU2005、HU2006、HU2008)直接盖层段有连续 25m 优质固井段,只有呼 001 井直接盖层段固井质量不合格;气层顶部直接盖层段套管重叠的两口井中,呼 2 井直接盖层段 $\phi 244.48mm$ 套管外有连续 70m 优质固井段,$\phi 139.7mm$ 油层套管固井质量不合格;呼 002 井产层上部 $\phi 244.48mm$ 和 $\phi 139.7mm$ 套管固井质量均不合格,数据见表 3-5-1。

表 3-5-1 老井气层顶界初期声幅测井结果

井号	$E_{1-2}z_2$顶界深度（m）	φ244.48mm技套下深（m）	φ139.7mm油套下深（m）	直接盖层段位置	气顶以上直接盖层段固井质量	
					技套外连续优质胶结段	油套外连续优质胶结段
HU2002	3510m	3418.22	3731.84	3480~3490	未进入产层	3400~3510
HU2003	3511m	3398.99	3762.15	3490~3510	未进入产层	3475~3545
HU2004	3524m	3373.18	3702.35	3499~3524	未进入产层	3455~3670
HU2005	3484m	3351.96	3666.49	3470~3484	未进入产层	3400~3650
HU2006	3479m	3344.76	3746.32	3465~3479	未进入产层	3400~3585
HU2008	3563m	3372.09	3759.08	3524~3564	未进入产层	3516~3617
呼001	3503m	3452.74	3808.68	3485~3503	未进入产层	不合格
呼2	3549m	3570.67	3353.57~4051.77	3552~3559.8	3480~3550	不合格
呼002	3512m	3570.62	3796.58	3512.8~3516.8	不合格	不合格

3. 老井套管质量

2010 年过油管进行套管电磁探伤测试 8 口井，只有 3 口井（HU2003、HU2004、HU2005）套管完好，未发现损伤、孔洞、缩径、变形、腐蚀等情况，其他 5 口井（HU2002、HU2006、HU2008、呼001、呼2）均存在不同程度的损伤。

2010 年 4 月 23 日，HU2004 井在生产的过程中突然水淹，在提出 φ73mm 油管的情况下，于 2010 年 5 月 27 日对 HU2004 井进行四十臂井径成像测井（井段 5-3692m），5 月 29 日进行第二次电磁探伤测井（井段 0~3694m），在 664~2368.0m 井段套管壁厚均发生变化，套管存在一定程度的腐蚀情况，两次电磁探伤壁厚曲线均有明显变化；2755~3480m 井段，套管存在不同程度的损伤变形，其中 3418~3440m 套管损伤和变形严重。2011 年 5 月 27 日对 HU2004 井 3300~3595m 井段进行钆中子测井找水，发现射孔层与其上部水层（3378~3388m、3462.5~3466.5m）之间存在窜槽通道，射孔层以下也有窜槽通道。

（二）老井检测、评估

1. 检测、评估的目的及意义

呼图壁储气库老井生产时间长，井况条件复杂，老井处置前需要对老井的井况质量进行检测，为老井的废弃和再利用提供决策依据，同时也为老井后续的修复利用和封井工艺的制定提供检测依据。

2. 老井检测评估内容和方法

储气库对井的完整性要求较高，不管是新钻注采井和老井都必须保证气库运行期间的安全，因此根据井的完整性要求，老井检测主要内容包括三个部分。

1）采气树和套管头的技术检测

检测目的：发现裂缝、腐蚀痕迹、缺口、凹陷等缺陷并研究焊接接头的质量；评价采气树和套管头阀门工作性能和密封性。

检测内容及方法:(1)对技术资料和运行条件分析,包括井资料、采气树和井口设备说明书、生产资料和工作资料,设计计算资料,工作方法资料等,是否符合当前运行条件;(2)采用目测和仪器测量检测,检查采气树及设备配套情况,存在的缺陷,是否有介质渗漏;(3)对设备工作性能检查,包括检查阀门的可操纵性,阀门闸板的密封性,密封垫的密封性等,检查注脂孔、压力表根部阀、压力表的功能;(4)采用仪器检查,用超声波测厚仪和硬度计对外壳零件壁厚和硬度进行测量。

2)近井口井段技术检测(最外层套管第一个管接头)

检测目的:发现裂缝、腐蚀痕迹、缺口、凹陷等缺陷并研究焊接接头的质量;评价套管间环空的密封性。

检测内容及方法:(1)对技术资料和运行条件分析,内容包括井资料、钻井资料、生产资料和修井资料的分析,初步判断是否符合储气库运行条件的要求;(2)目测和仪器测量检测,目测套管管体是否存在缺陷,近井口井段的结构是否与标准技术文件相符,地面是否存在气体泄露;(3)对套管壁厚和硬度进行测量,采用超声波测厚仪对套管壁厚进行测量,采用硬度计对套管硬度进行测量;(4)对套管间环空情况检查,目测套管头部件是否配套完备,安装压力表检测套管间环空是否带压并记录压力值,采用超声波气体计量器计量气体流量。

3)套管、油管及套管间、套管外环空技术检测

检测目的:研究井内的温压条件;揭露气体聚集井段和套管外出现气窜的井段;确定井身结构中各部件的坐落位置;确定油套的技术状态和壁厚;确定套管外的固井质量。

检测内容及方法:检测内容及方法见表3-5-2。

表3-5-2 地球物理测井方法

地球物理测井方法	所能解决的问题	仪器
磁脉冲探伤测厚+自然伽马	(1)确定井下设备所处位置(管接头、套管靴、封隔器、工艺阀等); (2)发现油管和生产套管的破损段; (3)确定油管和生产套管的壁厚	MID-к
高灵敏度温度测井、压力测井、噪声测井、持水率测井、管接头定位和自然伽马	(1)确定井底压力; (2)研究井筒内压力分布特点; (3)确定井筒内填充流体的密度分布; (4)高灵敏度温度测量以发现套管外窜流; (5)压力测井以确定不密封处所在位置; (6)噪声测井以确定不密封处所在位置,并发现套管外气体聚集	СкАТ-К8
自然伽马+中子伽马	发现套管外气体聚集	СкАТ-РК
声波测井、SGDT测井、FCAST测井	发现水泥环窜槽;评价固井质量	FCAST测井仪、SGDT伽马密度厚度测井仪、声幅-变密度仪

3. 老井检测评估程序

储气库生产井对井的完整性要求较高,老井能否继续作为生产井使用必须进行严格的检测,通过与国内外测井专家交流,结合呼图壁储气库老井的实际情况,按照先易后难的检测顺

序,检测程序和方法如下:

(1)通井:用与套管直径相配套的通井规通井,从通井时的难易程度判断套管变形程度。

(2)试压:对生产套管采用清水介质试压至储气库最高压力值,30min 压降不大于 0.5MPa,对套管密封性进行检测。

(3)声波—变密度固井质量测井(CBL-VDL)+伽马—伽马测厚测井。该组合测井能较好地评价套管外水泥与地层和套管的胶结质量以及套管外水泥石缺失情况。可有效评价第一界面(套管与水泥环接触面)是否存在"微间隙"。可提供第一界面和第二界面(水泥环与地层接触面)水泥胶结质量曲线和水泥环密度值。

(4)FCAST 井周声波扫描测井。该测井方法可评价套管四周各方位的水泥环胶结质量,能够识别水泥沟槽,可有效评价水泥环在纵向上是否存在气窜通道。该测井方法对第一界面的"微间隙"不敏感,无法识别"微间隙"。

(5)利用 FCAST 测井方法对管柱质量进行评价。FCAST 测井资料解释成果可提供套管内径、套管壁厚,可评价套管腐蚀、破损、变形、套管破损位置等。利用测井解释成果对管柱的剩余强度及其特征进行评价,包括机械磨损、管柱完整性破坏、管接头不密封等情况进行检测。检测井段为射孔段底部和气层顶部以上 300m。

(6)自然伽马+中子伽马测井、补偿中子测井。利用这两种方法,可判断气顶以上地层是否会由于天然气泄漏而聚集次生气。自然伽马+中子伽马测井需要在储气库注气前后进行测试,通过对比注气前后测试的结果进行判断。

4. 再利用老井技术指标要求

按上述质量评估方法及步骤进行检测,经评估全部指标达到要求可作为生产井使用,只要有一项指标不合格则按废弃井处理,再利用技术指标要求如下:

(1)通过通井规初步判断套管的变形程度,若与套管尺寸相配套的标准通井规下入困难,需要用梨形涨管器进行通井的老井,判定为套管质量达不到再利用井的要求。

(2)用清水试压至储气库设计最大运行压力,30min 压降不大于 0.5MPa,对套管密封性进行检测,若试压不合格,判定为套管质量达不到再利用井的要求。

(3)声波—变密度固井质量测井(CBL-VDL)+伽马—伽马测厚测井,结合 FCAST 测井对固井质量进行评价,评估指标为:储气层顶部以上盖层段水泥环连续优质胶结段长度不少于 25m,且以上固井段良好以上胶结段长度不小于 70%。不满足要求的井则判定固井质量达不到再利用井的要求。

(4)FCAST 测井,评价套管腐蚀、破损、变形情况,定位套管破损位置。套管破损不予利用。

(5)自然伽马+中子伽马测井、补偿中子测井判断储层以上是否有次生气聚集,如检测到有气体聚集则不能作为生产井使用。

5. 呼图壁气田老井检测评估情况

1)HU2003 井检测评估结论

声幅变密度和 CAST-F 测井结果:该井 0~2506.27m 井段有直径分别为 339.73mm、244.48mm、139.7mm 的三层套管,其中直径为 339.73mm 表层套管下至 2506.27m,直径为 244.48mm 技术套管下至 3398.99m,139.7mm 油层套管下至 3762.15m。2506.27~3398.99m

为 244.48mm 和 139.7mm 两层套管结构,3398.99m 以下为 139.7mm 单层套管管柱结构,139.7mm 油层套管固井水泥预计返高为 0m,实际返高位于 255m。255~1240m 井段有三层套管,该段一界面水泥胶结质量差,水泥充填状况较差;1240~2280m 井段一界面胶结质量差,水泥充填状况较好,判断该段存在微环;2280~2506m 井段一界面水泥胶结质量中等,水泥充填状况较好。2506~3398m 为双层套管,该井段内有 CAST-F、CBL-VDL、SGDT 三项测井资料,井段 2506~3060m,厚度 554m,存在着呈螺旋状排列的纵向的长窜槽带,可能受井斜影响,套管居中不好,致使水泥没能将钻井液完全驱替干净;井段 3060~3398m 固井质量略好于上段,其间存在小的零星的流体带,但没有形成上下连同的通道,因此不会引起窜槽。3398m 以下单层套管段 CAST-F、CBL-VDL、SGDT 均显示该段没有流体窜槽通带,一、二界面胶结质量良好,水泥充填状况良好,综合判断该段固井质量良好。固井质量解释成果见表 3-5-3。

表 3-5-3 HU2003 固井质量成果表

序号	解释井段 (m)	CBL/VDL 解释结论		SGDT 解释结论	CAST-F 解释结论
		第一界面	第二界面	水泥充填密度 (g/cm³)	窜槽可能性
1	55.0~255	自由套管	自由套管	1.2	
2	255.0~270.0	胶结差	胶结差	1.6	
3	270.0~286.0	胶结差	胶结差	1.9	
4	286.0~1000.0	胶结差	胶结差	1.6	
5	1000.0~1060.0	胶结差	胶结差	1.8	
6	1060.0~1250.0	胶结差	胶结差	1.7	
8	1250.0~2450.0	胶结差	胶结差	1.9	
9	2450.0~2515.0	胶结中等	胶结中等	1.8	可能性大
10	2515.0~3060.0	胶结好	胶结好	1.8	可能性大
11	3060.0~3296.0	胶结中等	胶结中等	1.6	可能性不大
12	3296.0~3395.0	胶结好	胶结好	1.8	无窜槽
13	3395.0~3552.0	胶结好	胶结好	1.91	无窜槽

套管质量检测结果:根据 CAST-F 所测套管信息(壁厚、内径、内径变化、壁厚变化)分析,ϕ139.7mm 套管内壁均有不同程度结垢及腐蚀,部分井段套管结垢及腐蚀程度略为严重,其中 3400~3532m 井段 ϕ139.7mm 单层套管部分套管损伤较为严重,该段平均内径最小值为 117.6mm,套管最大壁厚 8.4mm,最小壁厚 7.13mm。

俄罗斯天然气股份公司评估结论:在所能看到的近井口井段的所有表面上都发现严重的腐蚀磨损;缺少套管间环空压力的测量口,不符合 ПБ08-624-03 安全规则第 2.3.6 条规定:《井口、套管头和密封设备的结构必须保证能对套管外可能出现流体的情况进行监测》;在 4.4~23.7m 井段油层套管外的固井水泥石空隙中有气体(空气)聚集;技术套管和油层套管的固井质量差,不能排除气体在套管外沿水泥石窜流的可能性,不符合 ПБ08-624-03 安全规则第 2.3.1 条规定:《井身结构在可靠性、工艺性和安全性方面都必须满足保护地下资源和环境的要求,这首先是依靠井壁的强度和耐久性,套管及其环空的密封性;同样还通过将含流体地层相互隔离,并与渗透性岩层和地面隔离》和ПБ08－624－03 安全规则第 2.3.6 条规定:《井口、套管头和密封设备的结构必须保证在钻井和井的生产过程中套管间环空的密封性》;φ339.73mm 技术套管的水泥固井情况不符合 ПБ 08－624－03 安全规则第 2.7.4.11 条规定:《固井水泥上返至储层顶界以上,分级箍或者套管回接筒以上,以及外层套管的管鞋位置以上的高度,在油井和气井中分别应该不少于 150m 和不少于 500m》;井口设备不满足安全生产要求。

综上所述,该井不符合安全生产规定。HU2003 井不能作为呼图壁地下储气库的观察井或者注采井继续使用,应该予以停产,并进行封井或者交付大修。

2) HU2005 井检测评估结论

声幅变密度和 CAST－F 测井结果:本井 40～3440m 有 CAST－F、CBL－VDL、SGDT 三项测井资料。CBL/VDL、SGDT 测井解释 139.7mm 套管固井水泥实际返高位于 331m;而 CAST－F反映水泥实际返高在 65m。由 CAST－F 测井解释结果反映 120～164m、266～380m、2543～2574m、2913～3440m 井段第一界面胶结质量好,水泥充填状况较好;380～428m 一界面胶结中等,水泥填充状况较好,但其间存在小的零星的流体带,没有形成上下连通的通道,因此不会引起窜槽。其余井段一界面胶结质量差,水泥充填状况较差。固井质量解释成果见表 3－5－4。

表 3－5－4 HU2005 固井质量成果表

序号	解释井段（m）	厚度（m）	CBL/VDL 解释结论		SGDT 解释结论	CAST－F 解释结论
			第一界面	第二界面	水泥充填密度（g/cm^3）	窜槽可能性
1	65.0～120.0	55	胶结差	自由套管	1.05	可能性大
2	120.0～164.0	44	胶结差	自由套管	1.06	不窜槽
3	164.0～266.0	102	胶结差	自由套管	1.11	可能性大
4	266.0～310.0	44	胶结差	自由套管	1.24	不窜槽
5	310.0～380.0	70	胶结差	胶结差	1.89	不窜槽
6	380.0～428.0	48	胶结差	胶结差	1.93	可能性大
7	428.0～1870.0	1442	胶结差	胶结差	1.98	可能性大
8	1870.0～2180.0	310	胶结中等	胶结差	1.96	可能性大
9	2180.0～2280.0	100	胶结好	胶结中等	1.99	可能性大
10	2280.0～2304.0	24	胶结中等	胶结中等	1.97	可能性大
11	2304.0～2379.0	75	胶结好	胶结中等	1.95	可能性大
12	2379.0～2396.0	17	胶结中等	胶结中等	2.04	不窜槽
13	2396.0～2473.8	77.8	胶结中等	胶结中等	1.99	可能性大
14	2473.8～2543.0	69.2	胶结好	胶结中等	1.97	可能性大

续表

序号	解释井段 （m）	厚度 （m）	CBL/VDL 解释结论		SGDT 解释结论	CAST-F 解释结论
			第一界面	第二界面	水泥充填密度（g/cm³）	窜槽可能性
15	2543.0~2574.0	31	胶结好	胶结好	1.90	不窜槽
16	2574.0~2625.0	51	胶结好	胶结好	1.91	可能性大
17	2625.0~2640.0	15	胶结好	胶结中等	1.98	可能性大
18	2640.0~2753.0	113	胶结好	胶结中等	1.88	可能性大
19	2753.0~2913.0	160	胶结好	胶结中等	1.92	可能性大
20	2913.0~2981.0	68	胶结好	胶结中等	1.92	不窜槽
21	2981.0~3011.0	20	胶结好	胶结好	1.97	不窜槽
22	3011.0~3209.0	198	胶结好	胶结中等	2.00	不窜槽
23	3209.0~3350.0	141	胶结好	胶结中等	2.03	不窜槽
24	3350.0~3404.8	54.8	胶结好	胶结好	1.79	不窜槽
25	3404.8~3478.0	73.2	胶结好	胶结好	1.91	不窜槽
26	3478.0~3523.0	45	胶结好	胶结好	1.87	不窜槽
27	3523.0~3531.0	8	胶结好	胶结好	1.90	不窜槽
28	3531.0~3619.0	88	胶结好	胶结好	1.86	不窜槽
29	3619.0~3634.0	15	胶结好	胶结好	1.92	不窜槽

套管质量检测结果：根据 CAST-F 所测套管信息（壁厚、内径、内径变化、壁厚变化）分析，139.7mm 套管内壁均有不同程度结垢及腐蚀，部分井段套管结垢及腐蚀程度略为严重，在测井图上，这些井段内壁反射幅度道颜色变黑，内径有变化和厚度有变化，这些段集中在 1321~1322m、1488~1490m、1611.5~1612.5m、1764.5~1766m、1805~1806m、1881~1883m、1938~1952m、2015.5~2018m、2096~2097m、2153~2154.5m、2364~2365m、2534~2537m、2847~2847.5m、2886~2895m、3002~3004m、3124~3126.5m、3180~3181m、3190~3204m、3225~3227m、3350~3384m、3394~3395m、3397~3421m、3430~3440m。

俄罗斯天然气股份公司评估结论：在所能看到的近井口井段的所有表面上都发现严重的腐蚀磨损；φ339.73mm 油套的水泥固井情况不符合 ПБ 08-624-03 安全规则第 2.7.4.11 条规定：《固井水泥上返至储层顶界以上，分级箍或者套管回接筒以上，以及外层套管的管鞋位置以上的高度，在油井和气井中分别应该不少于 150m 和不少于 500m》；缺少套管间环空压力的测量口，不符合 ПБ08-624-03 安全规则第 2.3.6 条规定：《井口、套管头和密封设备的结构必须保证能对套管外可能出现流体的情况进行监测》；在 9.0~19.0m 井段油层套管外的固井水泥石空隙中有气体（空气）聚集；油层套管的固井质量差，不能排除气体在套管外沿水泥石窜流的可能性，不符合 ПБ08-624-03 安全规则第 2.3.1 条规定：《井身结构在可靠性、工艺性和安全性方面都必须满足保护地下资源和环境的要求，这首先是依靠井壁的强度和耐久性，套管及其环空的密封性；同样还通过将含流体地层相互隔离，并与渗透性岩层和地面隔离》和 ПБ08-624-03 安全规则第 2.3.6 条规定：《井口、套管头和密封设备的结构必须保证在钻井和井的生产过程中套管间环空的密封性》；在999.2~1008.5m井段发现油管壁厚减薄至4.7mm。

综上所述，该井不符合安全生产规定。HU2005井不能作为呼图壁地下储气库的观察井或者注采井继续使用，应该予以停产，并进行封井或者交付大修。

3) HU2002井检测评估结论

俄罗斯天然气股份公司评估结论：在所能看到的近井口井段的所有表面上都发现严重的腐蚀磨损；近井口井段外层套管壁厚不符合俄罗斯国家标准ГОСТ 632-80的要求；缺少套管间环空压力的测量口，不符合ПБ08-624-03安全规则第2.3.6条规定：《井口、套管头和密封设备的结构必须保证能对套管外可能出现流体的情况进行监测》；在6.0~32.8m井段油层套管外的固井水泥石空隙中有气体（空气）聚集；油层套管的固井质量差，不能排除气体在套管外沿水泥石窜流的可能性，不符合ПБ08-624-03安全规则第2.3.1条规定：《井身结构在可靠性、工艺性和安全性方面都必须满足保护地下资源和环境的要求，这首先是依靠井壁的强度和耐久性，套管及其环空的密封性；同样还通过将含流体地层相互隔离，并与渗透性岩层和地面隔离》和ПБ08-624-03安全规则第2.3.6条规定：《井口、套管头和密封设备的结构必须保证在钻井和井的生产过程中套管间环空的密封性》；井口设备不满足安全生产要求。

综上所述，该井不符合安全生产规定。HU2002井不能作为呼图壁地下储气库的观察井或者注采井继续使用，应该予以停产，并进行封井或者交付大修。

4) HU2006井检测评估结论

俄罗斯天然气股份公司评估结论：在所能看到的近井口井段的所有表面上都发现严重的腐蚀磨损；近井口井段外层套管壁厚不符合俄罗斯国家标准ГОСТ 632-80的要求；缺少套管间环空压力的测量口，不符合ПБ08-624-03安全规则第2.3.6条规定：《井口、套管头和密封设备的结构必须保证能对套管外可能出现流体的情况进行监测》；在4.4m~31.5m井段油层套管外的固井水泥石空隙中有气体（空气）聚集；技术套管和油层套管的固井质量差，不能排除气体在套管外沿水泥石窜流的可能性，不符合ПБ08-624-03安全规则第2.3.1条规定：《井身结构在可靠性、工艺性和安全性方面都必须满足保护地下资源和环境的要求，这首先是依靠井壁的强度和耐久性，套管及其环空的密封性；同样还通过将含流体地层相互隔离，并与渗透性岩层和地面隔离》和ПБ08-624-03安全规则第2.3.6条规定：《井口、套管头和密封设备的结构必须保证在钻井和井的生产过程中套管间环空的密封性》；ϕ339.73mm技术套管的固井情况不符合ПБ 08-624-03安全规则第2.7.4.11条规定：《固井水泥上返至储层顶界以上，分级箍或者套管回接筒以上，以及外层套管的管鞋位置以上的高度，在油井和气井中分别应该不少于150m和不少于500m》；在油管管身上发现缺陷；井口设备不满足安全生产要求。

综上所述，该井不符合安全生产规定。HU2006井不能作为呼图壁地下储气库的观察井或者注采井继续使用，应该予以停产，并进行封井或者交付大修。

5) 呼001井检测评估结论

俄罗斯天然气股份公司评估结论：在近井口井段ϕ339.73mm套管的焊接位置发现不允许的贯穿性缺陷；在所能看到的近井口井段的所有表面上都发现严重的腐蚀磨损；近井口井段外层套管壁厚不符合俄罗斯国家标准ГОСТ 632-80的要求；缺少套管间环空压力的测量口，不

符合 ПБ08－624－03 安全规则第 2.3.6 条规定：《井口、套管头和密封设备的结构必须保证能对套管外可能出现流体的情况进行监测》；在 4.0～27.5m 井段油层套管外的固井水泥石空隙中有气体（空气）聚集；技术套管和油层套管的固井质量差，不能排除气体在套管外沿水泥石窜流的可能性，不符合 ПБ08－624－03 安全规则第 2.3.1 条规定：《井身结构在可靠性、工艺性和安全性方面都必须满足保护地下资源和环境的要求，这首先是依靠井壁的强度和耐久性、套管及其环空的密封性；同样还通过将含流体地层相互隔离，并与渗透性岩层和地面隔离》和 ПБ08－624－03 安全规则第 2.3.6 条规定：《井口、套管头和密封设备的结构必须保证在钻井和井的生产过程中套管间环空的密封性》；第 1 层技术套管的水泥返高位置为 1120m，这不符合 ПБ 08－624－03 安全规则第 2.7.4.11 条规定：《固井水泥上返至储层顶界以上，分级箍或者套管回接筒以上，以及外层套管的管鞋位置以上的高度，在油井和气井中分别应该不少于 150m 和不少于 500m》；井口设备不满足安全生产要求；发现油管管柱的贯穿性缺陷。

综上所述，该井不符合安全生产规定。呼001井不能作为呼图壁地下储气库的观察井或者注采井继续使用，应该予以停产，并进行封井或者交付大修。

二、老井处理

（一）封井用封堵剂技术要求

储气库老井的永久封堵直接关系到储气库经济、安全的运行。由于储气库封井对堵剂性能要求高，对封井工艺要求严格，任何一个环节出错，都可能引起封井失败，造成人力、物力、财力的大量浪费。因此实现储气库老井高效封堵，封堵剂及封堵工艺至关重要。

通过对国内外储气库建设相关资料以及气井封堵资料的调研，目前国内针对气井的封堵基本上都是采用水泥浆体系，只要水泥浆性能优良、施工工艺设计合理，都能达到封堵的目的。

储气库老井封堵有别于常规油气井，老井封堵后，储气库运行期间压力始终处于一种交变状态，因此对老井封堵的可靠性要求更高。呼图壁气田紫泥泉子组目前地层压力系数在 0.5 左右，储气库建成后，压力将恢复到原始地层压力，因此废弃井井屏障必须完整可靠。根据股份公司勘探与生产分公司下发的《油气藏型储气库钻完井技术要求（试行）》的要求，气井封堵采用的水泥浆体系必须达到以下性能：水泥浆沉降稳定性的密度差应小于 $0.02g/cm^3$，游离液为零，API 滤失量控制在 50mL 以内，水泥石 24～48h 抗压强度应不低于 14MPa，7 天抗压强度应不小于 30MPa，气体渗透率小于 0.05mD。

为了确保老井封堵的可靠性，呼图壁储气库封井设计了三种不同功能的水泥浆配方体系，分别用于封堵产层，封堵炮眼，封堵井筒等不同部位。由于呼图壁紫泥泉子组储层属中孔、中渗、中等喉道、非均质性和水敏性较强的孔隙型储层，渗透率较低，因此对于产层的封堵，要求选用的堵剂颗粒粒径要小，能有效进入窜槽和地层深部；对于炮眼和漏失层的封堵，要求堵剂驻留能力强，封堵强度高，在炮眼和漏失层能快速形成致密堵层，将套管、炮眼和岩地层石紧密胶结在一起，最终起到套管补贴的功效；对于井筒封固，也是封井的难点，要求水泥石与套管内壁胶结强度高，堵后不窜气，具有较好的耐温、耐腐蚀性能。

1. 产层封堵剂

呼图壁气藏紫泥泉子组储层平均孔隙度为 17.8%，平均渗透率为 29.75mD，平均孔隙直径为 41μm,喉道宽度为 11.9μm,孔喉比为 2.7,面孔率为 4.4%;属中孔、中渗、中等喉道、非均质性和水敏性较强的孔隙型储层。常规 G 级油井水泥颗粒粒径为 50~100μm 之间,很难注入产层的深部。为了提高产层封堵效果,要求堵剂颗粒粒径小,能有效进入产层深部。据资料介绍超细水泥颗粒粒径小,流动性好,穿透能力强,封堵强度高,适合低孔低渗油藏的封堵。由于超细水泥颗粒细,比表面积大,水化速度快,初凝时间短,现场使用安全性差,容易出现工程事故。同时,超细水泥颗粒密度大,悬浮稳定性差,容易产生沉降,不利于浆体的稳定。针对以上问题,开展以超细材料为主的水泥浆体系研究,设计的超细水泥浆封堵剂具备如下特点:黏度低,流变性好;颗粒粒径小,注入性能好;浆体稳定性好,施工安全;封堵强度高;抗腐蚀能力强等。超细水泥配方组成及性能指标见表 3-5-5。

表 3-5-5 超细水泥浆综合性能

体系	密度 (g/cm³)	黏度 (MPa·s)	稠化时间 (min)	抗压强度 (MPa)	注入岩心能力 (PV)	岩心注入最高压力 (MPa)	游离水 (mL)	滤失量 (mL)
超细水泥浆	1.69~1.71	20	430	16.6	2	11	0	38
组成	62.5%超细水泥 +35%超细粉煤灰 +2.5%硅灰 +2%减阻分散剂 +2%降失水剂 +0.35%缓凝剂 +0.5%悬浮稳定剂							

2. 井筒封堵剂

油井水泥属水硬性胶凝材料,其固有的水化特性,使用环境(高温、高压)和施工工艺(高水灰比、高流动性能)决定了其致命的"四高"缺陷:高体积收缩、高滤失量、高密度和高脆性。其中关系到封井的主要缺陷有二个:一是水泥浆体的体积收缩,使得水泥石与套管壁、地层的胶结质量不能保证,如形成微间隙,则会引发地层流体(油、水、气)窜流进入井筒。二是凝固后水泥石的高脆性,水泥石在强冲击载荷及长期交变应力的作用下,会破裂而形成宏观裂纹和界面破坏,从而导致封井失败。因此改善水泥石固化后的界面胶结强度及力学性能是封井成败的关键。

水泥石作为一种脆性材料,当受到应力超过其极限时,水泥石会破裂形成宏观裂纹,因此水泥塞的完整性是老井长期密封的关键。储气库运行期间,套管长期处于交变应力之下,因此降低水泥石脆性,提高水泥石抗交变应力破坏的能力尤为重要。从相关研究资料显示,降低水泥石脆性增加水泥石韧性的途径有三种[10,11]。(1)提高水化产物 C-S-H 项的含量;(2)添加外加剂对水泥水化产物进行基质塑化。(3)添加外掺料阻碍内部裂缝的扩展。研究采用添加外掺料的途径对水泥石进行塑化,采用添加外掺料的途径对水泥石进行塑化,利用混凝土材料在受外力作用时裂缝扩展受阻及绕行原理。由于添加的骨料具有较高的强度及弹性模量,裂缝穿越骨料较为困难,因此将会绕骨料而行,这样就大大阻碍了裂缝的发展。在油井水泥浆设计中利用此原理添加一定量的粗颗粒石英砂,使水泥石在受破坏时裂缝绕颗粒而行,消耗一定的能量,这将有助于降低水泥石的脆性,在一定程度上增加水泥石抗冲击破坏的能力。并且利用纤维材料的"拉筋搭桥"作用传递应力,增强水泥石抗冲击破坏的能力,改善水泥石力学形变能力,从而达到降脆增韧的目的。

另外,水泥石凝固后由于自收缩、冷缩、干缩易使其结构开裂,油田固井工程中,油井水泥石固有的体积收缩是造成水泥环胶结质量差和诱发气窜的主要原因之一,已有研究表明,油井水泥在高温高压凝固时,化学减缩占总体积的2.6%~5.0%[12],其中初凝前最大收缩量小于0.5%,收缩主要发生在初凝后,因此为了解决水泥石凝固后的收缩开裂和胶结质量差的问题,必须补偿水泥石的体积收缩。

目前石油工程界普遍使用的膨胀源主要有3类[13],(1)形成钙矾石相的膨胀水泥;(2)利用碱土金属形成氧化物产生体积膨胀;(3)利用金属粉末放出气体产生膨胀。由于金属氧化物和发气类膨胀剂注重解决水泥浆在塑性状态下的收缩,对提高水泥石后期膨胀性能作用不大。因此优良的油井水泥膨胀剂不仅要具有适当的塑性膨胀,而且更重要的是水泥浆凝固后后期能产生足够的膨胀。目前固井界使用较多是混合类膨胀剂,该膨胀剂具有多膨胀源,能在水泥不同的水化阶段产生一定的体积膨胀。因此,选用合适的油井水泥外加剂,降低水泥石凝固后体积收缩,改善水泥石韧性,提高水泥石流体阻隔能力是保证井筒封固的关键。微膨胀纤维水泥浆配方组成及综合性能见表3-5-6。

表3-5-6 纤维水泥浆综合性能

密度 (g/cm^3)	抗压强度 (MPa)	稠化时间 (min)	滤失量 (mL)	稳定性 (g/cm^3)	游离液 (mL)
1.90	28.1	388	36	0.008	0
流变性		黏度计读数			
塑性黏度 (Pa·s)	屈服值 (Pa)	$R600$ $R300$	$R200$	$R100$	$R6$ $R3$
0.128	12.0	146 113	74	22	22
抗冲击功 (J)	0.3	线膨胀率 (%)	0.034	气测突破压力 (MPa/cm)	0.224

固相:93% G级水泥 +2%微硅 +3%增塑剂 +2%膨胀剂
液相:0.05% ST500L +0.3%缓凝剂 +4%降失水剂 +0.8%分散剂
液固比:0.45

3. 漏失层封堵剂

呼图壁储气库产层物性为中孔低渗,对于正常物性的产层主要选择超细水泥和常规G级水泥浆进行封堵。由于气田自投产以来未进行过吸收性测试,气井产层的吸收性能无法获取,因此对于储气库老井封堵可能存在的漏失性问题,需开发一种适应裂缝及漏失性地层的封堵剂。封窜堵漏剂与常规的水泥浆堵剂不同,要求堵剂不仅具有常规水泥浆的性能外,还必须具有驻留能力强,封堵强度高等特点。因此对于常规水泥浆堵剂相对密度较高,进入地层后容易漏失的问题,必须提高水泥浆的驻留性能。由于封窜堵漏剂主要封堵的是微裂缝、漏失层以及可能存在的管外窜槽及炮眼等部位,因此要求堵剂必须有足够的强度。针对以上问题,对现有常规油水井封窜堵漏剂材料进行细化加工,使之适应呼图壁储层的特点。提高封堵剂的本体强度,使之在不失水的情况下,也能达到封堵强度的要求。封窜堵漏剂综合性能见表3-5-7。

第三章 钻完井工程

表 3－5－7　气井封窜堵漏剂综合性能

转速(r/min)	600	300	200	100	6	3
黏度(mPa·s)	120	95	65	48	20	15
密度(g/cm³)	析水(%)	流动性(cm)	静切力(Pa)	动切(Pa)	塑性黏度(mPa·s)	
1.68	2.2	12.34	20	35.8	25	
抗压强度(MPa)(60℃,24h)	抗压强度(MPa)(95℃,48h)	抗气窜强度(MPa)(60℃,24h)	抗气窜强度(MPa)(95℃,48h)	表观黏度(mPa·s)	初切/终切(Pa)	
5	16.5	32.5	33	60	10/9.5	

(二) 储气库废弃井封井工艺

1. 呼图壁储气库封堵井分类

呼图壁气田建库前共有老井 13 口,其中呼西 1 井不在构造内;呼 003 井为报废井,位于上盘,完钻井深 3496m,分别在 3260m 注灰 4.5m³、2800m 注灰 4.5m³、200m 注灰 7.8m³,试压合格,封固较为可靠,不需要封井;呼 1 井完钻井深 3005m,固井方式采用的是非常规固井,未钻至气层,且已灰封,不需要封井,只需恢复井口园井、装 35MPa 井口。对于正在生产的 5 口气井(HU2002、HU2003、HU2005、HU2006、呼 001),委托俄罗斯能源诊断有限责任公司进行了技术检测和安全生产评价,通过评价不能再作为采气井使用,决定封井处理。10 口老井按盖层段是否段铣分为两种封堵方式。老井具体情况见表 3－5－8。

表 3－5－8　呼图壁气田老井情况

总井数	生产井数	停产井	报废关井	污水回注井
13 口	5 口	3 口	4 口	1 口
	HU2002 井、HU2003 井、HU2005 井、HU2006 井、呼 001 井	呼 2 井、HU2004 井、HU2008 井	呼 1 井、呼 002 井、呼西 1 井、呼 003 井(2010 年 4 月完钻,地质报废)	呼 3 井

第 1 种(直接段铣封堵井):这类井有 2 口(HU2004、呼 001),HU2004 井 ϕ244.48mm 套管下入 Z_3 段内,气层顶部以上直接盖层段为单层套管,HU2004 井初期固井质量优,但钆中子测井找水资料显示产层上下存在水窜通道。呼 001 井直接盖层段(3472.5~3515.0m)油层套管固井质量差,为保证盖层的密封性,必须对直接盖层段油层套管进行段铣封堵。

第 2 种(不段铣封堵井):这类井有 8 口(呼 2、呼 002、HU2002、HU2003、HU2005、HU2006、HU2008)。呼 2 井 ϕ244.48mm 套管进入 Z_2 段,气层顶部以上 $E_{1-2}z_3$ 直接盖层段 ϕ244.48mm 套管和 ϕ139.7mm 套管重叠,直接盖层段 ϕ244.48mm 套管初期固井质量优,ϕ177.8mm 油层套管固井质量优。经固井质量复测,HU2002、HU2003、HU2005、HU2006、HU2008 井气层顶部直接盖层段有连续 25m 优质固井段,因此根据储气库钻完井技术要求的规定,该井只需对产层和井筒进行封堵即可。

2. 封井工艺

根据股份公司勘探与生产分公司下发的《油气藏型储气库钻完井技术要求(试行)》的要求,结合呼图壁气田的实际情况,封井工艺如下:

储气层封堵:为防止储气层内天然气进入井筒或渗入其他渗透性地层,储气层段采用超细水泥浆体系进行挤封,挤封压力不超过20MPa,挤封后试压15MPa。

储气层顶界以上封堵:对储气层顶界以上水泥固井质量进行复测,根据固井质量评价结果确定气层顶界的封堵方式。由于老井储气层顶界以上连续灰塞长度均大于300m,若复测储气层顶界直接盖层段以上连续优质水泥胶结段大于25m,则直接分段注入连续灰塞封堵;若复测储气层顶界直接盖层段以上连续优质水泥胶结段小于25m,则在储气层顶界以上直接盖层段进行套管段铣,段铣长度不小于40m,锻铣后对相应井段扩眼,注入连续灰塞封堵。

气层顶界以上井筒采用循环法注微膨胀水泥浆封堵,封堵高度不低于500m。完井管柱采用 2⅞ in N80 平式油管,下深2000m;井筒注井筒保护液对套管及管柱进行保护;表套打压力观察孔,安装压力表升至地面;井口做直径2.5m、深1.8m圆井,换装35MPa气井井口,井口安装压力表,定期检查井口带压情况;考虑新疆地区的井口冻堵问题,用 -40# 防冻柴油替换井口下部3m井段内环空和油管内的井筒保护液。

(三)封井实施情况及效果

呼图壁储气库建设工程于2011年开工,按照老井封堵方案的要求,需处理老井10口。根据储气库建设进度计划的要求,2011年需完成2口井,2012年需完成2口井,2013年7月注气前需完成剩余6口老井的封井工作,储气库老井处理工作于2013年8月全部完工,施工成功率100%。现场试验表明,老井处理工艺安全可靠,封堵水泥浆体系性能优越,堵后各段塞试压合格,达到了老井安全废弃的目的。典型井工艺技术介绍如下:

1. 呼2井封井工艺及效果

呼2井是呼图壁储气库建设工程封堵的第一口老井,进行了三次注灰封堵,堵后经过探灰面、试压,达到设计要求的技术指标,封井工序分为四步。实际施工参数与设计参数见表3-5-9。

表3-5-9 呼2井实际施工参数与设计参数对照表

参数 \ 数值	产层封堵		井筒封堵(第一次)		井筒封堵(第二次)	
	设计	实际	设计	实际	设计	实际
挤堵排量(m^3/min)	0.1-0.3	0.3	0.1-0.3	0.3	0.1-0.3	0.3
泵压(MPa)	≤20	0~20	≤20	3~6	≤20	3~9
堵剂配制量(m^3)	8.7(A) 2.9(B)	8.7(A) 2.9(B)	3.9(C)	3.9(C)	6.5(C)	6.5(C)
处理半径(m)	0.8	0.6				
顶替液量(m^3)	10.2	4.58	9.9	9.9	9	9
灰塞试压(MPa)	15	15	15	15	15	15

注:表中 A—超细水泥浆,B—气井封窜剂,C—微膨胀水泥浆

(1)井筒处理:钻取3584.04m处桥塞,通井至铅顶位置3647.9m。

(2)产层段封堵:根据产层吸收性测试结果,呼 2 井产层吸收相对较好,根据工艺设计的要求,采用插管桥塞挤堵工艺,化学剂为微膨胀超细水泥和气井封窜剂,封堵半径≤0.8m,挤封压力≤20MPa。

(3)井筒封堵:产层上部采用循环法注 G 级微膨胀水泥浆 500m。封堵后井筒试压 15MPa 合格。

(4)完井:下油管 2000m,注套管保护液至井口,换装 35MPa 气井井口,做直径 2.5m、深 1.8m 圆井,安装压力表,定期观察、监测井筒内压力变化情况。

2. 呼 002 井封井工艺及效果

呼 002 井进行了 3 次注灰封堵,堵后经过探灰面、试压,达到设计要求的技术指标,实际施工参数与设计参数对比见表 3-5-10,封井工序分为 4 步。

表 3-5-10 呼 002 井实际施工参数与设计参数对照表

数值 参数	产层封堵		井筒封堵(第一次)		井筒封堵(第二次)	
	设计	实际	设计	实际	设计	实际
挤堵排量(m^3/min)	0.2~0.5	0.6	0.2~0.5	0.3~0.6	0.2~0.5	0.3~0.7
泵压(MPa)	≤20	0~8	≤20	0~8	≤20	0~12
堵剂配制量(m^3)	5	4.5	4	3.4	4	3.4
堵剂注入量(m^3)	4.5	4.5	3.4	3.4	3.4	3.4
顶替液量(m^3)	10.1	10.1	9.4	9.4	8.7	8.7
灰塞试压(MPa)	15	15	15	15	15	15

(1)井筒处理:打捞井内落鱼,通井至原始人工井底 3786.37m。试压找漏,对套损、套漏进行堵漏修复,恢复井筒,保持通畅。

(2)产层段封堵:挤封前产层段吸收性测试结果显示,产层段吸收较差。因此对产层段采用循环法注 G 级微膨胀水泥浆封堵,灰面控制在射孔段顶界以上 20m,憋压候凝。候凝结束对灰塞试压 15MPa 合格。为了保证产层段的封堵效果,试压合格后,在灰面以上下入电桥封隔下部产层。

(3)井筒封堵:产层以上井筒封堵采用循环法分两次注入 G 级微膨胀水泥浆,灰塞厚度 500m。

(4)完井:下油管 2000m,注套管保护液至井口,换装 35MPa 气井井口,做直径 2.5m、深 1.8m 圆井,安装压力表,定期观察、监测井筒内压力变化情况。

3. HU2004 井封井工艺及效果

HU2004 井中子测井显示射孔层与上部水层之间存在窜槽通道,因此要对直接盖层进行段铣,共进行了 4 次注灰封堵,堵后经过探灰面、试压,达到设计要求的技术指标,施工参数对照表见表 3-5-11,封井工序分为 4 步。

(1)井筒准备:通井至目前人工井底 3695m,对套管损伤、变形位置进行修复。

(2)产层封堵:根据吸收性测试结果显示,产层段吸收较差,因此采用循环挤注法注 G 级微膨胀水泥浆进行封堵,候凝结束,井筒试压 15MPa 合格。

（3）盖层段铣封堵：段铣盖层3494～3530m，段铣厚度36m，段铣后采用循环注入法注G级微膨胀水泥浆至段铣段顶部以上20m，候凝试压合格，在灰面以上10m内下入电桥。

（4）井筒封堵：盖层以上井筒分两次注入G级微膨胀水泥浆500m，候凝试压15MPa合格。

（5）下油管2000m，注套管保护液至井口，换装35MPa气井井口、做直径2.5m、深1.8m圆井，安装压力表，定期观察、监测井筒内压力变化情况。

表3－5－11 HU2004井实际施工参数与设计参数对照表

数值 参数	产层封堵		段铣段封堵		井筒封堵（第一次）		井筒封堵（第二次）	
	设计	实际	设计	实际	设计	实际	设计	实际
挤堵排量（m³/min）	0.2～0.5	0.34	0.3～1	0.5	0.2～0.5	0.6	0.2～0.5	0.5
泵压（MPa）	≤20	0	≤20	7～14	≤20	4	≤20	3.5～10
堵剂配制量（m³）	3	3	3	3	5	5	4	4
注入量（m³）	2.4	2.4	2.5	2.5	4.5	4.5	3.5	3.5
顶替液量（m³）	10.4	10.4	10.2	10.2	9	9.1	8.5	8.5
灰塞试压（MPa）	15	合格	15	合格	15	合格	15	合格

参 考 文 献

[1] 张文波,熊旭东,钟守明等．呼图壁储气库建设可行性研究（钻井工程）[G]．中国石油新疆油田公司,2010(9)．

[2] 张文波,钟守明,彭伟．呼图壁储气库钻完井施工技术指导书[G]．新疆石油管理局储气库项目经理部,2012(2)．

[3] 张文波,党文辉,钟守明．呼图壁储气库项目自评价报告（钻井工程部分）[G]．中国石油天然气股份有限公司新疆油田分公司,2015(5)．

[4] 钟志英,张国红等．新疆油田呼图壁储气库气井管柱腐蚀实验研究[J]．新疆石油天然气,2012,3(8):82－86．

[5] 钟志英,邬国栋,张国红．新疆油田呼图壁储气库气井油套环空保护液性能研究与应用[J]．新疆石油科技,2013,1(23):45－46．

[6] 罗天雨,张国红,薛承文,等．呼图壁储气库建设可行性研究（注采气工程）[G]．中国石油新疆油田公司,2010(9)．

[7] 罗天雨,张国红,薛承文,等．呼图壁储气库建设初步设计（注采气工程）[G]．中国石油新疆油田公司,2011(6)．

[8] 张国红,罗天雨,薛承文,等．呼图壁储气库注采气井射孔工艺技术的研究与应用[J]．新疆石油天然气,2013,1(9):28－30．

[9] 张国红,薛承文,王俊,等．呼图壁储气库水平井完井技术的研究与应用[J]．新疆石油天然气,2013,3(9):22－24．

[10] 李早元,郭小阳,杨远光,等．改善油井水泥石塑性及室内评价方法研究．天然气工业,2004,24(2):55－58．

[11] 李早元,郭小阳,杨远光,等．提高油井水泥环力学形变能力的途径及其作用机理研究．石油钻探技术,2004,32(3):44－46．

[12] 刘宏梁,代礼杨 不收缩微膨胀水泥浆研究．石油钻采工艺,2005,27(6):22－25．

[13] 姚晓．油井水泥膨胀剂研究Ⅱ－膨胀机理及影响因素．钻井液与完井液,2004,21(5):43－48．

第四章 地面工程

针对井位部署及地面条件,本着节约工程投资,集中运行管理,提升运行效率为目的,呼图壁储气库单井井口采用不加热、不节流、不注醇,注、采管道合一设置的高压集输工艺,操作管理点相对较少,实现井口无人值守。集注站注气采用压缩机集中增压,采气采用J-T阀节流制冷的脱水脱烃工艺,利用地层压力能,降低装置的综合能耗,节约工程投资。采用模块化设计,橇装化施工,建设标准化站场,加快建设速度,缩短建设周期,早投产、早见效。

第一节 站场总体布局

一、集输布站方案

对于气田建设来讲,多井集气与单井集气工艺的选择对地面建设的工程投资起着较为重要的影响作用。单井集气工艺,在井场有着较为完善的预处理设备,如加热炉、分离装置、计量装置等,处理后的井流物,可以直接进入集气支线、支干线或处理厂,适用于地处偏远且产量高或单独构造的单井站建设。多井集气,就是将各井来的井流物进行统一处理,集中送往下游,适用于气井比较集中、构造相同、产能条件接近的气井建设。

针对地面集输布站方式做辐射管网集气、枝状管网集气和组合管网(辐射+枝状)的三个方案比选,同时分别做注采管道合一和注采管道分离的方案比选。

(一)集输方案一

1. 辐射管网集气集输布局主要特点

(1)集注站与集注总站合建,各单井采气管道直接进入集注总站。
(2)各单井注采管道直接进入集注总站,采集气管网呈放射枝状布置。
(3)管道集输半径3~5km。
(4)气井的计量采用单井进集注站,轮井分离计量工艺。
(5)单井管道需要沿开发区道路两侧的管廊敷设,廊带宽4~12m。

2. 集输管网水力计算

由于井口的温度较高,天然气集输可以采用高压集输或初级节流集输工艺,在集输过程中不会形成水化物,集输管网管径及水力计算结果见表4-1-1至表4-1-3。

表4-1-1 注气管道水力计算表

气量($10^4 m^3/d$)	管道材质(L415)		长度(km)	注气压力(MPa)	注注温度(℃)	井口压力(MPa)	井口温度(℃)	压降(MPa)
	管道规格							
	外径(mm)×管厚(mm)							
62	114mm×11mm		5	32	60	28.73	47.32	1.27

表 4－1－2　高压集输注采合一管道水力计算表（采气部分）

月份	气量 ($10^4 m^3/d$)	输气管道（L415）		井口压力 （MPa）	井口温度 （℃）	进站压力 （MPa）	进站温度 （℃）	节流后压力 （MPa）	节流后温度 （℃）	压降 （MPa）
		管道规格 外径(mm)× 壁厚(mm)	长度 (km)							
第 5 周期										
应急 3月	82.1	114×11	5	24.143	61.1	21.78	49.1	10	23.9	2.363
	82.1	114×11	5	15.573	57.8	11.84	40.59	10	35.28	3.733
3	56	114×11	5	15.618	54.1	14.01	38.96	10	27.88	1.608
	56	114×11	5	14.174	53.6	12.39	37.67	10	30.77	1.784
4	39.3	114×11	5	15.317	49.3	14.54	33.07	10	20.36	0.777
	39.3	114×11	5	14.409	49	13.58	32.54	10	22.22	0.829
5	31.5	114×11	5	14.8	45.8	14.29	28.44	10	16.09	0.51
	31.5	114×11	5	14.108	45.6	13.57	28.01	10	17.59	0.538

表 4－1－3　初级节流注采分离管道水力计算表（采气部分）

月份	气量 ($10^4 m^3/d$)	输气管道（20）		井口压力 （MPa）	井口温度 （℃）	节流后压力 （MPa）	节流后温度 （℃）	进站压力 （MPa）	进站温度 （℃）	压降 （MPa）
		管道规格 外径(mm)× 壁厚(mm)	长度 (km)							
第 5 周期										
应急 3月	82.1	168×11	5	24.143	61.1	10	33.94	9.55	26.4	0.45
	82.1	168×11	5	15.573	57.8	10	44.36	9.527	34.88	0.473
3	56	168×11	5	15.618	54.1	10	40.31	9.778	29.37	0.222
	56	168×11	5	14.174	53.6	10	42.98	9.776	31.34	0.224
4	39.3	168×11	5	15.317	49.3	10	35.83	9.886	23.25	0.114
	39.3	168×11	5	14.409	49	10	37.56	9.886	24.38	0.114
5	31.5	168×11	5	14.8	45.8	10	33.26	9.922	19.57	0.078
	31.5	168×11	5	14.108	45.6	10	34.67	9.922	20.39	0.078

3. 系统配套

（1）供配电

各井场均新建 1 面户外配电箱，满足井场内仪表（RTU）、管道电伴热、井场照明的用电所需。

（2）仪表自动化

注采井口设置远程终端 RTU 及现场仪表，RTU 信号通过光缆将井口采集的温度、压力及气量等数据上传至集注总站 DCS 系统。远程终端 RTU 具备实时采集、存储、读取数据和控制功能并接受集注总站 ESD 系统发出的控制指令对井口紧急切断阀进行远程控制。

（3）通讯

注采气井采集的数据上传至集注总站，信号采用光缆传输，每座单井引一根 4 芯直埋地光缆至集注总站内综合办公室,新建光缆与采气管道同沟敷设,共敷设长度约136km。

(4)巡井道路

巡井道路全长27km,伴行采气管道,巡井道路路基与路面同宽,均为4.5m。

(二)集输方案二

1. 枝状管网集气集输布局主要特点

(1)气田内部设注气干线、集气干线和采气计量支线,呈东西走向;单井引出注气管道、采气管道和计量管道分别进入3条干线,管网呈枝状布置。

(2)注采管道分开,3条干线的集输半径为5km。

(3)井场设置电动阀进行采气和计量管道切换;气井计量采用计量管道进站,轮井计量工艺。

(4)管道需要沿开发区道路两侧的管廊敷设,廊带宽2m。

2. 集输管网水力计算

由于井口的温度较高,天然气集输亦可采用高压集输或初级节流集输工艺,在集输过程中不会形成水化物。

3. 系统配套

1)供配电

各井场均新建1面户外配电箱,满足井场内仪表(RTU)、管道电伴热、井场照明的用电所需。

2)仪表自动化

注采井口设置远程终端RTU及现场仪表,RTU信号通过光缆将井口采集的温度、压力及气量等数据上传至集注总站DCS系统。远程终端RTU具备实时采集、存储、读取数据和控制功能并接受集注总站ESD系统发出的控制指令对井口紧急切断阀进行远程控制。

3)通讯

注采气井采集的数据上传至集注总站,信号采用光缆传输,每座单井引一根4芯直埋地光缆至集注总站内综合办公室,新建光缆与采气管道同沟敷设,共敷设长度约87km。

4)巡井道路

巡井道路全长27km,伴行采气管道,巡井道路路基与路面同宽,均为4.5m。

(三)集输方案三

组合管网(辐射+枝状)方案,储气库内设置3座橇装集注站:1号(气田西部)、2号(气田中部)和3号(气田东部)集注站,均布在气田的东西构造带上。

单井注采管道首先进入集注站,轮井计量后通过集气总管输往集注总站。

1. 集输布局主要特点

(1)气田内部设3座集注站,集注站与集注总站之间敷设集气干线和注气干线。

(2)注气管道由集注站引出敷设至各个注气井口;集注站内设计量、配气和轮次切换功能。

(3)注采管道集输半径1~2km,集气和注气干线的集输半径为5km。

(4)管道需要沿开发区道路两侧的管廊敷设,廊带宽2m。

2. 集输管网水力计算

采气管道计算结果见表4-1-4至表4-1-8。

表 4-1-4 高压集输注采合一管道水力计算表（采气管道部分）

月份	气量 (10⁴m³/d)	采气管道(L415) 管道规格(mm)× 外径(mm)×壁厚(mm)	长度 (km)	集气管道(L415) 管道规格(mm)× 外径(mm)×壁厚(mm)	长度 (km)	井口压力 (MPa)	井口温度 (℃)	集注站进站压力 (MPa)	集注站进站温度 (℃)	集注站出站压力 (MPa)	集注站出站温度 (℃)	集注总站进站压力 (MPa)	集注总站进站温度 (℃)	采气管道压降 (MPa)	集气管道压降 (MPa)
应急3月	82.1	114×11	2	457×16	5	24.143	61.1	23.08	55.97	10	29.63	9.394	27.04	1.063	0.606
3	82.1	114×11	2	457×16	5	15.573	57.8	13.98	50.69	10	40.35	9.27	37.34	1.593	0.73
	56	114×11	2	457×16	5	15.618	54.1	14.9	47.49	10	34.83	9.648	32.81	0.718	0.352
4	56	114×11	2	457×16	5	14.174	53.6	13.38	46.66	10	37.56	9.644	35.49	0.794	0.356
	39.3	114×11	2	457×16	5	15.317	49.3	14.96	42	10	28.84	9.806	27.17	0.357	0.194
5	39.3	114×11	2	457×16	5	14.409	49	14.03	41.59	10	30.62	9.805	28.9	0.379	0.195
	31.5	114×11	2	457×16	5	14.8	45.8	14.56	37.8	10	25.32	9.858	23.73	0.24	0.142
第5周期	31.5	114×11	2	457×16	5	14.108	45.6	13.86	37.53	10	26.77	9.858	25.12	0.248	0.142

表 4-1-5 初级节流注采分离管道水力计算表（采气管道部分）

月份	气量 (10⁴m³/d)	采气管道(20) 管道规格(mm)× 外径(mm)×壁厚(mm)	长度 (km)	集气管道(L415) 管道规格(mm)× 外径(mm)×壁厚(mm)	长度 (km)	井口压力 (MPa)	井口温度 (℃)	井口节流压力 (MPa)	井口节流温度 (℃)	集注站出站压力 (MPa)	集注站出站温度 (℃)	集注总站进站压力 (MPa)	集注总站进站温度 (℃)	采气管道压降 (MPa)	集气管道压降 (MPa)
应急3月	82.1	168×11	2	457×16	5	24.143	61.1	10	33.94	9.815	30.72	9.229	28.29	0.185	0.586
3	82.1	168×11	2	457×16	5	15.573	57.8	10	44.36	9.806	40.33	9.187	37.74	0.194	0.619
	56	168×11	2	457×16	5	15.618	54.1	10	40.31	9.905	35.51	9.625	33.78	0.095	0.28
4	56	168×11	2	457×16	5	14.174	53.6	10	42.98	9.904	37.88	9.62	36.09	0.096	0.284
	39.3	168×11	2	457×16	5	15.317	49.3	10	35.83	9.948	30.11	9.809	28.64	0.052	0.139
5	39.3	168×11	2	457×16	5	14.409	49	10	37.56	9.948	30.57	9.808	30.06	0.052	0.14
	31.5	168×11	2	457×16	5	14.8	45.8	10	33.26	9.962	26.85	9.87	25.43	0.038	0.092
第5周期	31.5	168×11	2	457×16	5	14.108	45.6	10	34.67	9.962	27.99	9.87	26.52	0.038	0.092

第四章 地面工程

表 4-1-6 高压集输注采合一管道水力计算表（集气管道部分）

月份	气量 (10⁴m³/d)	采气管道（L415）		集气管道（L415）		井口压力 (MPa)	井口温度 (℃)	集注站进站压力 (MPa)	集注站进站温度 (℃)	集注站出站压力 (MPa)	集注站出站温度 (℃)	集注总站进站压力 (MPa)	集注总站进站温度 (℃)	采气管道压降 (MPa)	集气管道压降 (MPa)
		管道规格 外径(mm)×壁厚(mm)	长度 (km)	管道规格 外径(mm)×壁厚(mm)	长度 (km)										
应急 3月	82.1	114×11	2	457×38	5	24.143	61.1	23.08	55.97	10.5	31.2	9.526	27.46	1.063	0.974
	82.1	114×11	2	457×38	5	15.573	57.8	13.98	50.69	10.5	41.82	9.341	37.55	1.593	1.159
第5周期															
3	56	114×11	2	457×38	5	15.618	54.1	14.9	47.49	10	34.83	9.441	32.15	0.718	0.559
	56	114×11	2	457×38	5	14.174	53.6	13.38	46.66	10	37.56	9.434	37.83	0.794	0.566
4	39.3	114×11	2	457×38	5	15.317	49.3	14.96	42	10	28.28	9.708	26.86	0.357	0.292
	39.3	114×11	2	457×38	5	14.409	49	14.03	41.59	10	30.62	9.706	28.58	0.379	0.294
5	31.5	114×11	2	457×38	5	14.8	45.8	14.56	37.8	10	25.32	9.797	23.53	0.24	0.203
	31.5	114×11	2	457×38	5	14.108	45.6	13.86	37.53	10	26.77	9.797	24.92	0.248	0.203

表 4-1-7 注气管道水力计算表

总气量 (10⁴m³/d)	单井注气量 (10⁴m³/d)	单井注气管道（L415）		注气总管道（L415）		注气压力 (MPa)	注气温度 (℃)	节流后压力 (MPa)	总管终点压力 (MPa)	主管终点温度 (℃)	井口压力 (MPa)	井口温度 (℃)	单井管道压降 (MPa)	总管压降 (MPa)
		管道规格 外径(mm)×壁厚(mm)	长度 (km)	管道规格 外径(mm)×壁厚(mm)	长度 (km)									
775	62	114×11	2	D323.9×27	5	30	60	10	29.17	57.9	28.57	53.08	0.6	0.83

表 4-1-8 单井计量管道水力计算表

气量 (10⁴m³/d)	采气管道(20)		井口压力 (MPa)	井口温度 (℃)	节流后压力 (MPa)	节流后温度 (℃)	进站压力 (MPa)	进站温度 (℃)	压降 (MPa)
	管道规格 外径(mm)×壁厚(mm)	长度 (km)							
82	168×11	5	24.143	61.1	10	33.94	9.483	26.2	0.517
82	168×11	5	15.573	57.8	10	44.36	9.778	40.25	0.222

3. 系统配套

1）供配电

各井场均新建 1 面户外配电箱,满足井场内仪表（RTU）、管道电伴热、井场照明的用电所需；集注站用电从就近 10kV 电力线引接。

2）仪表自动化

注采井口设置远程终端 RTU 及现场仪表,RTU 信号通过光缆将井口采集的温度、压力及气量等数据上传至集注总站 DCS 系统。远程终端 RTU 具备实时采集、存储、读取数据和控制功能并接受集注总站 ESD 系统发出的控制指令对井口紧急切断阀进行远程控制。

3）通讯

新建的 34 口注采井、2 口监测井均需要将采集的数据上传至集注站,注采井与集注站两端的光端设备均由仪表专业负责设计,通信专业仅负责注采井与集注站之间的光缆线路敷设,每口单井引一根 4 芯直埋地光缆至集注站综合办公用房,新建光缆与输气管线同沟敷设,共敷设长度约 87km。

4）巡井道路

巡井道路全长 27km,伴行采气管道,巡井道路路基与路面同宽,均为 4.5m。

（四）集输布站方案比选

呼图壁储气库针对辐射管网集气、枝状管网集气和组合管网（辐射+枝状）的三个方案,分别做注采管道合一和注采管道分离的方案比选,方案的比选结果详见表 4-1-9。

表 4-1-9 集输方案比选表

项目	方案一 （辐射管网集气）		方案二 （枝状管网集气）		方案三 （组合管网集气）		
	注采合一	注采分离	注采合一	注采分离	注采合一	注采分离	集注合一
工程投资 （万元）	70827.3	89067.61	71983.17	77347.54	69576.73	78576.82	72343.17
优点	（1）站场数量少； （2）管理维护方便； （3）易于分期实施		（1）站场数量少； （2）管理维护方便； （3）注采管道长度短		（1）工程费用相对较低； （2）注采管道长度短； （3）易于分期实施		
缺点	（1）工程投资高； （2）采气管道敷设宽度大,不利于在开发区内施工		（1）单井操作管理点多； （2）不利于分期实施		气田内部设置集注站,增加管理维护点		

从工程实施的难易程度上来看,方案二不利用分批实施,单井管道与注气干线、集气干线的连头较为困难,需要进行停产连头作业；而方案一和方案三分批实施比较容易。方案一注采气管道敷设范围广,不利于在开发区内施工；另外,若管道出现破损情况时,检修、排查较麻烦。与方案一相比,方案三增加了集注站的运行管理点,在调峰期间需要频繁的开关注采气井,给生产运行和操作管理带来了不便。

从工程投资方面来看,方案一的工程投资最大,各方案的运行费用相差不大；在三个集输布局中,注采管道合一方案比注采管道分离方案的工程投资低。

介于以上特点,呼图壁储气库气田集气采用集输方案三:组合管网(辐射+枝状)、注采管道合一方案。

二、天然气处理装置列数的确定

根据应急储备工况条件下气库的工作气量为 $25.1 \times 10^8 \mathrm{m}^3/\mathrm{a}$,确定气处理装置总设计规模为 $2800 \times 10^4 \mathrm{m}^3/\mathrm{d}$。

在设置站内主体工艺装置列数时,主要考虑以下因素:集注站的总规模、工程投资、供气平稳性、大件设备的运输等。若工艺装置列数太多,将导致投资增大,经济效益差;若装置设计规模过大,高压大型设备的选材和制造有较大的难度,会使设备尺寸超过运输限制,同时也不便于处理气量的调节。

根据一个采气周期内外输气量的不同 $[(1066 \sim 1900) \times 10^4 \mathrm{m}^3/\mathrm{d}]$,考虑处理气量的适应性,气处理装置列数设置可分为两种方案:

方案一:新建 4 套气处理装置,单套处理规模 $700 \times 10^4 \mathrm{m}^3/\mathrm{d}$,操作弹性 60%~120%;

方案二:新建 5 套天然气处理装置,其中 4 套装置处理量都为 $600 \times 10^4 \mathrm{m}^3/\mathrm{d}$,另设置 1 套处理量为 $400 \times 10^4 \mathrm{m}^3/\mathrm{d}$ 的气处理装置,方便实际生产过程中气量的调节匹配,单套装置的操作弹性为 60%~120%。

两种方案优缺点对比见表 4-1-10:

表 4-1-10 装置列数比选表

项目	装置数量(套)	占地面积	投资(万元)
方案一	4	小	12155.11
方案二	5	大	15724.40

根据上表中的对比可以看出,方案一(4 列装置)占地面积小,投资也较低,确定气处理装置采用 4 列布置,单套处理规模 $700 \times 10^4 \mathrm{m}^3/\mathrm{d}$,操作弹性 60%~120%。

第二节 天然气集输处理

依据储气库功能定位及运行模式,其天然气处理工艺包括注气增压处理和采气净化处理两种处理工艺。针对应急储备工况和应急工况,设计两套工艺流程。

一、注气增压工艺

(一)总体工艺

西二线来气通过双向输气管线输送至集注站,先分离后除尘,经压缩机增压,空冷器冷却后通过注气干线输送至各集配站;集配站均设置 1 座配气橇用于调节各注采井注气量,集注站来高压天然气经配气橇调配气量,通过单井注采管线输送至各注采井场完成注气流程如图 4-2-1 所示。

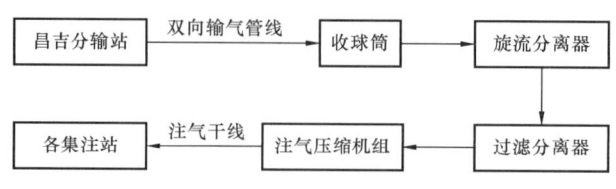

图 4-2-1 注气增压流程框图

(二)流程简述

注气气源取自西二线昌吉分输站,通过双向输气管线输送至集注站(9.86MPa、1550×$10^4 m^3/d$,35~45℃),先进旋流分离器,再进过滤分离器进行两级过滤分离,分离出游离液滴、灰尘,分离后的气相经注气压缩机二级压缩,空冷器冷却后(18.0~30.0MPa,不大于65℃)通过注气干线输送至各集配站完成注气流程。

压缩机入口总管设置调压放空阀(注气压缩机兼做外输气压缩机使用工况条件),设计流量(0~400)×$10^4 m^3/d$,当压力高于6.0MPa时阀门开启,将多余部分气体排放至放空火炬系统,确保应急储备工况条件下,1台外输气压缩机或者2台注气压缩机故障停机时其余压缩机能正常工作。

注气压缩机二级出口总管设置紧急放空阀和压力检测,各注气干线出集注站处分别设置紧急切断阀,当来气压力高于32.0MPa或者压力低于12.0MPa时,紧急切断阀自动关闭,紧急放空阀自动打开,将多余部分气体放空至火炬,降低系统压力,确保注气总管和后续生产设施的安全。

注气压缩机采用电驱往复式橇装压缩机,由电动机、压缩机、级间分离器、空冷器、出口聚结分离器组成,压缩机采用二级增压工艺,空冷器保证压缩机出口温度不大于65℃,聚结分离器保证出口天然气中含油量不大于1ppm。压缩机橇设进出口紧急切断阀,紧急放空阀,回流补气阀,当压缩机进口压力大于10.0MPa或出口压力大于32.0MPa时,进出口紧急切断阀关闭,紧急放空阀打开,将橇内天然气放空至火炬系统;当压缩机入口压力低于9.0MPa时,回流补气阀自动打开,将压缩机出口天然气返输至压缩机入口,使压缩机入口压力控制在9.0~10.0MPa之内,确保压缩机正常工作。

(三)注气压缩机变工况计算

注气压缩机可根据气库运行工况不同,可在注气工况时作为注气压缩机使用,可也在应急储备工况下作为外输气压缩机使用,具体计算如下:

1. 注气压缩机变工况运行计算

注气工况条件下,压缩机入口压力为9.0~10.0MPa,温度为35~45℃,出口压力为15~32.0MPa,压缩机计算功率为165.87~3644.1kW;所选注气压缩机的排量为(192.22~237.4)×$10^4 m^3/d$,详见表4-2-1。

表 4-2-1 注气压缩机变工况排量计算表

入口温度 (℃)	入口压力 (MPa)	出口压力 (MPa)	计算功率 (kW)	排气量 ($10^4 m^3/d$)
35	9.0	15.0	165.87	206.75
		16.0	1935.9	205.46
		17.0	2075.7	204.43
		18.0	2208.6	203.44
		19.0	2335.2	202.48
		20.0	2456.4	201.55
		21.0	2572.5	200.65
		22.0	2684.0	199.77
		23.0	2791.4	198.92
		24.0	2895.0	198.1
		25.0	2995.1	197.3
		26.0	3091.9	196.52
		27.0	3185.8	195.76
		28.0	3276.8	195.01
		29.0	3365.3	194.29
		30.0	3451.5	193.58
		31.0	3535.3	192.89
		32.0	3617.1	192.22
	9.5	15.0	1602.6	220.28
		16.0	1875.5	214.93
		17.0	2019.6	213.79
		18.0	2156.6	212.7
		19.0	2287.2	211.64
		20.0	2412.0	210.62
		21.0	2531.7	209.63
		22.0	2646.7	208.67
		23.0	2757.3	207.73
		24.0	2864.1	206.82
		25.0	2967.2	205.94
		26.0	3067.0	205.09
		27.0	3163.7	204.25
		28.0	3257.5	203.43
		29.0	3348.7	202.64
		30.0	3437.3	201.86
		31.0	3523.7	201.11
		32.0	3607.9	200.37

续表

入口温度 (℃)	入口压力 (MPa)	出口压力 (MPa)	计算功率 (kW)	排气量 ($10^4 m^3/d$)
35	10.0	15.0	1563.1	237.4
		16.0	1702.3	229.57
		17.0	1983.9	225.41
		18.0	2126.6	224.26
		19.0	2262.8	223.15
		20.0	2393.0	222.08
		21.0	2517.9	221.04
		22.0	2638.0	220.03
		23.0	2753.6	219.06
		24.0	2865.2	218.11
		25.0	2973.0	217.18
		26.0	3077.4	216.29
		27.0	3178.6	215.41
		28.0	3276.9	214.56
		29.0	3372.4	213.73
		30.0	3465.3	212.92
		31.0	3555.8	212.12
		32.0	3644.1	211.35
40	9.0	15.0	1693.9	206.63
		16.0	1973.3	205.52
		17.0	2114.9	204.6
		18.0	2249.6	203.71
		19.0	2378.2	202.85
		20.0	2501.3	202.02
		21.0	2619.3	201.22
		22.0	2732.9	200.44
		23.0	2842.3	199.68
		24.0	2947.9	198.94
		25.0	3050.1	198.23
		26.0	3149.0	197.53
		27.0	3245.0	196.85
		28.0	3338.2	196.19
		29.0	3428.9	195.54
		30.0	3517.2	194.91
		31.0	3603.2	194.3
		32.0	3687.2	193.69

续表

入口温度 (℃)	入口压力 (MPa)	出口压力 (MPa)	计算功率 (kW)	排气量 ($10^4 m^3/d$)
40	9.5	15.0	1609.5	216.48
		16.0	1887.1	212.45
		17.0	2030.9	211.38
		18.0	2167.7	210.34
		19.0	2298.2	209.34
		20.0	2422.9	208.37
		21.0	2542.5	207.42
		22.0	2657.4	206.51
		23.0	2768.1	205.63
		24.0	2874.8	204.76
		25.0	2978.0	203.93
		26.0	3077.8	203.11
		27.0	3174.6	202.32
		28.0	3268.5	201.55
		29.0	3359.8	200.79
		30.0	3448.6	200.05
		31.0	3535.1	199.33
		32.0	3619.5	198.63
	10.0	15.0	1549.3	230.27
		16.0	1687.1	222.56
		17.0	1972.4	220.55
		18.0	2113.2	219.41
		19.0	2247.4	218.31
		20.0	2375.8	217.25
		21.0	2498.9	216.22
		22.0	2617.1	215.22
		23.0	2731.0	214.25
		24.0	2840.9	213.31
		25.0	2947.0	212.4
		26.0	3049.7	211.51
		27.0	3149.3	210.64
		28.0	3245.9	209.8
		29.0	3339.8	208.98
		30.0	3431.1	208.17
		31.0	3520.1	207.39
		32.0	3606.8	206.62

续表

入口温度 （℃）	入口压力 （MPa）	出口压力 （MPa）	计算功率 （kW）	排气量 （$10^4 m^3/d$）
45	9.0	15.0	1658.7	206.75
		16.0	1935.9	205.46
		17.0	2075.7	204.43
		18.0	2208.6	203.44
		19.0	2335.2	202.48
		20.0	2456.4	201.55
		21.0	2572.5	200.65
		22.0	2684.0	199.77
		23.0	2791.4	198.92
		24.0	2895.0	198.1
		25.0	2995.1	197.3
		26.0	3091.9	196.52
		27.0	3185.8	195.76
		28.0	3276.8	195.01
		29.0	3365.3	194.29
		30.0	3451.5	193.58
		31.0	3535.3	192.89
		32.0	3617.1	192.22
	9.5	15.0	1602.6	220.28
		16.0	1875.5	214.93
		17.0	2019.6	213.79
		18.0	2156.6	212.7
		19.0	2287.2	211.64
		20.0	2412.0	210.62
		21.0	2531.7	209.63
		22.0	2646.7	208.67
		23.0	2757.3	207.73
		24.0	2864.1	206.82
		25.0	2967.2	205.94
		26.0	3067.0	205.09
		27.0	3163.7	204.25
		28.0	3257.5	203.43
		29.0	3348.7	202.64
		30.0	3437.3	201.86
		31.0	3523.7	201.11
		32.0	3607.9	200.37

续表

入口温度（℃）	入口压力（MPa）	出口压力（MPa）	计算功率（kW）	排气量（$10^4 m^3/d$）
45	10.0	15.0	1563.1	237.4
		16.0	1702.3	229.57
		17.0	1983.9	225.41
		18.0	2126.6	224.26
		19.0	2262.8	223.15
		20.0	2393.0	222.08
		21.0	12517.9	221.04
		22.0	2638.0	220.03
		23.0	2753.6	219.06
		24.0	2865.2	218.11
		25.0	2973.0	217.18
		26.0	3077.4	216.29
		27.0	3178.6	215.41
		28.0	3276.9	214.56
		29.0	3372.4	213.73
		30.0	3465.3	212.92
		31.0	3555.8	212.12
		32.0	3644.1	211.35

2. 注气压缩机作为采气压缩机变工况运行计算

应急储备工况条件下，需将处理后干气（6.0MPa）增压至10.8MPa后通过双向输气管线输送至西二线，保证下游用户正常用气。此时可利用注气压缩机兼做外输气压缩机使用，此时压缩机的排量为（210－220）×$10^4 m^3/d$，计算功率为1765.7～1791.7kW，具体计算详见表4－2－2。

表4－2－2 注气压缩机变工况计算表

入口温度（℃）	入口压力（MPa）	出口压力（MPa）	计算功率（kW）	排气量（$10^4 m^3/d$）
5.0	6.0	9.0	1398.5	245.99
		10.0	1615.2	234.36
		11.0	1791.7	223.26
		12.0	1934.4	212.63
10.0	6.0	9.0	1387.9	238.32
		10.0	1603.2	226.96
		11.0	1778.2	216.1
		12.0	1919.0	205.69

续表

入口温度 (℃)	入口压力 (MPa)	出口压力 (MPa)	计算功率 (kW)	排气量 ($10^4 m^3/d$)
15.0	6.0	9.0	1378.0	231.25
		10.0	1592.2	220.14
		11.0	1765.7	209.51
		12.0	1904.8	199.31

3. 注气压缩机数量的确定

根据储气库的运行方案,地面工程注气能力在2012年应达到$1300 \times 10^4 m^3/d$,2013年及以后注气能力达到$1550 \times 10^4 m^3/d$。

根据计算,压缩机入口压力的计算值为(设计点)9.8MPa,压缩机出口压力为30MPa;西二线来气的温度为40℃。在此种工况条件下的排量为$200 \times 10^4 m^3/d$左右,要满足2013年及以后注气能力达到$1550 \times 10^4 m^3/d$,需8台注气压缩机,详见表4-2-3。

表4-2-3 注气压缩机数量计算表

年份	要求注气能力 ($10^4 m^3/d$)	单台压缩机排量 ($10^4 m^3/d$)	压缩机数量 (台)
2012年	1300	200	7
2013年及以后	1550		8

二、天然气处理工艺

(一)总体方案

1#、2#、3#集配站来气经采气干线进集注站,通过气液分离,空冷器预冷,注乙二醇防冻,J-T阀节流制冷,低温分离脱水脱烃,处理后干气与稳定凝析油换热后外输,如图4-2-2所示。

(二)产品指标

1. 产品天然气

集注站生产的产品气符合《天然气》(GB17820—2012)规定的二类商品天然气的质量标准,外输产品气的参数、质量指标见表4-2-4。

表4-2-4 天然气产品质量指标

项目	数值	压力(MPa)
烃露点(℃)	≤-5	6.0~12.0
水露点(℃)	≤-5	

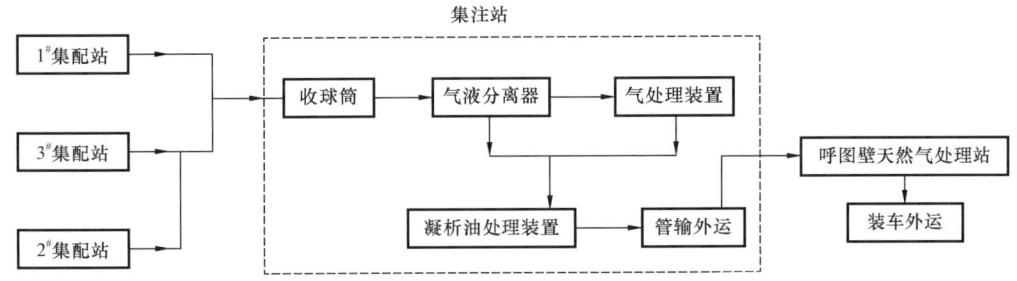

图 4-2-2 天然气处理总体流程框图

2. 凝析油

呼图壁储气库生产的稳定凝析油,产品质量满足《凝析气田地面工程设计规范》(SY/T0605-2008)中的要求。外销的稳定凝析油参数、质量指标见表4-2-5。

表 4-2-5 凝析油产品质量指标

项目	数值
进罐温度(℃)	≤38
水含量(质量分数)	<0.5%
饱和蒸汽压(kPa)	70

(三)气处理装置

1. 气处理装置流程简述

气液分离器来气(9.4MPa、20~43℃)先进空冷器预冷至20℃,进浅冷分离器进行气液分离,气相去三股流换热器,并在三股流换热器中注醇(850L/h)后换热至-2~2℃,然后经J-T阀节流制冷至6.0MPa、-18~-12℃,与一级闪蒸分离器V-30501来的闪蒸气混合,进入低温分离器进行分离;分离出的气相去三股流换热器复热至5~15℃后去稳定凝析油—外输气换热器E-30504进一步复热至8~18℃后外输;低温分离器来液进三股流换热器,复热至5-15℃去轻烃—导热油换热器。气液分离器和浅冷分离器来液(9.4MPa,20~43℃)去一级闪蒸分离器,天然气处理装置流程详如图4-2-3所示。

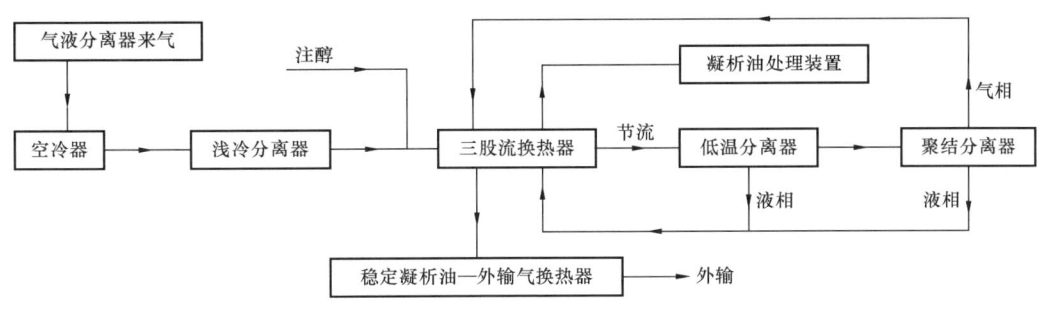

图 4-2-3 气处理流程框图

2. 凝析油处理流程简述

气液分离器和浅冷分离器来液相通过调节阀减压至 6.4MPa,计量后进入一级闪蒸分离器进行气液分离;一级闪蒸分离器为两相分离器,分离出的气体进低温分离器,分离出的凝析油进凝析油闪蒸换热器的壳程换热至 50℃~60℃,加热后的凝析油经手动节流阀节流至 1.0MPa 后,进二级闪蒸分离器进行油、气、水三相分离,分离出的天然气去燃料气系统,分离出的凝析油减压后和液烃三相分离器来液混合后进未稳定凝析油缓冲罐,缓冲罐气相设置稳压阀控制缓冲罐工作压力为 0.6MPa,缓冲罐气相去燃料气系统,液相去凝析油稳定塔进行稳定,分离出的水去污水处理系统,凝析油处理装置流程如图 4-2-4 所示。

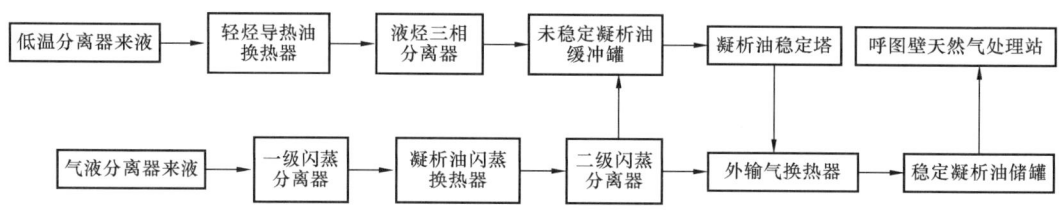

图 4-2-4 凝析油处理流程框图

低温分离器分离出的凝液进轻烃—导热油换热器加热至 30℃后进液烃三相分离器进行油、气、水三相分离。分离出的气相去燃料气系统,分离出的乙二醇水溶液去乙二醇再生系统提升乙二醇浓度后循环使用,分离出的凝析油去缓冲罐。

凝析油稳定塔塔底重沸器出口的稳定凝析油(134℃)进凝析油闪蒸换热器的管程,与一级闪蒸分离器来的未稳定凝析油换热至 105℃,然后燃料气—稳定凝析油—外输气换热器的管程,换热至 100℃后进外输气—稳定凝析油换热器的管程,换热至 38℃后进稳定凝析油缓冲罐储存。

三、应急储备工况处理工艺

应急储备工况是当西二线上游不能正常供气,储气库作为西二线的备用气源给管道供气,保证西二线供气的连续性。此种工况条件下,储气库给西气东输二线供气气量为 $2789 \times 10^4 \mathrm{m}^3/\mathrm{d}$,此时西二线昌吉分输站的压力为 10.4MPa,通过计算集注站出站压力为 10.7MPa,考虑部分压损,确定 J-T 阀后压力控制为 10.80MPa。以下两个方案给西二线供气:(1)将高压天然气处理后通过双向输气管线输送至西二线;(2)处理后低压天然气增压后通过双线输气管线输送至西二线;

(一)处理工艺

1. 高压进站方案

注采井来气进集配站不节流,直接高压输送至集注站,利用 J-T 阀节流制冷脱水、脱烃,应急储备工况条件下处理后高压天然气(10.8MPa)外输至西二线;季节调峰工况条件下处理后天然气(6.0MPa)通过储气库-706 泵站输气管线输送至 706 泵站。计算各工况条件下处理后天然气烃、水露点见表 4-2-6:

表 4-2-6 高压进站方案天然气烃、水露点计算表

序号	压力（MPa）	计算烃露点（℃）	规范要求烃露点（℃）	计算水露点（℃）	规范要求水露点（℃）
1	10.8	-8.06	0	-8.02	-5
2	6.0	30.66	0	-11.73	-5

由上表中的计算数据可知，节流后压力为 10.8MPa，此种压力条件下处理后干气烃、水露点都能满足管输要求，但在外输气压力为 6.0MPa，烃露点不合格。高压进站工况条件下处理装置需同时满足 10.8MPa 和 6.0MPa 两种操作压力条件，方能满足管输要求。

2. 后增压方案

注采井来气进集配站节流至 10.0MPa 后输送至集注站，利用 J-T 阀节流制冷脱水、脱烃，处理后干气在季节调峰工况条件下通过储气库-706 泵站输气管线输送至 706 泵站，应急储备工况条件下经压缩机增压至 10.8MPa 后经双向输气管线输送至西二线。

3. 方案比选

对比以上两种方案，投资和优缺点对比见表 4-2-7。

表 4-2-7 方案对比表

	高压外输	低压外输
单井注采管线外径（mm）	168	114
采气干线设计压力（MPa）	14.0	12.0
气液分离器设计压力（MPa）	14.5	12.0
空冷器设计压力（MPa）	14.5	10.0
浅冷分离器（MPa）	14.5	10.5
低温分离器设计压力（MPa）	11.5	7.0
三股流换热器（MPa）	11.5	7.0
外输气换热器（MPa）	11.5	7.0
外输气压缩机	—	3 台
工艺阀门	56 套,class900	8 套,class900 48 套,class600
投资（万元）	40309.16	26874.46
20 年费用现值（万元）	40309.16	38668.06
其他	(1)所有操作参数设计高压和中压两种，不便现场操作； 2)容器壁厚太大，不易加工	所有操作参数单一固定，方便员工操作

结合上表中的数据可知，天然气采用高压进站，处理后直接外输至西二线可满足工艺要

求,但存在以下几点不足:

(1)计算烃水露点接近规范要求值,不容易控制外输气品质。

(2)全站根据操作压力不同设置 2 套操作系统,不变现场员工操作。

(3)一次性投资和 20 年运行费用现值都较后增加处理工艺高。

综上所述,确定应急储备工况条件下,天然气处理工艺采用 J-T 阀节流制冷,脱水脱烃,增压外输的工艺。

(二)流程简述

4 套气处理装置来气($2789 \times 10^4 m^3/d$,6.0MPa,5~15℃),经注气压缩机和外输气压缩机增压,空冷器冷却(10.8MPa,≤65℃)后通过压缩机出口总管输送至收发球区,通过双向输气管线将增压后天然气输送至西二线,供下游用户使用。双线输气管线出集注站设紧急切断阀(ESDV-30103),当压力高于 10.8MPa 时阀门 ESDV-30103 关闭,保证装置的正常运行。

此阀门根据生产工况不同,设定两种切断压力联锁值。

(1)注气工况:切断压力设定值 10.0MPa。

(2)应急储备工况:切断压力设定值 10.8MPa。

(三)压缩机入口压力确定

应急储备工况时将处理后干气进行增压;气处理装置生产干气压力为 6.0MPa,确定外输气压缩机入口压力为 6.0MPa。

(四)压缩机出口压力确定

根据《关于气藏型储气库及其干线联络管道参数有关问题的函》中确定的西二线昌吉分输站运行压力为 10.0MPa;储气库—西二线的输气双向输气管线的管径采用 1219mm×18.4mm,当输气管道输气量为 $25.1 \times 10^8 m^3/a$ 时,通过计算管道起点压力(储气库外输压力)要求不小于 10.3MPa,考虑站内部分压损,因此确定天然气外输压力为 10.8MPa。

四、应急工况处理工艺

此种工况是在站内气处理装置出现问题不能正常工作的情况下,将集气装置来气($4600 \times 10^4 m^3/d$,45~55℃,10.8MPa)进集注站,经注甲醇(800L/h)后不增压,直接通过双向输气管线或储气库-706 泵站输气管线输送至供气环网,保证下游用户平稳用气。

五、气处理装置运行方案

根据《呼图壁储气库建设可行性研究(地质气藏工程)》中确定储气库的运行方案,气处理装置的运行方式详见表 4-2-8。

表 4-2-8　气处理装置运行方式表

工况	下游需求量 ($10^4 m^3/d$)	装置运行数量 （台套）	装置建设数量 （套）
正常调峰	1066	2	4
	1300	2	
	1900	3	
	1300	2	
	1066	2	
应急储备	2789	4	

第三节　设备选型

针对生产过程中可能发生的异常情况，有针对性选择关键设备，满足高效运行需要，确保系统可靠运行。

一、气气换热器

针对近年来新疆油田凝析气田实际运行中出现的相关问题：首次提出采用立式换热器，内部注醇的方案，避免气气换热器冻堵情况的发生。

近年来，新疆油田公司各凝析气田相继出现气气换热器冻堵的情况，分析原因：气气换热器较长，注醇后的热介质在壳程中经过一长段距离后，部分乙二醇逐渐从天然气中分离，使得防冻效果降低。呼图壁储气库采用立式换热器，而且在换热器内部注醇，杜绝乙二醇从天然气中分离，保证其防冻效果，确保气气换热器正常，高效的运行。

二、低温分离器

近年来，新疆油田公司多个天然气处理站相继出现处理后天然气烃水露点不合格的情况，分析其原因如下：(1)旋流筒的设计存在缺陷；(2)旋流分离器对工况的适应性较差，压力和流量的波动对气分离精度的影响较大。

为了克服以上问题，呼图壁储气库低温分离器采取"普通旋流分离+过滤分离器"合二为一的方式[1]。首次按采用新型的丝网除沫器，正常工况条件下通过旋流筒使气液分离；气量较低或者压力较低的情况下通过丝网除沫器使气液分离器，保证分离精度。

三、乙二醇除沫器

近年来，新疆油田公司多个天然气处理站相继出现乙二醇发泡现象，造成分离器分离精度降低、液位计偏差较大、油水界面测量不准等问题，影响现场设备的正常运行。为解决上述问题，呼图壁储气库在低温分离器和液烃三相分离器中设置乙二醇除沫器，大大降低乙二醇的气泡效应，杜绝上述问题的发生，保障储气库的正常运行。

四、靶式流量计

呼图壁储气库注气压力高达 32MPa,工作压力高,传统孔板流量计在此种工况条件下误差较大,为保证计量精度,采用双向计量的靶式流量计,注气工况实现单井注气气量调配,采气工况条件下可测单井产量。

五、旋流分离器

旋流分离器具有除尘效率高、压力与流量的适应范围比较大、噪声低、磨损小、维护量小、使用寿命长等优点。特别是在通球前后,其高效的除尘及除液功效,可以避免过滤分离器被大量粗颗粒堵塞而失效。旋流分离器只需定期排尘和检查,维护管理方便。其主要技术要求有:

(1)在设计温度和设计压力下满足规定的强度要求,使用安全可靠。

(2)设备应能有效去除输送气体夹带的固体颗粒、粉尘。额定工况下的除尘效率达到 $10\mu m$ 以上为 99%(绝对过滤精度),在工况点 ±15% 范围内,除尘效率为 97%。

(3)额定工况下正常操作的压降不大于 0.05MPa。

(4)设排污口以便人工排污。

(5)为便于操作、排污、减少占地面积,其结构为立式。

呼图壁储气库设 4 台旋流分离器,单台处理量 $400\times10^4m^3/d$,与过滤分离器设置一一对应,操作弹性 40%~130%,保证一台设备出现故障时,其他三台的最大处理能力满足装置的正常运行。

六、过滤分离器

过滤分离器依靠过滤元件的过滤作用将固体或液体分离出来,具有过滤效率高,去除粒径小等优点,需定时更换滤芯。为避免管输天然气带有的污物、铁锈、粉尘等杂质进入工艺站场,过滤分离器带除液功能,且应配置积液包,主要技术要求有:

(1)在设计温度和设计压力下满足规定的强度要求,使用安全可靠,检查、维修方便。

(2)设备应去除输送气体夹带的固体颗粒、粉尘和液滴,滤芯材质为满足如下要求的玻璃纤维或聚酯纤维。要求其过滤效率为:

粉尘——$1\mu m$ 99.9%;$5\mu m$ 100%;

液滴——$5\mu m$ 98%。

(3)要求滤芯经久耐用、具有较大的过滤面积和纳污能力,更换周期长,过滤元件的使用寿命应不少于 12 个整月。

(4)要求过滤设备正常操作时的压降低于 0.01MPa。

(5)要求过滤分离器的滤芯最少应能承受 0.65MPa 的压差,滤芯应采用通用的公称直径。

(6)为便于操作和更换滤芯,过滤分离器为配带快开盲板的卧式结构。

(7)快开盲板应开闭灵活、方便,密封可靠无泄漏,且带有安全联锁保护装置。

呼图壁储气库设 4 台旋流分离器,单台处理量 $400\times10^4m^3/d$,与旋流分离器设置一一对应,操作弹性 40%~130%,保证一台设备出现故障时,其他三台的最大处理能力满足装置的正常运行。

七、注气压缩机

(一)压缩机的类型

目前天然气增压一般采用往复式压缩机或离心式压缩机,上述两种压缩机的优缺点见表4-3-1。

表4-3-1 各类型压缩机优缺点对比表

序号	往复式压缩机	离心式压缩机
1	转速低、排量小、机身重、尺寸大	转速高、排量大、机身轻、尺寸小、结构紧凑
2	往复运动机构、惯性力大、振动大、基础大、流量不均匀	无往复运动机构、惯性力小、基础小、工作平稳、流量均匀
3	压比大、相应终压高、终温高	压比有限、终压有限、终温低
4	效率高	效率低
5	压缩气体受润滑油污染(无润滑油压缩机除外)	压缩气体中无润滑油,气体纯度可以保证
6	流量与压力无直接关系,调节时高效率范围广,无喘振现象,并联式工作稳定	流量与压力有关,流量小时工作不稳定,易发生喘振现象,故并联时要比往复式压缩机困难
7	装配和加工精度要求高,安装、检修个制造工作复杂	加工要求较高

鉴于这两种注气压缩机的优缺点,结合注气压缩机的运行特点,出口压力高且波动范围大,入口条件相对不稳定的情况,往复式压缩机从适应性、运行上都比离心式压缩机更能适操作工况条件,故呼图壁储气库的注气压缩机选择往复式压缩机。

(二)压缩机的驱动方式

目前压缩机驱动方式多为燃气驱动和电力驱动两种方式,其优缺点见表4-3-2。

表4-3-2 电驱和燃气驱动优缺点对比表

序号	项目	燃气驱动	电驱
1	压缩机组投资(万元)	31500(8台)	26500(8台)
2	配套系统投资(万元)	150	3200
3	年能耗,(燃气/电)	$6603 \times 10^4 m^3$	$11751 \times 10^4 kW \cdot h$
4	单价(元/m^3,元/度)	2.2	0.50
5	20年运行费用(万元)	290532	117510
6	合计(万元)	326682	147210
7	优点	原料天然气自有,不受其他条件制约	(1)噪音小; (2)维修方便; (3)运行费用低
8	缺点	(1)噪声污染大; (2)维护工程量较大	(1)由供电部门供电; (2)受供电部门制约; (3)运行成本受电价制约

增压机组应能满足不同阶段注气工况的要求。由上表可知,选择电驱压缩机的运行费用较气驱低,从长远看能极大地节省运行费用,且电驱维护方便,噪声污染小。

为了确保所配置注气设备操作运行方便、灵活、安全、可靠性高、操作维护方便,同时为了使所配置机组能满足不同注气工况注气量变化的要求,压缩机驱动方式采用电驱。

第四节 放空系统

本系统是保障工艺装置安全生产的重要辅助生产设施,设置1套高压火炬放空系统和1套低压火炬放空系统,每套火炬分别设置放空除液器和火炬。

一、概述

火炬及放空系统包括:火炬头、火炬筒体、放空分离器、塔架等静设备和公用配管系统、电气系统、自控仪表系统和点火系统。

气液分离器、低温分离器、聚结分离器、旋流分离器、过滤分离器、一级闪蒸分离器、二级闪蒸分离器等高压系统安全阀背压设计为0.35MPa,其放空气进高压放空系统;液烃分离器、凝析油稳定塔、缓冲罐等低压系统安全阀背压设计为0.03MPa,其放空气进低压放空系统。

二、工艺流程

站区放空系统来天然气经放空总管汇集后进入对应的天然气放空分离器,以除去放空气中夹带的固体和直径大于300μm液体杂质,保证放空气体中不含液体,以避免在火炬周围形成火雨。经分离器后的高压放空气进入与之对应的高压放空火炬。

高低压放空总管和点火管线上分别设有阻火器,阻火器旁通设置爆破片;火炬筒体设置分子封,阻止空气倒流发生回火或爆炸。凝液排污至埋地污水储罐后装车外运。

火炬点火系统设三级点火:自动点火、现场手动和中控室遥控高空点火。火炬现场设一台地面内传焰点火器。点火时打开燃料气电磁阀,延迟1s后触发火炬头高压线圈发生器进行点火,引燃引火管,并通过引火管将火焰引到长明灯。另外还设有紫外火焰监测系统。

火炬点火系统所用燃料气、仪表风用气皆由系统接入。

三、装置设计规模确定

根据API521,对于含轻烃的设备考虑在15min内降至690kPa或压力容器设计压力的50%,取其较低者[2]。

利用HYSYS软件计算,单套装置放空量如图4-4-1所示。

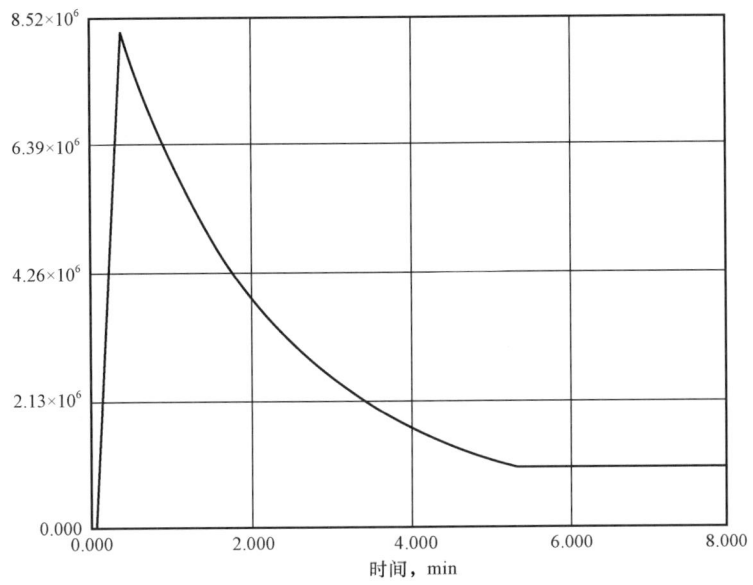

图4-4-1 单套装置放空量图

从图中的计算结果可知,单套装置最大放空量 $830 \times 10^4 m^3/d$,约5.0min后单套装置放空量保持平稳,为 $98 \times 10^4 m^3/d$。为减小站场放空量,考虑各套装置延时放空,第一套装置放空3min后第二套装置开始放空,确定全站放空量为 $1000 \times 10^4 m^3/d$。设2台处理规模为 $500 \times 10^4 m^3/d$ 高压火炬除液器,配套设置高压火炬及点火系统。

根据《石油天然气工程设计防火规范》GB 50183—2004中的要求,应使可能同时泄放的各安全阀后的累计回压限制在该安全阀定压的10%左右。因呼图壁储气库含1套凝析油处理系统,工作压力为0.6MPa左右,为保证生产安全,设置低压放空设施1套,保证低压生产设施的安全。经计算低压放空系统设计规模 $20 \times 10^4 m^3/d$;设1台处理规模为 $20 \times 10^4 m^3/d$ 低压火炬除液器,配套设置低压火炬及点火装置。

第五节 自 控 系 统

全站分节点设计五套自控系统,达到数据自动采集、远程监控、远程控制和应急处理的目的。

一、控制系统设计

(一)调度中心计算机控制系统

1. 系统配置

调度中心计算机控制系统按C/S(客户机/服务器)架构设置,由实时数据库服务器、操作站、工程师站、Web 服务器、网络打印机。其中实时数据库冗余设置，以确保系统运行的可靠性及可用性。

2. 系统功能

SCADA 系统具有（不限于）以下主要功能：

(1) 监视集配站、井口及工艺设备的运行状态；

(2) 数据采集和处理；

(3) 工艺流程的动态显示；

(4) 报警显示、报警管理以及事件的查询、打印；

(5) 实时数据的采集、归档、管理以及趋势图显示；

(6) 生产统计报表的生成和打印；

(7) 标准组态应用软件和用户生成的应用软件的执行；

(8) 采注过程优化；

(9) 形成实时数据库，并提供标准软件接口与其他应用软件系统进行连接，共享数据，实现生产控制、监测、管理一体化，以便进一步实现质量管理、计划调度、单位考核、成本核算、能耗统计等。

(10) 按照新疆油田公司的统一规定，SCADA 系统的实时数据以 OPC 方式共享于调度室内已建 Oracle 历史数据库，数据库标签也按规定统一编码与命名。

3. 系统硬件

1) 实时数据库服务器

实时数据库服务器是计算机控制系统的核心，运行各类软件，采集各站的过程数据，担负着整个系统的数据库管理、网络管理等重要工作。为提高可靠性，服务器采用冗余配置，符合工业用硬件和软件的标准，具有容错和自诊断能力。采用 Microsoft Windows 操作系统，直接与各站场站控系统控制器实时通讯，负责处理、存储、管理从现场控制器采集的实时数据，并为网络中的其他服务器和工作站提供实时数据。

2) 操作站

操作站，是调度、操作人员与 SCADA 系统的人机接口（HMI），在 SCADA 系统主计算机系统 C/S（客户机/服务器）结构中作为客户机，通过调度室计算机控制系统局域网与实时数据库服务器实时通讯并交换信息。采用 Microsoft Windows 操作系统。按照集配站和井口规模 SCADA 系统设置 3 台操作站。

3) 工程师站

工程师站作为 SCADA 系统主计算机系统的一个组成部分，是系统维护管理员的操作平台。系统维护管理员可通过它来监视系统的资源并控制系统的冗余参数，能够对应用软件及数据库进行组态、维护。采用 Microsoft Windows 操作系统，设置 1 台工程师站。

4) 打印机

计算机控制系统设有 1 台网络型 A3 幅面黑白激光打印机用于报表打印，设有 2 台网络型 A4 幅面彩色喷墨打印机分别用于报警/事件打印及屏幕拷贝。

各打印机可直接与主计算机系统局域网连接，网络中的任何节点服务器、工作站均可以使用。

4. 系统软件

调度控制中心采用计算机控制系统对储气库进行监控,软件是其核心部分之一。为了保证监视和控制系统更好地运行,完成所需的任务,所采用的软件应是成熟、稳定、商业化、经过实践考验过的产品。

基本要求:
(1)全开放式设计;
(2)适用多种操作系统平台;
(3)模块化结构设计;
(4)支持客户机/服务器结构;
(5)支持冗余服务器和网络;
(6)支持离线和在线组态;
(7)操作界面直观、友好;
(8)强大的图形库和图形编辑功能;
(9)保证安全访问;
(10)历史数据库优先采用标准数据库,如 ORACLE、SYBASE 数据库等;
(11)数据库管理;
(12)报警和事件管理;
(13)报告生成及管理,可完成随机、定时、按要求的条件触发等生成打印中文报表/报告;
(14)可根据需要编制中文操作员在线帮助;
(15)通信管理;
(16)支持多种标准编程语言,如 C++、VC、VB 等;
(17)支持中文环境,可无障碍的在标准简体中文操作系统平台上运行,可调用标准简体中文字库用于显示、打印;可采用标准简体中文输入法进行文字编辑;
(18)在操作模式下,可调用外部或内部程序;
(19)支持世界大多数知名 PLC 和 RTU 的通信协议,可提供广泛、高性能的 I/O 驱动。

5. 系统和单体设备控制系统的通信

调度中心控制系统与集注站 DCS 系统通讯采用 OPC 通信的方式进行数据交换。

6. 系统的网络安全

计算机控制系统采用加密、网络隔离、身份认证、密码进入等技术和手段确保系统的安全。

计算机控制系统硬件重要组成部分采用冗余配置、模块化设计、热插拔技术、故障自诊断、浪涌保护等措施,确保系统运行的可靠性。

7. 主备通信方式、带宽

调度控制中心计算机系统与集配站站控系统、井口 RTU 系统的通讯主信道采用光纤接入,数据传输采用 TCP/IP 协议通信,通信带宽:2M,通信误码率不大于 10^{-6}。调度控制中心计算机系统与外输线站场站控系统的通讯设置主、备用信道,主信道租用新疆油田公司通信公司的 SDH 光纤传输自愈环网,带宽 2MB,通信误码率不大于 10^{-6},备用信道采用公网,租用带宽 2MB,通信误码率不大于 10^{-6}。

(二)DCS 系统

1. 系统配置

DCS 系统由操作站、工程师站、网络系统、机柜等组成。

2. 系统功能

DCS 系统实现对集注站工艺流程运行状态的监控。应具备以下具体功能:

(1)系统应具有完整的过程控制、数据采集、存贮与监视功能。

(2)系统应具有多级别的报警记录功能和各类运算(如累计运算、取平均值、最大值、最小值等)功能。

(3)友好的人机界面,操作简便,画面调出迅速,不超过 1s。通过键盘、球标(或鼠标)、功能键和联机帮助可实现各种操作。还应具有操作站在线更换的优点,即从操作站设定传感器离线,并作手动输入操作。

(4)丰富的画面监视,实时流程图屏幕刷新时间为 1s,并具有在一个操作画面上显示各种信息的复合窗口(MULTI－WINDOWS)功能一个操作站上具备打开多个画面的能力。

(5)具有面向过程的语言,使用方便的组态语言。同时具有几种常用的语言解释程序,以便今后功能的开发及过程优化。

(6)具有丰富可靠的系统支持软件和应用软件,包括顺序控制软件包。

3. 系统硬件

1)控制站

控制器冗余,一旦某个工作的控制器发生故障,系统应能自动地以无扰动方式,快速切换至与其冗余的控制器,并在操作站报警。当控制器满负荷时,系统的电源、软件、通讯和其他负荷应具有至少 50% 的工作裕量,应有控制器的负荷计算。当某一控制器故障、切除、修改或恢复投运,均不应影响其他控制器的运行。此外,通信网络发生故障时,控制器应能继续运行。所有模块均应是固态电路,具有标准化、模块化、插入式结构。控制站内主控单元 CPU 时钟频率大于 200MHz。主控单元、系统电源及通道电源为冗余配置。控制站数量根据 I/O 点数及冗余要求由系统供货商确定。要求每点采集控制周期为 0.5～1s。主电源故障时,后备电池将保证全部组态数据不丢失。

2)操作站

操作站主机配置如下:CPU:CPU 主频:双核不小于 2.5GHz,内存不小于 2 GB,硬盘不小于 320GB,显示器:21in 彩色显示器,分辨率 1280×1024,网卡:冗余配置,光驱:应配置硬盘驱动器、光盘驱动器。操作站所有的外设及接口应是通用的、商业化可互换的,每台操作站配置 1 个操作台。操作台应配备操作员键盘、鼠标或轨迹球、液晶显示 LCD,并配所有设备电源线接线端子。

3)I/O 卡件

要求 I/O 卡具有隔离功能,与电源隔离,输入、输出的互相隔离,采用光—电或其他隔离方式。模拟量输入卡件的精度应不低于 0.1%。输入接口应保证驱动 800m 范围以内的二线制 24V. DC 变送器。

I/O 模块除常用的类型外还应配备下列几类：标准串行和并行通信接口（如：RS-232C、RS-422、RS-485 等）。

4）网络

DCS 系统冗余局域网 包括冗余数据电缆及相关附件，网络传输速率应大于 100Mbps。

5）控制站机柜

机柜为双面开门防尘型结构并配排风扇，机柜内安装系统部件。机柜的外壳防护等级，室内应为 NEMA12。机柜尺寸：800mm×800mm×2100mm。

柜内设输入/输出端子，作为用户现场信号与控制系统的接线分界。机柜的设计应满足电缆由柜底要求。机柜内的端子排应布置在易于安装接线的地方，即为离柜底 300mm 以上和离柜顶 150mm 以下。

6）电源

电源规格为单相 220VAC，50Hz，控制系统各用电单元应适合此电源规格。在机柜内配置相应的冗余电源切换装置和回路保护设备。电源故障都应报警，冗余电源都应自动切换，以保证任何一路电源的故障均不会导致系统的任一部分失电。

4. 系统软件

包括驱动软件、工具软件、应用软件、天然气计量商务积算软件和编程软件等。控制操作软件要求中文界面，与系统网络有良好的兼容性；组态方便，便于维护；支持先进的如 IEC 方式编程，这些语言包括：顺序功能图，功能块图，梯形图，结构化文本，指令表等。

5. 系统和其他智能设备的通信

DCS 系统与流量计算机、加热炉、空氮站控制系统等智能设备之间通讯，采用 RS-485 接口（Modbus 通信协议）进行数据传输；与压缩机 PLC 系统之间的通讯，采用以太网接口（TCP/IP 协议）进行数据传输。

（三）ESD 系统

1. 系统配置

ESD 系统由操作站、工程师站、网络系统、机柜等组成。

2. 系统功能

ESD 系统确保储气库过安全平稳运行，应具备以下功能：

（1）ESD 系统具备高可靠性、稳定性、容错率低于 99.9%；

（2）程序执行周期应小于 50ms；

（3）操作安全，ESD 应为故障安全型；

（4）采集和处理工艺变量数据；

（5）报警显示、管理及事件的查询；

（6）实时数据和历史数据的采集、归档、管理以及趋势图显示；

（7）逻辑控制；

(8)数据通信管理等;

(9)除上述功能外,系统还应具有完整的过程控制、数据采集、存贮与监视功能。具有多级别的报警记录功能和各类运算(如累计运算、取平均值、最大值、最小值等)功能;

(10)具有面向过程的语言,使用方便的组态语言。同时具有几种常用的语言解释程序,以便今后功能的开发及过程优化;

(11)具有丰富可靠的系统支持软件和应用软件,包括顺序控制软件包。

3. 系统的安全回路名称及 SIL 等级

集注站安全联锁逻辑有三个回路:(1)采气流程安全联锁逻辑;(2)注气流程安全联锁逻辑;(3)西二线反输流程安全联锁逻辑。具体内容详见安全联锁系统因果逻辑图。ESD 安全度等级选用 SIL 2 级。

4. 系统的通信连接方式

ESD 系统通过以太网接口(TCP/IP 协议),通信媒介为呼图壁储气库新建光缆,向井口 RTU 和集配站 PLC 发送 ESD 停车命令。保证整个储气库同步停车。

(四)井场 RTU 控制系统设计

1. 系统配置

在井场设置 RTU 控制系统一套。系统配置包括控制器、各类 I/O 卡件、网络通信设备、电源、端子排、带液晶(带加热器)显示操作屏的机柜、组态软件、显示操作软件和安装附件等。

2. 系统功能

井场 RTU 系统作为储气库 SCADA 系统的现场控制单元,除完成对所辖井场的监控任务外,同时负责将有关信息传送给调度控制中心,并接受和执行其下达的命令。其主要功能如下(不限于此):

(1)采集和处理工艺变量数据;

(2)工艺流程的动态显示;

(3)报警显示、管理及事件的查询;

(4)逻辑控制;

(5)ESD 联锁保护;

(6)向调度控制中心发送实时数据;

(7)数据通信管理等。

3. 系统硬件

井场 RTU 系统由网络系统、控制单元、触摸显示操作屏、数据通信接口等构成。RTU 采用可靠性高,适应现场环境控制器。

4. 系统软件

系统软件包括组态软件及应用软件,各类软件版本应是最新的或根据用户要求。组态软件要求提供最新且技术成熟的版本,要求组态、编程灵活,稳定性好。应用软件包括为用户提供开发手段的商品化的编程软件,控制器自身面向过程的监控、管理软件。

5. 通信

采注井场新建 RTU 系统与集注站调控中心之间通过光缆进行数据的传输。RTU 系统、调度控制中心的 SCADA 计算机网络系统与通信系统的接口采用 RJ45,与调度控制中心的数据传输采用传输控制协议/互联网络协议(TCP/IP)通信,通信带宽:2Mbps,通信误码率不大于 10^{-6}。

(五)集配站 PLC 控制系统设计

1. 系统配置

在各集配站分别设 PLC 控制系统一套,包括控制器、各类 I/O 卡件、网络通信设备、电源、端子排、带 15in 液晶显示操作屏的机柜、连接线缆、组态软件、显示操作软件以及安装附件等。

2. 系统功能

集配站 PLC 系统作为储气库 SCADA 系统的现场控制单元,除完成对所处站场的监控任务外,同时负责将有关信息传送给调度控制中心,并接受和执行其下达的命令。其主要功能(不限于此):

(1)采集和处理工艺变量数据;

(2)监视站场的可燃气体;

(3)工艺流程的动态显示;

(4)报警显示、管理及事件的查询;

(5)压力、流量、液位控制功能;

(6)实时数据和历史数据的采集、归档、管理以及趋势图显示;

(7)逻辑控制;

(8)执行 SCADA 系统调度控制中心发送的指令,向调度控制中心发送实时数据;

(9)数据通信管理等。

除上述功能外,系统还应具有完整的过程控制、数据采集、存贮与监视功能。具有多级别的报警记录功能和各类运算(如累计运算、取平均值、最大值、最小值等)功能。

具备友好的人机界面,操作简便,画面调出迅速,不超过 1s。通过 15inTFT 带触摸键盘和联机帮助可实现各种操作。具有移动操作站在线更换的优点,即从操作站设定传感器离线,并做手动输入操作。

具有面向过程的语言,使用方便的组态语言。同时具有几种常用的语言解释程序,以便今后功能的开发及过程优化。

具有丰富可靠的系统支持软件和应用软件,包括顺序控制软件包。

3. 系统硬件

集配站 PLC 控制系统由网络系统、控制单元、触摸显示操作屏、数据通信接口等构成。综合可靠性考虑,PLC 系统应具备自诊断及容错功能,关键设备冗余设置,保证控制系统稳定、安全运行,具体冗余要求如下。

(1)控制系统内部所有电源装置必须双重化冗余设置,要求具有分散性和可维护性;

(2)所有通信网络设备与部件、电缆必须冗余设置,包括网络和通信接口;

(3)系统各个节点之间应是对等的,即任何一个节点故障,都不应该影响到其他节点的正常运行。

4. 系统软件

为完成站控制系统任务,配置下列软件:

(1)PLC 操作系统软件。

(2)操作员工作站操作系统软件。该软件应采用运行稳定、先进的版本的标准中文 Windows。

(3)PLC 编程软件。PLC 编程软件应具有多种编程语言,如阶梯图、功能块等,可采用调用多级子程序,具有逻辑运算、数学运算、字符串运算等功能,采用组态的方式即可完成对输入输出信号的配置,具有组态多个复杂控制系统的能力,具有多个 PID 运算模块和其他常用的功能块。

(4)根据具体功能需求,由系统供货商负责编制的执行程序。

(5)MMI 组态软件。MMI 是操作员与站控计算机系统的对话窗口,它们为有关人员提供各种信息,接受操作命令。该软件应在标准中文 Windows 平台上运行;它应具有强大的图形编辑、显示功能,具有支持三维图的编辑、显示能力,可调用标准简体中文字库。支持多窗口显示及动态画面显示。

(6)MMI 软件最少应具有通信管理、数据库管理、动态和静态画面编辑、文本编辑、在线帮助、实时趋势编辑显示、历史趋势编辑显示、报警管理、事件管理、报告管理、打印等功能模块。

系统供货商以该软件为开发工具,组态、编制操作运行所需的各种显示、操作和在线帮助等画面,为操作人员提供直观、方便、灵活、友好的对话窗口。

(7)高级语言(需要时)。

5. 通信

集配站新建 PLC 控制系统与集注站调控中心之间的数据通信网络,采用光缆通信。PLC 控制系统、调度控制中心的 SCADA 计算机网络系统与通信系统的接口采用 RJ45,与调度控制中心的数据传输采用传输控制协议/互联网络协议(TCP/IP)通信,通信带宽:2M,通信误码率不大于 10^{-6}。

6. 系统与其他智能设备的通信

集配站 PLC 控制系统采用 RS485 通信接口(MODBUS – RTU)与可燃气体报警控制系统及放空火炬点火控制系统之间进行数据通信,实现对其他智能设备的数据采集及控制。

二、外输线控制系统设计

(一)站控系统

1. 系统配置

昌吉分输站控(SCS)系统主要由计算机网络系统、过程控制单元、操作员工作站、数据通信接口和系统软件等构成。过程控制单元采用可靠性高,适应现场环境的 PLC 控制器,作为人机接口的操作员工作站采用工业型微型计算机。过程控制单元主要由处理器(CPU)、I/O

系统、网络通信系统、电源、安装附件等构成。为保证系统的可靠性,站控过程控制单元的处理器、电源模板、I/O 网络、LAN 等应按热备冗余设计。

706 泵站站控系统在已建站控系统上适当扩容。已建系统架构不变。

2. 系统功能

工艺站场的站控(SCS)系统作为管道 SCADA 系统的现场控制单元,除完成对所处站场的监控任务外,同时负责将有关信息传送给调度控制中心(昌吉分输站部分的生产信息上传至中石油北京主调控中心和廊坊备用调控中心,706 泵站部分的生产信息上传至新疆油田公司油气储运分公司昌吉调控中心),并接受和执行其下达的命令。其主要功能(不限于此):

(1) 采集和处理工艺变量数据;
(2) 监视站场的可燃气体、火灾报警和安全状况;
(3) 工艺流程的动态显示;
(4) 报警显示、管理及事件的查询、打印;
(5) 实时数据和历史数据的采集、归档、管理以及趋势图显示;
(6) 生产统计报表的生成和打印;
(7) 压力/流量控制;
(8) 逻辑控制;
(9) ESD 联锁保护;
(10) 执行 SCADA 系统调度控制中心发送的指令,向调度控制中心发送实时数据;
(11) 数据通信管理等。

站控(SCS)系统设有计算机网络系统和人机接口操作设备,以实现站内工艺过程的自动监视和控制,一旦数据通信系统或调控中心的 SCADA 系统故障,SCS 能自动无扰动地从调控中心远程监控切换到站场自动控制状态,并独立承担对该站场的控制工作,保证该站场工艺过程正常运行。

3. 系统硬件

站控(SCS)系统主要由计算机网络系统、过程控制单元、操作员工作站、数据通信接口等构成。过程控制单元采用可靠性高,适应现场环境的可编程序逻辑控制器(PLC——Programmable Logical Controller)。作为人机接口的操作员工作站采用工业级的微型计算机。

可编程序逻辑控制器(PLC)主要由处理器 CPU(冗余配置)、I/O 系统、网络通信系统、电源、安装附件等构成。每个系统都能够单独完成其控制任务,使功能分开,危险分散。这些系统将以网络的形式连接起来。

为保证系统的可靠性,PLC 的处理器、PLC 的电源、通信网络、LAN 等按热备冗余设计。

4. 系统软件

为完成站控制系统任务,最少配置下列软件:

(1) PLC 操作系统软件;
(2) 操作员工作站操作系统软件。该软件应采用运行稳定、先进的版本的标准中文 Windows;
(3) PLC 编程软件。PLC 编程软件应具有多种编程语言,如阶梯图、功能块等,可采用调用多级子程序,具有逻辑运算、数学运算、字符串运算等功能,采用组态的方式即可完成对输入输出信号的配置,具有组态多个复杂控制系统的能力,具有多个 PID 运算模块和其他常用的功能块。总之,PLC 编程软件应是一个功能强、使用灵活方便、界面友好的软件。该软件应在标准中文 Windows 平台上运行,该软件应既可安装在作为编程器的笔记本计算机内,又能安装在操作员工作站中,且均可完成对 PLC 的编程和组态;

(4)根据具体功能需求,由系统供货商负责编制的执行程序;

(5)MMI 组态软件。MMI 是操作员与站控计算机系统的对话窗口,它们为有关人员提供各种信息,接受操作命令。该软件应在标准中文 Windows 平台上运行;它应具有强大的图形编辑、显示功能,具有支持三维图的编辑、显示能力,可调用标准简体中文字库。支持多窗口显示及动态画面显示;

(6)MMI 软件最少应具有通信管理、数据库管理、动态和静态画面编辑、文本编辑、在线帮助、实时趋势编辑显示、历史趋势编辑显示、报警管理、事件管理、报告管理、打印等功能模块;

系统供货商以该软件为开发工具,组态、编制操作运行所需的各种显示、操作和在线帮助等画面,为操作人员提供直观、方便、灵活、友好的对话窗口;

(7)高级语言(需要时)。

5. 系统和其他智能设备的通信

本次工程站内智能设备为流量计算机和分析小屋。新建站控系统与其通过 RS485 通讯电缆实现数据通信,采用标准 RS485 串行数据信号接口,以 MODBUS 协议进行数据通信。

6. 通信网络

706 泵站站控系统已建成与昌吉调控中心之间的数据通信网络,本次工程新建 706 泵站及昌吉分输站与储气库集输总站调控中心之间的数据通信网络,采用光缆通信,基于新疆油田公司通信公司的 SDH 光纤传输自愈环网建设。站控系统、调度控制中心的 SCADA 计算机网络系统与通信系统的接口采用 RJ45,与调度控制中心的数据传输采用传输控制协议/互联网络协议(TCP/IP)通信,通信带宽:2Mbps,通信误码率不大于 10^{-6}。

7. 系统网络安全

计算机控制系统采用加密、网络隔离、身份认证、密码进入等技术和手段确保系统的安全。

计算机控制系统硬件重要组成部分采用冗余配置、模块化设计、热插拔技术、故障自诊断、浪涌保护等措施,确保系统运行的可靠性。

(二)ESD 系统

紧急停车系统(ESD)是保证管道及站场安全的逻辑控制系统。当管线和站场发生意外事故,如火灾、大量天然气泄漏等情况时,为了保障站场和管线的安全,避免造成更大的损失,设置紧急停车系统。站场的紧急停车系统采用独立的控制系统完成。ESD 命令优先于任何操作方式。ESD 系统动作可手动(调控中心、站控制室的 ESD 手动按钮、ESD 系统的 MMI 的 ESD 手动按钮)触发。无论 ESD 命令从何处下达及 SCS 处于何种操作模式,ESD 控制命令为最高优先级,均可直接到达被控设备,并使它们按预定的顺序动作。所有 ESD 系统的动作将发出闭锁信号,即在未接到人工复位命令前不能再次启动。

紧急停车 ESD 系统安全等级为 SIL2 级,ESD 系统执行器具有相应的安全等级认证。当紧急停车系统被触发时,切断站场与管道进出口的连接。

紧急切断系统在下列情况下启动:

(1)ESD 按钮动作;

(2)从调度控制中心发出的 ESD 命令;

(3)火灾报警等;

(4)发生管道超压、泄漏等;

若发生紧急切断信号,将产生下列动作:

(1)关闭紧急切断阀

(2)开启紧急放空阀。

ESD 系统采用继电器硬线搭接实现安全保护功能,并将 ESD 动作的反馈信号上传至站控 PLC。系统输入输出规模

(三)昌吉调控中心 SCADA 系统扩容

呼图壁储气库昌吉调控中心 SCADA 系统与 706 泵站站控(SCS)系统及紧急停车(ESD)系统进行储气库外输线部分生产数据的交换及生产调度、控制。SCADA 系统无须进行硬件扩容,仅针对本次工程进行相应软件扩容工作。

1. SCADA 系统扩容

(1)SCADA 系统扩容、编程、调试;

(2)控制中心人机界面组态、调试;

(3)广域网组网及调试;

(4)控制中心与站场设备联合调试;

2. HMI 画面设计

HMI 应包括以下各画面:

(1)管道综合图;

(2)总流程图;

(3)各站配管与仪表流程图;

(4)变量一览表;

(5)报警一览表;

(6)事件一览表;

(7)历史趋势图;

三、设备自控仪表及分工界面

(一)注气压缩机组控制系统设计原则及系统配置

(1)呼图壁储气库压缩机组前期已由股份公司统一订货,每台压缩机组配套提供一套 PLC 系统,PLC 系统负责压缩机组运行参数的监控,并在压缩机操作员站(厂家配套提供、设置在中控室操作间)集中显示、控制。

(2)高低压火炬配套提供一套自动点火系统。

(3)空氮站配套提供一套 PLC 系统。

(4)热媒炉配套提供一套 PLC 系统。

(二)与站控系统的通讯方式的连接方式

(1)压缩机 PLC 系统通过标准以太网接口(TCP/IP 协议)与集注站 DCS 系统通讯;PLC 系统预留紧急停车硬接点,可接受集注站 ESD 系统的紧急停车信号。

(2)高低压火炬自动点火系统采用 RS485 通信接口(MODBUS 协议)与 DCS 系统通讯。自动点火系统预留点火硬接点,可接受集注站 ESD 系统的紧急停车信号。

(3)空氮站、热媒炉配套提供的 PLC 系统采用 RS485 通信接口(MODBUS 协议)与 DCS 系统通讯。

(三)工作分工界面

与第三方设备的指控仪表分工界面是:自控仪表专业仅负责信号上传路由的设计,其他部分由设备厂家完成。

四、计量系统设计

(一)计量系统设计原则

(1)计量系统的设计应符合相应的国家、行业标准和有关规定的要求。

(2)基于技术先进、性能价格比高的计量系统。在满足所处环境和工艺条件、选择在同行业中应用成熟的产品。

(3)计量系统应能与站控系统的数据通信、可显示瞬时流量、累计流量,并能在流量计算机内进行存储。

(二)流量计的选型

呼图壁储气库有两处交接计量点,选择超声波流量计作为交接器具。第一处交接计量点设置在昌吉分输站,计量储气库从西二线取气量,交接的双方是新疆油田公司和西部管道公司。第二处交接计量点设置在呼图壁储气库外输管线处,交接的双方是新疆油田公司油气储运公司和新疆油田公司呼图壁储气库作业区。

1. 昌吉分输站的超声波流量计选型

工艺专业提供参数,管道设计压力 12MPa,工作压力 9~12MPa,最小设计输量 $200 \times 10^4 m^3/d$,最大设计输量 $2789 \times 10^4 m^3/d$,介质温度 10~40℃。经过计算,选择 DN300 口径的超声波流量计,采用 2 用 1 备方式设置。每台流量计配备温度、压力检测仪表及流量计算机,用于温度压力补偿和流量累计计算。

2. 呼图壁储气库的超声波流量计选型

工艺专业提供参数,管道设计压力 6.3MPa,工作压力 3.0~6.3MPa,最小设计输量 $200 \times 10^4 m^3/d$,最大设计输量 $1900 \times 10^4 m^3/d$,介质温度 5~20℃。经过计算,选择 DN300 口径的超声波流量计,采用 2 用 1 备方式设置。每台流量计配备温度、压力检测仪表及流量计算机,用于温度压力补偿和流量累计计算。

(三)计量系统和站控系统的数据通信和连接

流量计算机与站控系统的数据通信采用 RS485 通信接口,MODBUS 通信协议。

(四)计量系统的检定

按照规范的要求,超声波流量计需经实流标定。流量计在投用前,需送国内标定站进行标定,标定精度达到要求后方能投用。流量计在使用过程中,需 2 年标定一次。

五、控制回路设计

呼图壁储气库所有的调节回路都采用单回路 PID 调节控制。设定参数给定值,当传感器检测结果偏离给定值时,控制系统自动输出 4~20mA 信号控制调节阀,使测量值趋近给定值。

六、现场仪表部分设计

(一)仪表选型原则

仪表选型以安全可靠、技术先进、性能价格比优、维护、操作方便为原则。针对呼图壁储气库介质易燃易爆的特点,仪表设备选用国内外先进、可靠的产品。位于爆炸危险场所的仪表、设备按防爆型进行设计,并具有公认的权威机构颁发的防爆合格证书。仪表设备隔爆等级不低于 dⅡBT4,防护等级不低于 IP65。安装在室外的仪表设备环境温度按 -40~+60℃考虑。

(二)仪表的选型

(1)温度检测仪表选用 Pt100 一体化温度变送器。

(2)压力检测仪表选用智能压力变送器。

(3)流量检测仪表:气体、液体流量测量选用涡街流量计;高压注气流量检测选用靶式流量计;计量级流量计选用超声波流量计;污水计量选用电磁流量计。

(4)液位检测仪表:卧罐液位检测选用磁耦合液位计(侧绑磁致伸缩液位计),凝析油储罐液位检测选用导波雷达液位计。容器高低液位报警检测选用音叉液位开关。

(5)界面检测仪表选用射频导纳界面仪。

(6)调节阀选用气动/电动调节阀。

(7)紧急切断阀选用气动/电液联动/气液联动紧急球阀。

(8)可燃气体检测选用催化燃烧式可燃气体变送器。

(9)火焰探测器选用紫外/红外复合型火焰探测器。

(10)分析仪。色谱分析仪、水露点分析仪、烃露点分析仪撬装化结构,安装在分析小屋内。色谱分析仪、水露点分析仪、烃露点分析仪选用在线式分析仪。

七、站控室、井场机柜间设计

(1)井场 RTU 系统置于井口保温盒内,保温盒面积 3.0m²(2.0m×1.5m),内设 RTU 机箱、UPS 电源及加热器等。

(2)集配站 PLC 控制系统置于站内控制室内,控制室面积为 32.4m²(6.0m×5.4m),室内净高 3.3m,设防静电地板。内设 PLC 控制系统机柜、可燃气体报警器主机、UPS 等。

(3)集注站中控室由操作间、机柜间和软件办公室组成。总面积为 276.8m² (18.1m × 14.1m)，室内净高 3.3m。机柜间设置吊顶和防静电地板，操作间和软件办公室设吊顶。机柜间布置 SCADA 系统、DCS 系统、ESD 系统、火气控制盘柜、电视监控及周界系统以及通讯机柜；操作间布置 SCADA 系统、DCS 系统、视频监控系统操作员站，ESD 操作台，电视监控大屏以及打印机；软件办公室设置 SACADA 系统、DCS 系统、ESD 系统工程师站。

(4)双向输气管道分输站控制室新建，面积为 7.2m × 6.3m，分为操作间和机柜间，内设站控系统机柜、ESD 系统机柜、可燃气体报警器机柜、操作台等。

(5)706 泵站控制室已建，面积为 12.0m × 7.0m，分为操作间和机柜间，内设站控系统机柜、ESD 系统机柜、可燃气体报警器机柜、操作台等。

八、辅助系统检测及控制

(1)火灾及气体检测系统(FGS)采用火灾自动报警的方式，中心控制室实现集中控制。一旦发生火灾，经监视系统确认着火罐位置后，人工启动冷却水泵，自动联锁开启泵房内相应着火罐区冷却水控制阀门，开始对着火罐及相邻罐进行冷却；人工开启泡沫混合液泵，自动联锁开启泵房内相应着火罐区泡沫混合液控制阀门，开始对着火罐及相邻罐进行灭火。同时自动关闭市政来水去冷却水管线的控制阀门。消防泵可在消防泵房就地启动也可在中心控制室启动。

(2)为了保证操作人员、管道与工艺站场安全，避免发生火灾，根据有关的设计标准和规范要求并结合呼图壁储气库的实际情况，在各站场及生活公寓配置相应的可燃气体检测、火焰探测器。当检测到可燃气体浓度超限或探测出火焰出现时，在控制室火气控制盘柜或站控系统进行报警并联动轴流风机，提醒值班人员，采取安全措施，将危害降低到最低。

九、供电要求

1. 采注井口部分

井口 RTU 采用 UPS 电源供电，后备时间不少于 2h，220VAC，50Hz，功率 1200W。

2. 集配站部分

站控系统 PLC 控制系统采用 UPS 电源供电，后备时间不少于 2h，220VAC，50Hz，功率 2000W。

电液联动 ESD 紧急放空阀和进站切断阀采用 UPS 电源供电，供电规格 380VAC 50Hz 蓄电池的后备时间不小于 2h。其他现场电动阀门采用双回路供电，380VAC 50Hz，由电专业负责提供。

3. 集注站部分

集注站调度中心计算机控制系统、DCS 系统、火气系统采用 UPS 电源供电，供电规格为 220VAC 50Hz，功率 35kW。蓄电池后备时间不小于 2h。

4. 外输线部分

站控 PLC 系统及紧急停车系统 ESD 均采用 UPS 电源供电，220VAC 50Hz，蓄电池的后备时间不小于 2h。

电液联动 ESD 紧急放空阀采用 UPS 电源供电,供电规格 380VAC 50Hz 蓄电池的后备时间不小于 2h。其他现场电动阀门采用双回路供电,380VAC 50Hz,由电专业负责提供。

十、安全技术措施

1. 防爆和防护等级

处于爆炸危险性场所的电动仪表及电气设备一般按隔爆型设计,电气设备和电气连接一般按爆炸危险性区域 1 区选型设计。所选用的电气设备必须具有公认的权威机构颁发的符合有关标准的防爆合格证书。

(1)标准:GB 3836 或 IEC 60079 或其他等效的标准。

(2)防爆/防护等级:Ex d Ⅱ BT4/IP65(最低)

2. 防雷

为保证设备安全和系统的可靠,根据有关防雷设计规范,除设置防雷接地系统外,在主要的检测仪表信号传输接口、ESD 系统的所有 I/O 点、数据通信接口、供电接口等,有可能将雷电感应所引起的过电流与过电压引入系统的关键部位,均安装电涌保护器,以避免雷电感应的过电流和过电压窜入,造成设备损坏。主要的现场检测仪表的信号传输接口和关键的调压、安全截断设备的信号接口也具有防雷电保护的功能。用于防雷击的电涌保护器应采用可靠性高,并经实践证明过的优质产品。所选择的电涌保护器必须能承受预期通过的雷电流,并有能力熄灭在雷电流通过后产生的工频续流。对于电源接口要求抗电涌的主要技术指标:标称放电电流不小于 60kA(8/20μs),测试电流 10kA。数据通信接口和其他的 I/O 点抗电涌的主要技术指标:标称放电电流不小于 10kA(8/20μs),测试电流 3kA。

3. 接地

呼图壁储气库接地系统分为保护接地和工作接地,系统采用联合接地,接地电阻不大于 1Ω。接地系统由电力专业统一设计。

十一、电缆选型及电缆敷设方式

(1)电缆采用阻燃型(能够达到防火要求)分屏、总屏电缆,防止电磁信号的干扰。

(2)根据站场条件的不同,电缆敷设采用多种方式,集注站主要采用电缆沟、桥架和穿钢管埋地的方式。集配站、井口和外输站场主要采用电缆沟和直埋地的方式。

第六节　QHSE 管理

储气库自建设以来推行 HSE 管理体系以来,严格按照 Q/SY 1002.1、2、3—2007《健康、安全与环境管理体系》要求运行。随着 HSE 体系建设不断深入,各项风险动态评价技术得到逐步的推广。工作前安全分析(JSA)、危险与可操作性分析(HAZOP)、工艺危害分析(PHA)等技术应用为促进安全工作水平的提高发挥了积极的作用。

遵循集团公司"奉献能源、创造和谐"的宗旨,秉承集团公司"诚信、创新、业绩、和谐、安全"的核心经营管理理念,建立了"油气有价、生命无价"的安全理念和"以人为本、预防为主、全员负责、持续改进"的 HSE 方针。通过搭建安全信息平台、开展安全经验分享、强化源头预防、践行有感领导、落实直线责任、推进属地管理、统一承包商监管,切实推行 HSE 管理体系建设、追求本质安全,使安全生产管理工作取得了显著成效。每年定期开展内部审核和管理评审,接受专项审核,以检查内部体系的符合性和有效性,识别潜在的改进方面并进行改进和完善,促进企业不断提高安全管理水平和安全保障能力。

一、安全管理机构及人员

设立安全生产(HSE)委员会作为内部 HSE 管理的最高决策机构,由储气库主要领导及下属各单位主要负责人组成,统一协调指导生产安全、消防安全、交通安全、环境保护和职业健康等工作。

储气库设置 HSE 专兼职管理岗位和 HSE 专职监督岗位,实现整体监管分离;下属各单位均设立 HSE 联络员,形成全覆盖的 HSE 管理网络。

二、安全生产管理制度

为加强安全生产工作,建立安全生产长效机制,防止和减少安全生产事故,切实保障员工在生产经营活动中的安全与健康,依据《中华人民共和国安全生产法》等法律法规和《中国石油天然气股份有限公司生产安全事故管理办法》《新疆油田公司安全生产管理规定》,根据储气库管理工作的特点,结合安全管理工作及 HSE 体系建设实际,制定了《安全生产管理实施细则》,从"组织与职责""安全生产责任制""安全监督管理""安全技术、安全投入""安全教育培训""安全检查""职业健康和劳动保护""工程项目安全管理""应急管理""事故管理"10 个方面对安全工作做了具体规定;同时还建立《事故隐患管理实施细则》《要害部位管理实施细则》等配套安全管理制度,对各项工作进行了详细的要求。

三、安全生产教育和培训

高度重视对员工的安全教育和培训工作,有组织、有计划地开展员工以学习《安全生产法》等为重点的安全生产法律、法规知识教育,开展适应员工本岗位处置事故及自我保护为主要内容的安全技能培训,开展以提高安全管理人员业务素质和管理能力为主要内容的安全教育和培训,开展以事故案例分析、提高员工安全生产意识为主要内容的全员安全教育及培训,对提高各级管理者、岗位员工安全生产意识和安全技能起到积极作用。

1. 主要负责人和安全管理人员培训

主要负责人和各级安全管理人员均参加过自治区、集团公司或新疆油田公司组织的安全教育培训,主管生产领导、生产科室负责人、基层生产单位主要负责人和 HSE 管理人员均持有非煤矿山安全生产管理人员资格证书。

2. 特种作业人员教育培训

为加强各单位安全上岗资格证管理,增强特种作业中员工的安全意识和安全防护能力,减少各类事故、事件的发生,根据各生产单位工种需求积极开展特种作业安全培训工作,各类特种作业证由地方政府安全监督管理部门认可委托的资质机构进行培训、考核合格后颁发。

3. 其他从业人员培训

根据 HSE 管理体系推进的相关要求，积极推进培训需求矩阵，在年度培训工作总结的基础上，认真查找培训工作中存在的短板和不足，积极运用采气工培训需求矩阵、能力评估等工具开展培训需求分析，找准员工知识盲点、技能缺陷和培训需求，按照培训项目分级管理原则，层层制定针对性的措施，落实了个人、班组和单位三级培训计划。

4. 对承包商的培训情况

在承包商施工人员统一接受新疆油田分公司 HSE 培训基础上，进入现场施工前，属地单位和项目现场负责单位针对每个施工项目和施工场所具体风险，开展风险提示和落实管控措施教育活动。同时，对主要承包商施工现场开展第二方监督审核和培训，帮助承包商提高 HSE 能力。

严把承包商"资质、素质、业绩、监督、管理"五关，按照项目管理执行单位、监理单位、监督站、属地管理单位共同负责的原则，强化承包商管理。建立了合格承包商和供应商名录，对承包商的 HSE 资格进行定期考核和评估，达标合格后方可继续签订合同。

四、安全生产投入与安全设施"三同时"

1. 安全生产投入各类费用

不断通过地面设施调整改造、设备更新、安全环保隐患专项治理等方式加快隐患整治力度，不断提高现场管理本质安全。按照安全生产法等法律法规的要求，认真践行了企业对员工应当承担劳动保护责任，全面依法合规做好员工的工伤保险、劳保用品配发、健康体检、有毒有害保健、防暑降温等工作。

2. 安全设施"三同时"履行情况

主要生产和辅助系统的安全管理严格按照国家相关法律法规要求，认真落实建设前的安全预评价、环境保护评价和职业病危害（职业卫生）预评价；建设中认真落实"三同时政策"，建设后及时开展环境保护验收评价、安全验收评价和安全现状评价，使危害因素实时可控；按需对新改扩建工程、"三新"和在役装置开展 HAZOP 方法分析，增强工艺安全的可靠性；同时每年组织各单位开展属地危害因素辨识活动，形成安全自评价报告，分析可能出现的后果，并制定消减措施。

在新、改、扩建工程项目时严格遵守"三同时"要求，项目可研阶段将安全设施投资纳入建设项目概算，项目建设阶段落实安全、卫生、环境、消防设施与气田建设同步进行。实现了安全设施与主体工程同时设计、同时施工、同时投入生产和使用。

五、生产运行管理

根据安全生产的实际制定 HSE 年度工作计划，建立了 HSE 目标和年度指标，并层层分解、签订各级 HSE 责任书。建立了安全生产责任制、管理制度、操作规程、应急预案，按照 HSE 管理体系建立了管理手册、程序文件、作业指导书、操作卡等体系文件，各种台账、档案完整，风险能够有效控制。

认真落实隐患排查制度,利用日常巡检、单位自检、部门季度检查、审核等各种活动广泛发动员工,定期组织开展安全隐患排查活动。对查出的安全隐患,登记建档,制定隐患治理方案,采取针对性措施并督促限期完成整改;一时难以治理的列入计划,制定防范措施,落实资金和责任,限期整改,加强监控确保了安全生产。

明确了相应的领导干部联系点,领导干部定期到联系点检查;按照重大危险源安全管理制度,对危险设施或场所进行重大危险源辨识与安全评估,制定重大危险源安全监控措施,对确认的重大危险源登记建档。

与承包商和供应商签订了HSE合同或协议,对其实施准入管理,进行定期监督和检查;动火作业、进入受限空间、挖掘作业、高处作业、临时用电、管线打开等作业实施作业许可管理。持续推行风险作业报批制度,重要节假日和敏感时期实行升级管理;严格执行新疆油田分公司作业许可管理制度,对动火作业、受限空间、临时用电、挖掘作业、高处作业、吊装作业、管线打开等危险性作业的直接作业环节进行规范管理;作业前组织开展了现场风险识别、工作前安全分析、启动前检查,制订了控制措施,强化了过程监督,确保了各类风险作业的有效实施。

定期对执行法律法规、标准规范和规章制度的有效性、适用性进行合规性评价;对各项规章制度、操作规程、应急预案不断进行评估与改进;对HSE监督检查和合规性评价发现的问题进行原因分析,采取针对性的纠正和预防措施。定期对HSE管理体系运行情况进行内部审核,并形成审核报告,同时对审核报告提出的不符合项进行整改关闭。主要负责人每年定期组织HSE管理体系的管理评审,重点是HSE方针、目标、资源配置、内部审核结果等,并建立了评审记录。根据管理评审结果,对安全生产目标指标、规章制度、操作规程等进行修改完善,持续改进,实现动态循环,不断提高HSE管理水平。

六、事故及应急管理

(一)事故管理

严格事故管理,严控"违章—事件—事故"链条。通过严控"违章"行为,预防事件的发生;通过严格执行中国石油天然气股份有限公司事故上报的管理规定,及时录入HSE信息系统,开展调查分析,落实"四不放过"原则,严控事件的发生,将事故消灭在萌芽状态,实现事故的预警管理。

(二)应急管理结构

储气库应急预案体系包括:(1)储气库突发事件总体应急预案,是储气库应急预案体系的总纲,是储气库应对突发事件的规范性文件,为储气库各专项应急预案和基层单位现场处置预案提供指导原则和总体框架;(2)储气库专项应急预案,主要应对某一类型突发事件,着重解决特定突发事件的应急处置,是总体预案的支持性文件;(3)现场处置预案(岗位应急处置程序),是基层班组针对各类突发事件按照"一事一案"的原则制定的现场处置预案,与对应的储气库突发事件专项应急预案相衔接,并纳入基层站队HSE作业指导书统一管理。基层单位针对识别出的岗位风险在有关技术管理人员的指导下制定岗位应急处置程序,并纳入岗位HSE作业指导书统一管理;(4)临时应急预案。单项作业(如装置检修、工程项目施工)以及较大规模的集会、庆典等活动安全的应急预案,按照"谁主管、谁负责"的原则,由活动管理部门或组织单位负责制定签发。储气库定期对应急预案的符合性、适宜性进行评估,根据评估结果,对预案进行修订,不断完善。

持续做好新版应急预案的培训、宣贯及演练,制定各专项预案的演练计划,依据标准规范和新版预案要求,结合实际需求,建立健全生产现场应急物资配备标准,配备完善应急物资储备。

七、安全环保技术体系

适合储气库运行管理的安全环保技术是保障储气库安全平稳运行的重要手段,对事故预警、过程监管等方面都提出了要求,从开发到生产整个生命周期发挥着极其重要的作用。

安全环保技术是从健康安全环境三方面入手,主要包含工艺安全保障技术、职业危害防护技术、环境保护技术。在全面总结天然气生产安全环保工作的基础上,建立一套适"全面、科学、实用"的安全环保技术支撑体系,旨在为储气库安全平稳运行提供技术支撑和依据(图4-6-1)。

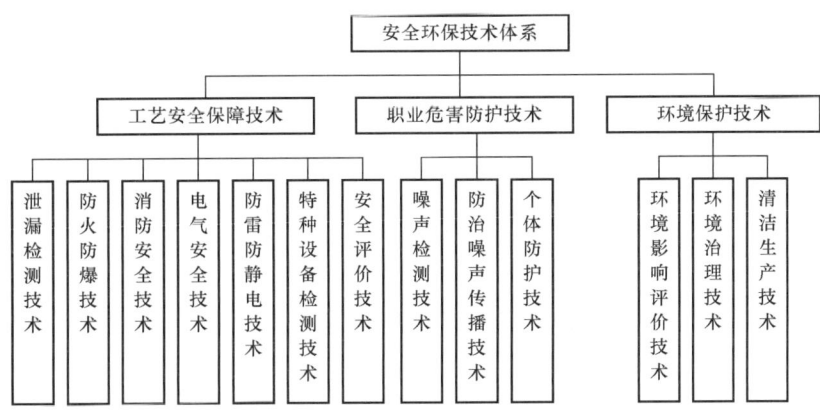

图4-6-1 安全环保技术体系框图

(一)泄漏检测技术

1. 技术原理

泄漏检测主要通过检测仪器仪表实现。分为可燃气体检测仪器仪表、烟感温感探测器等。

可燃气体检测仪由检测和探测两部分组成,具有检测及探测功能。可燃气体检测仪检测部分的原理是仪器的传感器采用检测元件与固定电阻和调零电位器构成检测桥路。桥路以铂丝为载体催化元件,通电后铂丝温度上升至工作温度,空气以自然扩散方式或其他方式到达元件表面。当空气中无可燃气体时,桥路输出为零;当空气中含有可燃气体并扩散到检测元件上时,由于催化作用产生无焰燃烧,使检测元件温度升高,铂丝电阻增大,使桥路失去平衡,有一电压信号输出,这个电压的大小与可燃性气体浓度成正比,信号经放大,模数转换,通过液体显示器显示出可燃气体的浓度。探测部分的原理是当被测可燃气体浓度超过限定值时,经过放大的桥路输出电压与电路探测设定电压,通过电压比较器,方波发生器输出一组方波信号,控制声、光探测电路,蜂鸣器发生连续声音,发光二极管闪亮,发出探测信号(图4-6-2)。

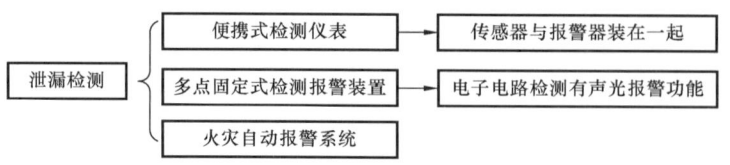

图4-6-2 泄漏检测系统组成

2. 技术特点

(1)便携式检测仪表和固定式检测仪表构成检测系统。
(2)可实现就地显示和远程报警。
(3)及时发现泄漏。

3. 适用范围

各天然气处理站、办公区域、生活公寓区域。

4. 主要功能

泄漏检测、现场声光报警、远程报警。

5. 执行标准

SY 6503—2008《石油天然气工程可燃气体检测报警系统安全技术规范》。

6. 注意事项

从可燃气体检测仪原理可以看出:出现电磁干扰会影响探测信号,导致数据偏差;出现碰撞、震动会造成设备断路、探测失灵;环境过分潮湿或设备进水,会引起可燃气体检测仪出现短路或线路电阻值发生变化,出现探测故障。因此便携式检测仪器仪表须防水,室外固定式检测仪器仪表需制作防雨罩。

(二)防火防爆技术

1. 技术原理

防火防爆主要是控制燃烧三要素,即可燃物、助燃物、着火源。天然气生产过程中,主要从阻火隔爆、防爆泄压来考虑。现场应用的防火防爆技术主要由阻火器、单向阀、安全阀等组成(图4-6-3)。

2. 技术特点

(1)控制着火源。
(2)便于实现。

3. 适用范围

各类压力容器、车辆等。

4. 主要功能

阻火隔爆、防爆泄压。

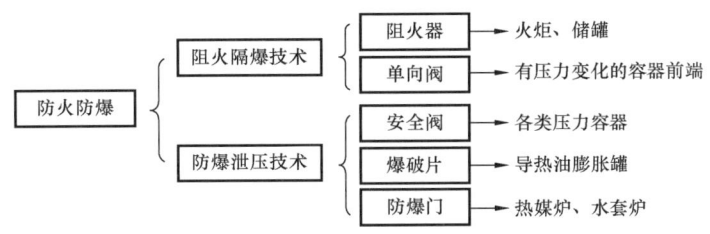

图4-6-3 防火防爆技术组成

5. 执行标准

GB/T 12241—2005《安全阀 一般要求》、GB 50160—2008《石油化工企业设计防火规范》、GB 50016—2006《建筑设计防火规范》、GB 50351—2005《储罐区防火堤设计规范》。

(三)消防安全技术

1. 技术原理

消防安全系统由泄漏检测、报警、灭火系统、应急广播及照明以及紧急切断泄放系统组成(图4-6-4)。

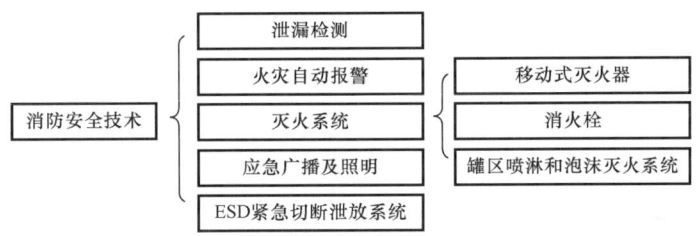

图4-6-4 消防安全技术组成

2. 适用范围

各天然气处理站、储油罐区、生活公寓。

3. 主要功能

实现泄漏检测、远程报警、灭火、广播等功能;ESD紧急切断泄放系统可实现紧急切断泄放,及时将事故段进行隔离。

4. 执行标准

GB 50116—2008《火灾自动报警系统设计规范》、GB 50140—2005《建筑灭火器配置设计规范》。

(四)电气安全技术

1. 技术原理

根据能量转移论理论,电气危险因素是由于电能非正常状态下所形成。按照电能形态,电气事故可分为触电事故、雷击事故、静电事故、电磁辐射事故和电气装置事故。涉及的电气安全技术主要包括触电防护、电气防火防爆、电气装置安全技术(图4-6-5)。

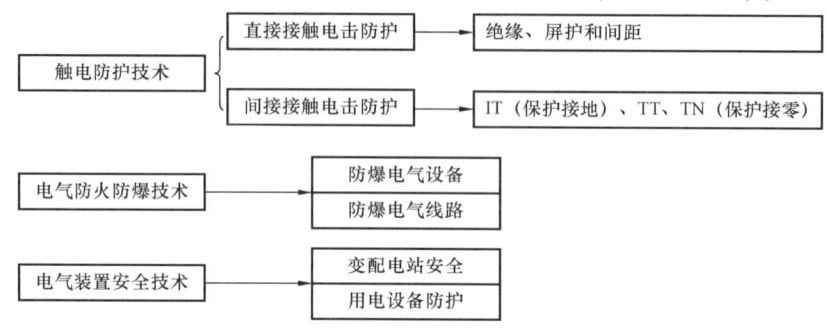

图4-6-5 电气安全技术组成

2. 技术特点

(1)应用广泛;

(2)本安型防护技术。

3. 适用范围

站区各电气设备设施。

4. 主要功能

触电防护,电气防火防爆。

5. 执行标准

GB/T 4776—2008《电气安全术语》、SY/T 0025—95《石油设施电气装置场所分类》、GB 50169—2006《电气装置安装工程接地装置施工及验收规范》。

(五)防雷技术

1. 技术原理

根据雷电的不同形状,雷电大致可分为片状、线状和球状三种形式。在线状雷中直接对建筑物或其他物体放电产生破坏的热效应或机械效应叫做直击雷。落雷处邻近物体因受静电感应或电磁感应产生高电位引起放电,叫做感应雷。落雷时沿架空线和金属管道引起的高电位,称为雷电波(图4-6-6)。

(1)直击雷防护装置是由接闪器、引下线和接地装置组成的。

(2)感应雷防护装置主要由屏蔽导体、等电位连接、电涌保护器等组成。

(3)雷电波侵入主要针对架空线路,因此采用埋地敷设来避免。

2. 技术特点

每年定期检测,检测指标:建筑防雷接地电阻不大于10Ω;电气防雷接地电阻不大于4Ω。

3. 适用范围

各天然气处理站装置防雷、建筑物防雷、罐区防雷。

4. 主要功能

防止装置、罐区遭受雷击、雷电破坏。

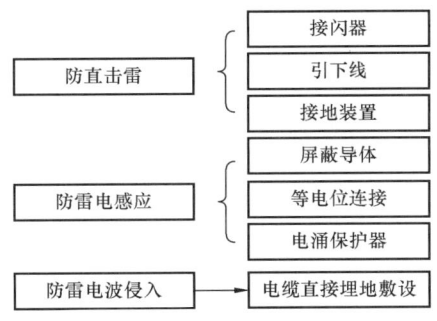

图4-6-6 防雷击技术组成

5. 执行标准

GB 15599—2009《石油与石油设施雷电安全规范》;GB 50650—2011《石油化工装置防雷设计规范》。

(六)防静电技术

1. 技术原理

静电是由物体摩擦所产生。静电产生的电压较高,易产生感应和尖端放电。静电放电引起火灾、爆炸事故的条件:有产生静电荷的条件;具备产生火花放电的电压;有引起火花放电的合适间隙;产生的电火花有足够的能量;在放电间隙的周围环境中有爆炸性混合物。消除其中一个条件即可达到防静电危害的目的。现场主要采取静电抑制、静电泄漏、静电消除等技术(图4-6-7)。

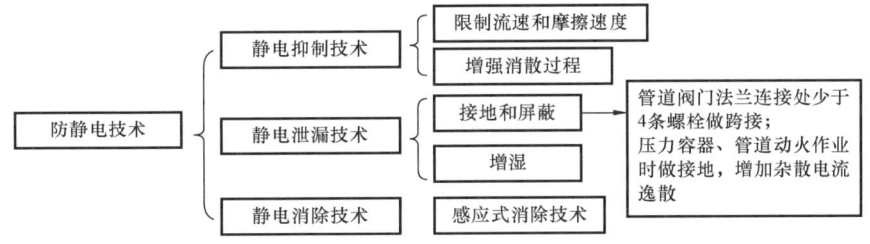

图4-6-7 防静电技术组成

2. 技术特点

静电接地与防雷接地共用接地网,要求接地电阻不大于4Ω。

技术要求:每年进行接地检测。

3. 适用范围

各天然气处理站装置区人体静电释放仪、管道阀门法兰跨接、凝析油拉运过程。

4. 主要功能

(1)实现静电泄漏、减少静电积聚;

(2)减少因静电放电产生火灾爆炸事故的可能。

5. 执行标准

SY/T 0060—2010《油气田防静电接地设计规范》、Q/SY1431—2011《防静电安全技术规范》、GB13348—2009《液体石油产品静电安全规程》。

(七)特种设备检测技术

1. 技术原理

储气库涉及的特种设备主要包括压力容器、锅炉、起重机械三类。定期检验可以查清特种设备的安全技术状况,及时发现和消除特种设备存在的缺陷和隐患,确保安全附件准确、灵敏、可靠等,以避免事故,保证特种设备长期安全运行。现有特种设备检测技术包括锅炉、压力容器、压力管道等(图4-6-8)。

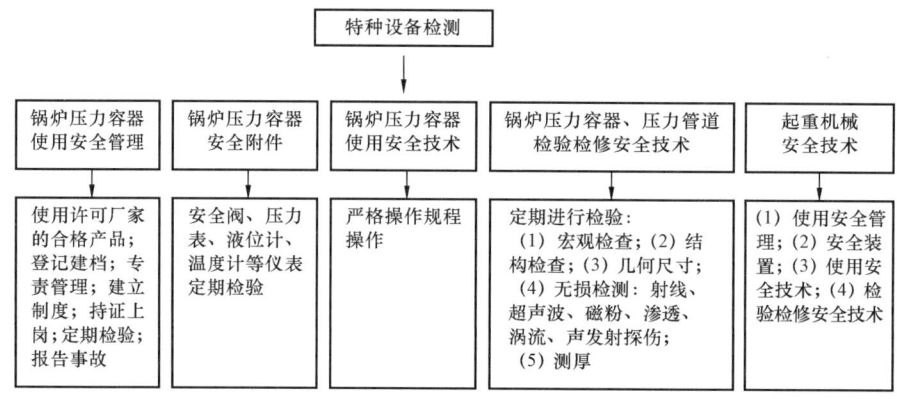

图4-6-8 特种设备检测技术组成

2. 技术特点

锅炉的外部检验一般每年一次,内部检验一般每两年一次,水压试验一般每六年一次;

压力容器分为年度检查和全面检验。一般投用满3年应首次全面检验。下一周期的全面检验周期,由检验机构根据前次全面检验结果按照下列规定确定:

(1)安全状况等级为1、2级的,一般每6年一次。

(2)安全状况等级为3级的,一般3~6年一次。

(3)安全状况等级为4级的,应当监控使用,其检验周期由检验机构确定,累计监控使用时间不得超过3年。

3. 适用范围

压力容器、锅炉、起重机械。

4. 主要功能

掌握特种设备的安全技术情况,及时发现和消除缺陷和隐患。

5. 执行标准

SY/T 6507—2010《压力容器检验规范在役检验、定级、修理及改造》、TSG 21—2016《压力容器安全技术监察规程》、GLL—0048《特种设备质量监督与安全监察规定》。

(八)安全评价技术

1. 技术原理

安全评价贯穿于装置生命周期的各个阶段,是装置整个生命周期运行的重要保障。储气库严格遵守安全"安全评价导则"(图4-6-9)。

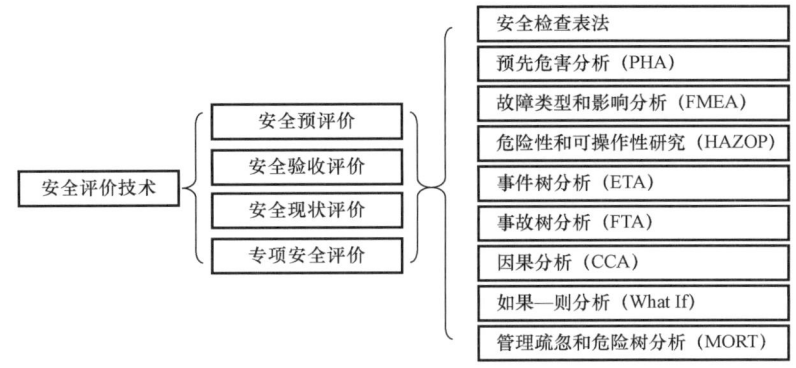

图4-6-9 安全评价技术组成

(1)安全预评价

在项目初步设计前进行。可避免出现安全设施不符合要求或存在缺陷等情况,提高项目本质安全程度。

(2)安全验收评价

在建设项目竣工、试生产运行正常后进行。是对项目安全设施"三同时"落实情况进行的符合性评价。

(3)安全现状评价

在项目有效生命周期内,定期针对生产装置的安全现状进行的评价。

2. 适用范围

储气库安全评价常用方法包括安全检查表、预先危险分析、危险与可操作性研究、故障类型和影响分析等7种方法,但应用阶段不同(表4-6-1)。

表4-6-1 安全评价方法与应用阶段统计

分析方法	开发研制	方案设计	样机	详细设计	建造投产	日常运行	改建扩建	事故调查	拆除
安全检查表		√	√	√	√	√	√		√
预先危险分析	√	√	√	√			√		√
危险性与可操作性研究			√	√		√	√		√
故障类型和影响分析			√	√	√		√		
事件树分析			√	√	√				
事故树分析			√	√	√			√	
因果分析			√	√	√	√		√	√

3. 主要功能

（1）及时发现装置运行过程中存在的安全隐患。

（2）实现装置生命周期内的全过程安全控制。

4. 执行标准

SY6607—2011《石油天然气行业建设项目（工程）安全预评价编写细则》、AQ 8003—2007《安全验收评价导则》、AQ 8002—2007《安全预评价导则》、AQ 8001—2007《安全评价通则》、SY/T 6710—2008《石油行业建设项目安全验收评价报告编写规则》。

（九）职业危害防护技术

1. 技术原理

储气库目前存在的职业危害主要为压缩机、空压机等产生的噪声。当噪声"强度"超过人们日常生产活动和生活活动所能允许程度时，会产生噪声污染。噪声有损害听力、影响人体健康、影响工作效率等危害。

噪声由声源发生，经过一定传播途径到达接受者，会发生危害作用。因此对噪声的控制治理必须从分析声源、传声途径和接受者这三个环节组成的声学系统出发，综合考虑。根据储气库的实际情况，主要从传声途径和接受者这两个方面来进行治理（图4-6-10）。

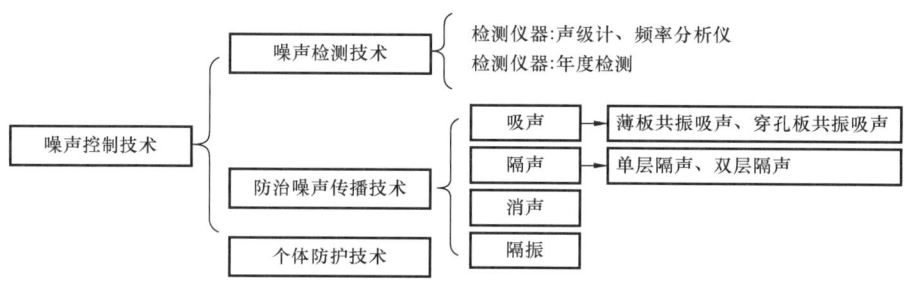

图4-6-10 噪声控制技术组成

2. 技术特点

对于生产过程和设备产生的噪声，首先从声源上进行控制，使噪声作业劳动者接触的噪声声级符合相关标准要求。采用工程控制技术措施仍达不到相关标准要求的，应根据实际情况合理设计劳动作息时间，并采取适宜的个人防护措施（表4-6-2）。

表4-6-2 噪声级别与最大允许接触时间统计

接触时间（h）	噪声级（dB）
8	85
4	88
2	91
1	94

3. 适用范围

各天然气处理站压缩机房、空氮站等噪声场所。

4. 执行标准

GBZ/T 189.8—2007《工作场所物理因素测量 噪声》、AY/T 6284—2008《石油企业职业危害工作场所监测、评价规范》。

(十)环境影响评价技术

1. 技术原理

在充分了解储气库生产和排污状况以及环境质量现状评价的基础上,结合储气库开发环境影响因素,开展以生态环境现状调查与影响分析、水环境影响分析、水土流失现状调查与影响分析、污染防治和环境保护措施为重点的环境影响评价,通过环境风险分析,针对存在的问题提出可行的环境保护补救措施,使环境风险处于可接受状态(图 4 – 6 – 11)。

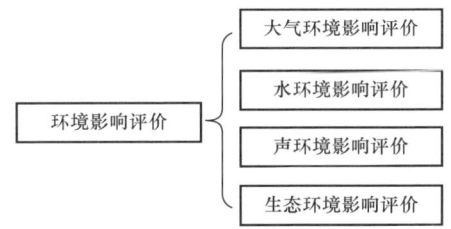

图 4 – 6 – 11　环境评价种类组成

2. 技术特点

对地面集气及处理站、天然气管道集输过程中生产设施风险识别和生产过程所涉及的物质风险识别,并对风险防范措施情况进行评价分析。

3. 适用范围

拟建项目环境预评价、环境影响后评价等。

4. 主要功能

(1)检查建设项目环境影响报告书批复的执行情况。

(2)掌握现状区域环境质量及变化趋势,排查现有环境问题,明确解决问题的方案。

5. 执行标准

HJ 2.1—2001 环境影响评价技术导则 总纲;HJ/T 131—2003《开发区区域环境影响评价技术导则》、HJ/T 169 – 2004《建设项目环境风险评价技术导则》。

参 考 文 献

[1] 鲁艳峰,王军江. 榆林气田新旧低温分离器工艺的对比分析[J]. 天然气工业,2007,27(3):127 – 129.

第五章　多周期注采优化运行

储气库投产有完善的组织机构保障、投产方案经多级审核、物资保障到位,人员培训、应急演练到位,实现了工程的一次投产成功及安全平稳运行。经过五个周期注采试运行,投运井储层伤害得到一定解除,随着注气对边水的驱替,注采区域已逐步向西区外推,构造低部位气井将得到逐步利用,气库周期注采能力也将进一步提高。气库储集空间与方案符合程度较高,方案设计库容及工作气量较为合理。

第一节　投产方案

一、地质投产方案

(一)基本情况

呼图壁储气库于 2013 年 6 月 9 日开井注气,截至 2017 年 9 月 28 日,已累计注气 $82.5 \times 10^8 m^3$,累计采气 $33.6 \times 10^8 m^3$。注气末期 $E_{1-2}z_2^1$ 地层压力为 33.2MPa,$E_{1-2}z_2^2$ 地层压力为 33.3MPa。

(二)第五周期采气原则

根据多周期注采运行特征,并结合初设实施方案要求,制定第五周期采气方案设计的基本原则为:

(1)采气末期地层压力高于设计下限压力 18MPa,井口采气压力高于 10MPa。
(2)构造高部位井正常采气,$E_{1-2}z_2^1$ 边部井和 $E_{1-2}z_2^2$ 井控制采气压差,避免气库水侵。
(3)在保证地层压力均衡下降的同时,初期按少井高产的方式运行,提高单井产量、降低井口压力,减小因节流引起的温降,提高进站温度。
(4)采气初期(12 月底)选择构造低部位井实施试采,评价利用可行性,并通过加大注采强度解除近井地带储层伤害。

(三)第五周期采气方案设计

根据股份公司整体部署、第五周期采气方案设计原则、气井实际采气能力以及前四个采气周期冬季用气需求,制定了第五周期采气实施方案,方案设计指标如下。

1. 储气库采气总体技术指标

(1)采气井数:30 口,其中正常采气井 25 口,试采井 5 口。
(2)采气层位:$E_{1-2}z_2^1$、$E_{1-2}z_2^2$。

2. 单井配产量

单井日配产气量 $(20 \sim 120) \times 10^4 m^3$,周期采气量 $(2410 \sim 12600) \times 10^4 m^3$。

3. 开井顺序

根据第五周期采气原则和现场地面设备设施的运行状况,同时为满足运行指令要求,分别制定不同产量下的开井顺序,并执行以下原则:

(1)低产量运行时优先选取构造高部位井采气,同时根据集配站选择合理的投产井号,避免出现多个集配站运行少数井的现象,降低投运风险,提高运行效率。

(2)开井数少于25口井的配产方案选择1~2口井作为备用井,以防止某一单井出现异常状况无法正常生产。

(四)采气期动态监测安排

参照企标 QSY 1183.1—2009《油气藏改建地下储气库运行管理规范—第1部分气藏管理》及《新疆油田呼图壁储气库项目初步设计》中关于资料录取要求,第五采气周期仍以产出流体性质与组分、地层压力、采气能力评价为监测重点。本周期加密了流体以及平衡期静压的监测,分析经过注采驱替后流体组分、性质的变化情况,准确掌握采后全区压力的分布情况,为编制注气方案提供有力支持。

二、地面投产方案

(一)投产具备条件及准备

1. 投产必须完工的内容

1)注气部分投产必须完工的内容

要确保证注气系统正常投运,下表所列装置(系统)必须施工完毕,具备投运条件,见表5-1-1。

表5-1-1 注气系统投运必须完工的装置(系统)

序号	站场名称	装置(系统名称)
1	昌吉站	昌吉站所有系统
2	双向输气管线	双向输气管线
3	线路阀室	线路阀室
4	集注站	DN1200 收球筒
5		过滤分离单元
6		天然气增压单元(8台注气压缩机)
7		放空火炬单元
8		$20m^3$ 埋地污油罐1座
9		空氮站
10		消防系统、消防道路
11		低压配电系统
12		SCADA 系统、DCS 系统、ESD 系统、FGS 系统
13		视频及周界防范系统、火灾报警系统1套

续表

序号	站场名称	装置(系统名称)
14	110kV 供电线路	锦华变—集注站 110kV 供电线路
15		10kV 供电线路
16	集气区	注气干线
17		通信光缆
18	集配站	1#、2#、3#集配站
19	注采井场	17 座注采井场
20	单井注采管线	17 座井场对应的单井注采管线
21	外部公用系统	集注站与开发区之间的给排水管线
22		通信系统

2) 采气部分投产必须完工的内容

要保证采气系统正常投运,下表所列装置(系统)必须施工完毕,具备投运条件,见表 5-1-2。

表 5-1-2 采气系统投运必须完工的装置(系统)

序号	站场名称	装置(系统名称)
1	昌吉站	昌吉站所有系统
2	双向输气管线	双向输气管线
3	线路阀室	线路阀室
4	706 泵站	706 泵站所有系统
5	D813 输气管线	储气库~706 泵站输气管线
6	集注站	DN1200 收球单元
7		DN350、DN500 收球筒各 1 座、DN800 发球筒 1 座等
8		过滤分离单元
9		天然气增压单元(8 台注气压缩机)
10		天然气增压单元(3 外输气压缩机)
11		露点控制单元
12		凝析油处理单元
13		热媒炉单元
14		乙二醇注醇及再生单元
15		燃料气单元
16		放空火炬单元
17		20m³ 埋地污油罐 1 座
18		20m³ 埋地甲醇罐、埋地乙二醇罐各 1 座
19		空氮站
20		消防系统、消防道路

续表

序号	站场名称	装置(系统名称)
21		110kV 变电所
22		低压配电系统
23		DCS 系统、ESD 系统、FGS 系统
24		视频及周界防范系统、火灾报警系统 1 套
25		10kV 供电线路
26	集气区	注气干线
27		采气干线
28		通信光缆
29	集配站	1#、2#、3#集配站
30	注采井场	注采井场
31	单井注采管线	单井注采管线

2. 其他条件

人员组织、人员培训、操作规程、规章制度、标识的建立、单机调试等必须完成;完成投产前的联合检查查处问题整改;消防设施、防雷防静电接地通过专业部门验收;应急预案报地方政府应急部门备案。

(二)投产材料准备

1. 注气部分投产材料准备

氮气(氮气浓度≥99%)、油品、备品备件、工具、设备保驾准备等。

2. 采气部分投产材料准备

甲醇、乙二醇、油品用量等。

(三)配套系统投运

供配电、通讯、给排水、消防、采暖系统及仪表自控等系统投运。

(四)注气系统投运

1. 注气系统流程描述

西二线来气通过双向输气管线输送至集注站,先分离后除尘,经压缩机增压,空冷器冷却后通过注气干线输送至各集配站;集配站均设置 1 座注采分配计量装置,用于调节各注采井场注气量,集注站来高压天然气经注采分配计量装置调配气量,由单井注采管线输送至各注采井场完成注气流程,总体流向图 5－1－1 所示。

2. 注气系统氮气置换

针对盲肠段,采取氮气反复充压、泄压的方式进行置换,直至合格为止;压缩机内管管线氮气置换可采取盘车、点动等方式,确保氮气置换合格。

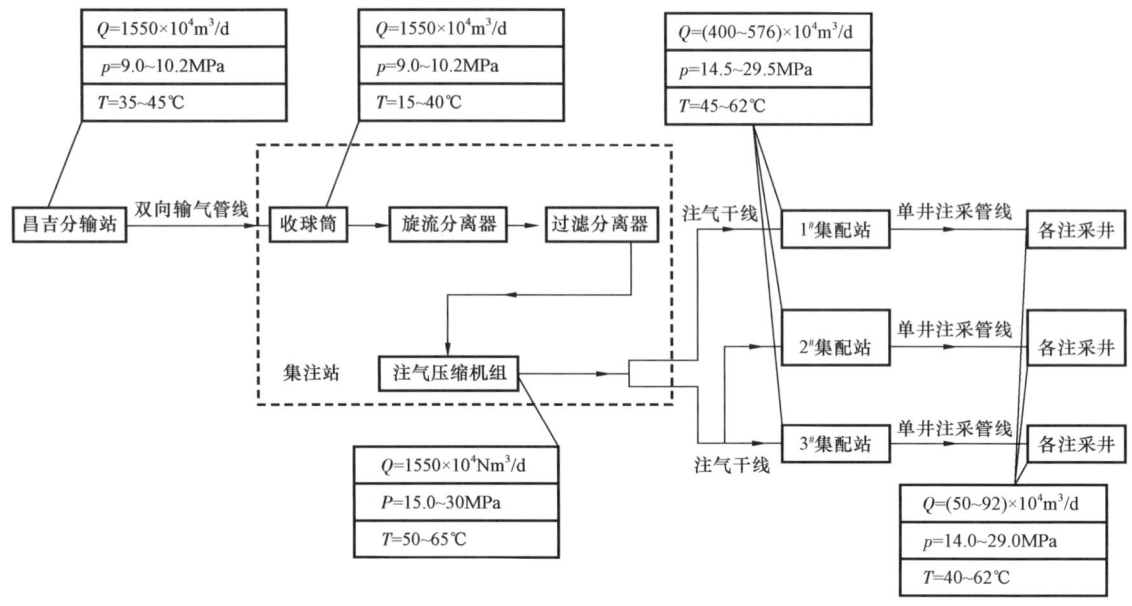

图 5-1-1 注气工艺流程框图

3. 注气系统天然气置换

依次打开 DN1200 收球筒 PR30101 去过滤分离单元阀门,打开 4 台旋流分离器进口阀门,打开 4 台过滤分离器出口阀门,导通注气压缩机入口气相流程。

依次打开 1# 压缩机出口阀门,导通集注站去 1# 集配站注气流程,导通集注站去 2#、3# 集配站注气流程。

依次打开 2# 集配站进站紧急切断阀,电动阀,导通 2# 集配站注气工艺进气总管,打开注采分配计量装置中对应投产井注气工艺流程上阀门,单井对应的流量控制阀处于全开状态,8 字盲板处于隔断状态,打开投产井出 2# 集配站清管阀和紧急切断阀,导通 2# 集配站—注采井场注气工艺流程。

依次打开投产井井场阀门,导通井场注气流程,从而导通集注站—井场整个注气流程。缓慢打开 DN1200 收球筒 PR30101 旁通阀门,将 DN1200 收球筒至压缩机入口之间的管线和阀门充入天然气,稳定压力 9.5MPa。

压缩机入口压力稳定在 9.0MPa 之后,缓慢打开 1# 压缩机回流阀,将压缩机出口—井口管线和设备中充入天然气。如果升压速度过慢,可打开 2#—8# 注气压缩机回流阀。

2# 集配站天然气充压 9.5MPa 之后,依次导通 1# 集配站及对应单井注采管线,单井井场管线,3# 集配站及对应单井注采管线,单井井场管线,分别对其进行天然气充压,充压过程中压力每升高 1.0MPa 进行一次检漏,直至压力升高至 9.0MPa。整个充压过程中严格控制升压速度为 1~1.5MPa/h。最终控制整个注气系统天然气压力与西二线压力保持一致,准备注气系统投运。天然气置换流向如图 5-1-2 所示。

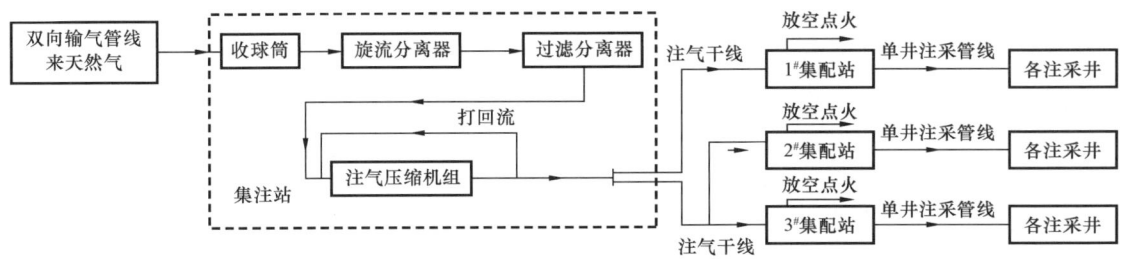

图 5-1-2 天然气置换流程框图

4. 注气系统投运

ESD 系统组态画面、组态参数及 ESD 逻辑关系为注气工况画面。各集配站注采分配计量装置上 8 字盲板处于关闭状态,集注站采气装置上 8 字盲板处于关闭状态;除压力表、压力变送器、安全阀进出口阀门为全开状态(下表所示的安全阀出口截断阀为关闭状态)外,其余阀门都为关闭状态(表 5-1-3)。

表 5-1-3 注气系统投运时采气系统安全阀出口截断阀状态

序号	名称	安全阀出口截断阀状态
1	去 1# 集配站采气干线安全阀	关闭
2	去 2#、3# 集配站采气干线安全阀	关闭
3	各气液分离器安全阀	关闭
4	各浅冷分离器安全阀	关闭
5	各低温分离器安全阀	关闭
6	各集配站分离计量装置安全阀	关闭
7	外输气压缩机放空总管闸阀	关闭
8	各注采分配计量装置上采气汇管安全阀	关闭

根据地质方案,选择相应井作为第一轮次注气井,打开单井采气树上生产闸门,此时压缩机至井口的注气流程全线贯通。启动 1# 注气压缩机,进行 1# 压缩机的投产试运。相关参数运行稳定后,按照要求,在对应的时间内依此方法类推依次启动 2#、3#、4#、5#、6# 注气压缩机。7# 和 8# 注气压缩机作为备用压缩机,当 1#—6# 压缩机故障时启动备用压缩机。

(五)采气系统投运

1. 采气系统流程描述

各注采井来天然气、凝析油和水的混合物经单井注采管道高压集输至各集配站,在各集配站节流降压后经采气干线输送至集注站;集注站天然气处理采用注乙二醇防冻,J-T 阀节流制冷,脱水脱烃工艺。调峰工况下,处理后干气经储气库—706 泵站输气管线输送至 706 泵站进准噶尔输气管网;应急储备工况条件下,处理后的干气经注气压缩机和外输气压缩机增压后,由双向输气管线输送至昌吉站,进西气东输二线供下游用户使用;处理后的稳定凝析油管输至已建呼图壁天然气处理站后装车外运。采气系统流程如图5-1-3所示。

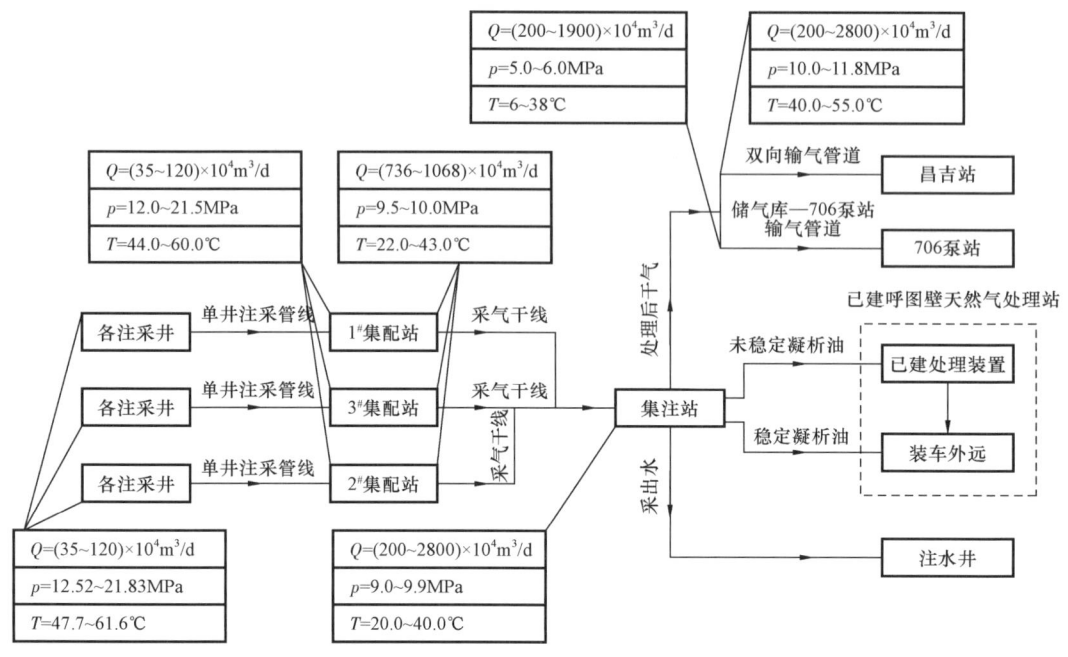

图5-1-3 采气工艺总体流程框图

2. 采气系统氮气置换

针对盲肠段,采取氮气反复充压、泄压的方式进行置换,直至合格为止;压缩机内管线氮气置换可采取盘车等方式,确保氮气置换合格。

3. 采气系统天然气置换

利用准噶尔输气管网中的天然气,储气库—706泵站输气管线返输至集注站到各注采井场,对集注站收发球单元,4套露点控制装置进行天然气充压,然后通过2条采气干线将天然气返输至各集配站,对发球筒、计量分离装置、采气汇管和计量汇管进行天然气充压;通过各单井注采管线返输天然气,对各注采井场、单井注采管线充压,天然气充压的流向如图5-1-4所示。

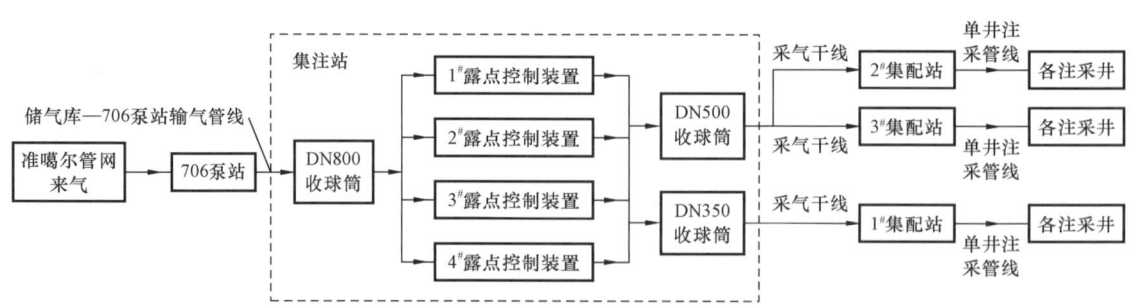

图5-1-4 采气系统天然气置换流向框图

4. 采气系统投运

ESD 系统组态画面、组态参数及 ESD 逻辑关系由注气工况转换为采气工况,各集配站注采分配计量装置上 8 字盲板处于打开状态,集注站注气装置上 8 字盲板处于关闭状态。除压力表、压力变送器、安全阀进出口阀门为全开状态外,其余阀门都为关闭状态。

(1)选择投产气井,打开该井对应采气树上的生产闸门,在 2# 集配站对应井进站管线上观察压力表压力,当压力值稳定不变之后缓慢打开该井对应流量控制阀,观察集注站进站压力,控制 1# 露点控制装置 J-T 阀前压力为 9.0~10.0MPa,此时注意观察集注站进站温度,要求温度不低于 20℃。

(2)打开 1# 注醇泵出口阀门,启动注醇泵,通过注醇器向天然气管道内注醇,防止天然气管路中形成水化物而造成冰堵。

(3)缓慢打开 1# 露点控制装置上的 J-T 阀,控制阀后压力为 5.0~6.0MPa。

(4)打开集注站收发球单元阀门,缓慢打开节流截止放空阀,控制 J-T 阀后压力稳定在 5.0~6.0MPa,采气系统装置压力等级建立。此时注意观察,控制气气换热器管程出口温度为 -2~8℃,节流阀后温度为 -18~-12℃,应对所有低温管路上的法兰进行冷紧处理;如果节流阀后温度过低,则应开启并调整气气换热器的旁通阀门,控制节流阀后温度至设定值。

(5)调节 2# 集配站单井进站流量控制阀开度,控制井产量为 $120×10^4 m^3/d$。

(6)以此类推,继续投产其他单井,当气量达到 $700×10^4 m^3/d$ 时投产第 2 套露点控制装置和其余集配站;当气量达到 $1400×10^4 m^3/d$ 时投产第 3 套露点控制装置;当气量达到 $2100×10^4 m^3/d$ 时投产第 3 套露点控制装置。系统稳定运行 4h 后,打开集注站 D813 外输管线上发球筒的出口阀门,将天然气导入储气库—706 泵站输气管道,进准噶尔输气管网。

(7)投产过程中严格控制各节点参数至要求的范围。

(8)当气液分离器和浅冷分离器的液位达到设定值时,调节液位控制阀稳定气液分离器和浅冷分离器液位至设定值;打开凝析油闪蒸换热器、闪蒸分离器、凝析油缓冲罐的进出口阀门,将凝析油导入闪蒸分离器中和凝析油缓冲罐中;同时调节闪蒸分离器、凝析油缓冲罐顶部的压力调节阀,控制闪蒸分离器和凝析油缓冲罐的压力稳定至设定值。

(9)当低温分离器的液位达到设定值时,调节液位控制阀稳定低温分离器液位至设定值;打开三股流换热器液相的进出口阀门、液烃分离器、凝析油缓冲罐的进出口阀门,将凝析油导入液烃分离器和凝析油缓冲罐中;同时调节液烃分离器顶部的自立式调节阀,控制分离器的压力稳定至设定值。

(10)当凝析油缓冲罐的油室液位达到设定值时,打开稳定塔和重沸器的进出口阀门、闪蒸换热器的进出口阀门、空冷器的进出口阀门,事故罐进口阀门,开始向凝析油稳定塔内进料。调节塔顶压力调节阀,稳定塔压在 0.3~0.4MPa;待塔底重沸器液位建立起来后,开启重沸器导热油调节阀并调节其开度,控制塔底温度在 100~120℃;同时调节闪蒸换热器管程的旁通调节阀,控制壳程出口油温在 50~60℃。此时,应对导热油、塔底稳定油等高温管路上的法兰进行热紧处理。

(11)当凝析油稳定塔进料流量大于 $15 m^3/h$ 时,打开未稳定凝析油去已建呼图壁天然气处理站管线上的阀门,将部分未稳定凝析油管输至已建处理站进行处理。

(12)稳定油冷却至 30~38℃后输往事故罐储罐。待单座事故罐达到高液位时启动凝析油输送泵,将稳定凝析油输送至已建呼图壁天然气处理站1000m³凝析油储罐储存,通过已建设施装车外运。

(13)当闪蒸分离器的水室液位达到设定值时,排污水至埋地污水储罐;当液烃分离器的水室液位达到设定值时,自动排液至乙二醇富液储罐。

(14)乙二醇回收系统采用间歇再生流程:当富乙二醇储罐内的乙二醇水溶液的液位达到3/4时,启动管道泵将乙二醇水溶液升压经换热后温度达到70 ℃进入乙二醇再生塔进行再生,再生温度为100~120 ℃,再生后的乙二醇浓度达到80%~85%经换热后,由泵提升至二醇贫液罐重复使用。

(15)系统在投运过程,各设备的液位、温度、压力的控制均采用液位控制阀、压力控制阀、温度控制阀的旁路手动阀进行控制,自控阀处于关闭状态。当系统调整运行平稳后,再进行自控系统的投运。

(16)站内系统稳定72h后,投产结束。

第二节 多周期注采运行动态

一、多周期注采动态分析

(一)注采运行情况

呼图壁储气库于2013年6月投入运行,截至2017年9月28日第五周期注气结束,累计注气$82.5 \times 10^8 m^3$,采气$33.6 \times 10^8 m^3$,地层压力由建库前的14.4MPa恢复至33.2MPa(原始地层压力33.96MPa),压力恢复程度98%,库存量$98.2 \times 10^8 m^3$,达容率91.8%。

(二)砂体平面连通性好

监测井压力变化表现出气库由高部位向低部位逐级扩散的特征:边部HUKJ1和HUKJ2井地层压力变化趋势与注气集中区域同步,尤其是西部HUKJ1井地层压力已上升至30.5MPa,表明外围区域已有效动用,注采动用效果逐步变好。

随着注入气扩散,北部HUKJ4井地层压力随着注气集中区域压力的上升而上升,由试气时26.4MPa上升至目前的32.8MPa,表明北部区域也得到有效动用。

采气末期压力剖面反映井间整体连通:第一、二周期采气末期全区地层压力基本一致,第三、四周期通过控制边部井采气速度抑制边水推进,防止水侵造成库容损失,表现出边部压力高、中部主体区域压力较低的分布特征。

注气末期压力剖面反映平面驱替效果显著:经过多周期的注采驱替,注气集中区域接近设计上限压力34MPa,且压力平面分布较为均衡;边部未注气区域地层压力由28.4MPa上升至30.5MPa,边部注气驱替效果明显。

单位压力差库存增量基本稳定,扩容趋势趋于平稳:单位压力差库存增量由第一周期的$2.31 \times 10^8 m^3$上升至第五周期的$3.25 \times 10^8 m^3$,$E_{1-2}z_2^1$单位压力差库存增量稳定在$2.3 \times 10^8 m^3$,$E_{1-2}z_2^2$单位压力差库存增量因HUK28井投运上升至$0.94 \times 10^8 m^3$,如图5-2-1所示。

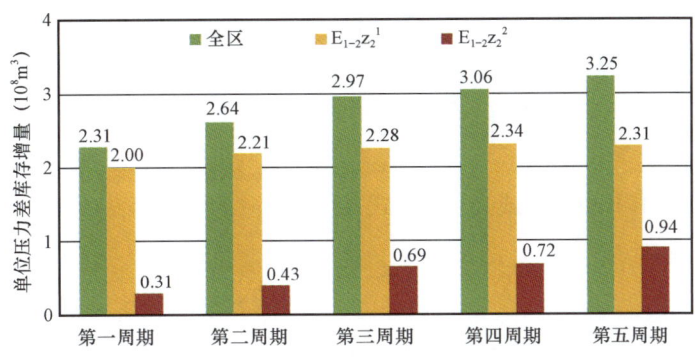

图 5-2-1 单位压力差库增量对比图

(三)储层伤害逐步解除

建库初期受钻井储层伤害的影响,气井注采能力较低,经过多周期注采吞吐,单井注采能力均逐步提高:注气能力由 67 上升至 $75 \times 10^4 \mathrm{m}^3/\mathrm{d}$,超过方案设计;采气能力由 $49 \times 10^4 \mathrm{m}^3/\mathrm{d}$ 上升至 $79 \times 10^4 \mathrm{m}^3/\mathrm{d}$,投运井网应急采气能力 $1855 \times 10^4 \mathrm{m}^3/\mathrm{d}$。

(四)注气快速置换

注入干气在近井地带快速置换,生产油气比由第一周期的 $5.5 \mathrm{g/m}^3$ 下降至 $1.7 \mathrm{g/m}^3$,随着采气时间的延长,远井地带部分气田气逐渐采出,第四周期油气比由初期的 $0.9 \mathrm{g/m}^3$ 逐步上升至 $2.6 \mathrm{g/m}^3$。

二、气井注采气能力评价

为满足储气库强注、强采的需要,需综合考虑气井注采节点能力。气井注采能力大小取决于储集层供气能力、注采管柱尺寸及结构、地层压力、生产压差等。注采时,气井流量必须控大于临界携液流量,避免井筒积液,同时要小于出砂流量和冲蚀流量的较小值,防止储集层出砂或井筒破坏。

以注气为例,单井的注气能力由地层流入方程、垂直管流方程和冲蚀流量计算公式共同确定。

(1)地层流入方程

$$p_{\mathrm{wf}}^2 - p_{\mathrm{t}}^2 = A q_{\mathrm{g}} + B q_{\mathrm{g}}^2 \tag{5-2-1}$$

(2)垂直管流方程

$$p_{\mathrm{wf}}^2 = p_{\mathrm{wh}}^2 \mathrm{e}^{2s} - 1.3243 \lambda q_{\mathrm{g}}^2 T_{\mathrm{av}}^2 Z_{\mathrm{av}}^2 (\mathrm{e}^{2s} - 1)/d^5 \tag{5-2-2}$$

(3)临界携液产气量

临界携液流量即最小携液流量,临界携液产气量采用 Turner 公式,计算表达式为

$$q_{\mathrm{sc}} = 2.5 \times 10^4 \frac{PV_{\mathrm{g}}A}{ZT} \tag{5-2-3}$$

$$V_g = 1.25 \times \left[\frac{\sigma(\rho_L - \rho_g)}{\rho_g^2}\right]^{0.25} \quad (5-2-4)$$

$$\rho_g = 3.4844 \times 10^3 \gamma_g p_{wf}/(ZT) \quad (5-2-5)$$

(4) 冲蚀流量方程

冲蚀流量计算采用 Beggs 公式,计算公式如下:

$$q_e = 40538.17 d^2 \left(\frac{p_{wh}}{ZT\gamma_g}\right)^{0.5} \quad (5-2-6)$$

利用节点分析模型,可获取气井注采气量与井口压力的关系,从而结合地面注气压力工艺限制条件,确定不同地层压力条件下单井最大注气能力:

$$q_{\max(t)} = \frac{-A + \sqrt{A^2 - 4[B+\alpha](p_t^2 - p_{wh}^2 e^{2s})}}{2[B+\alpha]} \quad (5-2-7)$$

式中:

$$\begin{cases} \alpha = 1.3243\lambda T_{av}^2 Z_{av}^2 (e^{2s} - 1)/d^5 \\ \sqrt{p_{wh}^2 e^{2s} - \alpha q_{\max(t)}^2} - p_t = \Delta p_{\max} \\ p_{wh} \leq p_{工艺限制} \end{cases}$$

注气期以地面系统最大注气压力 30MPa 为限制,考虑管柱冲蚀,采用节点分析技术计算第五周期注气初期瞬时注气能力为 $1657 \times 10^4 m^3/d$,注气末期地层压力达到 34MPa 时瞬时注气能力为 $1183 \times 10^4 m^3/d$。

因此,综合考虑储气库库容参数、利用井网井控库存量及气井注采能力,落实第五周期最大注气能力为 $16.16 \times 10^8 m^3$。同时,为规避边部井注入气向水侵区域指进风险,需控制边部井注气速度,确保气水前缘稳步外推[1]。

三、多周期库存诊断分析

利用气库不同时间节点,以库存量为横坐标、视地层压力为纵坐标制作图版,得到气库多周期运行视地层压力与库存量变化运行曲线。气库快速扩容期及平稳扩容期内,视地层压力与库存量变化曲线不断右移、随着气库逐步进入扩容停滞期,气库运行曲线几乎重合,各周期相同库存量下视地层压力基本保持一致。而储气库注采后期,若储层发生漏失,则相同库存量下视地层压力将会降低,从而使运行曲线继续向右移动(图 5-2-2);如发生库容损失,则气库可动地下孔隙体积将降低,相同库存量下视地层压力会升高,从而使运行曲线向左移动[2](图 5-2-3)。

因此,通过气库库存量管理和分析运行曲线变化规律,可以定性判定气库扩容、漏失、水侵等现象。为提高判断的灵敏度,在储气库运行曲线定性分析的基础上,根据地层压力与库存量关系数据,绘制储气库运行诊断曲线,进一步利用单位压力库存量及单位压力差库存量增量等参数,分析气库扩容或漏失情况,具体判定结果见表 5-2-1。

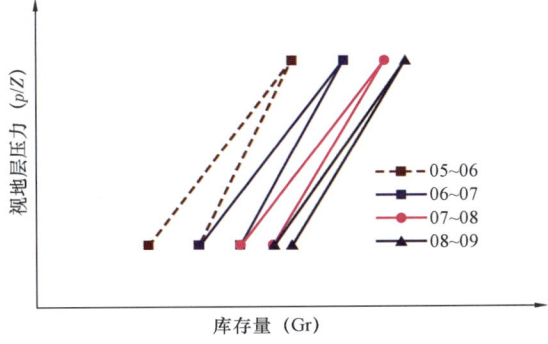

图 5-2-2 典型漏失运行曲线

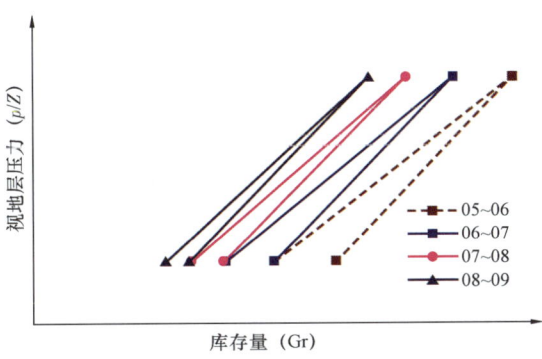

图 5-2-3 典型库容损失运行曲线

表 5-2-1 储气库运行曲线诊断标准

运行曲线	变化趋势	分析结论
库存量—视地层压力	左移	水侵/计量有误
	右移	扩容/漏失
单位压力库存量 $G/(p/Z)$	不变	运行安全稳定
	增大	扩容/漏失有误
	减小	水侵/计量
单位压力差库存量增量 $\Delta(G)/\Delta(p/Z)$	不变	漏失
	增大	扩容

第三节 储气库运行动态监测

一、井工程监测

根据套间压力监测情况,通过工艺技术优选,确定采用选用多臂井径仪+电磁探伤测井技术,目标注采井选取时优先考虑在前四个注采周期中注采量比较大的井,兼顾套间压力较高的井。另外,选取新井 HUK28 井,测试留作基础数据(表 5-3-1)。

表 5-3-1 呼图壁储气库管柱评价测试工作量

井号	特征	投运时间	测试时间
HUHWK2	注采气量高,最大日注气量达到 $147 \times 10^4 m^3$	2013.6	2016.1
HUK19	注采气量居中	2013.6	2016.1
HUK28	新井,测试获取基准值	2017.7	2016.1
HUK21	套管环空带压	2013.6	2016.1
HUK19	注采气量居中	2013.6	2017.4
HUK21	套管环空带压	2013.6	2017.4

MTD 和 MFC 结果显示呼图壁储气库 114.3mm,177.8mm 和 193.7mm 套管完整性良好,未见明显变形及损伤。

MTD 和 MFC 数据显示上提升短节、上流短节、NE 安全阀、下流短节、下提升短节等井下工具位于设计位置。

MTD 数据显示 177.8mm 和 193.7mm 套管内径变化清晰可见,并识别 339.73mm 套管鞋位于设计位置。

二、圈闭密封性监测

为进一步验证圈闭的动态密封性,呼图壁储气库部署了一套微地震监测系统。在气库地层内地应力呈各向异性分布,剪切应力自然聚集在断面上。通常情况下这些断裂面是稳定的。当原来的应力受到生产活动干扰时,岩石中原来存在的或新产生的裂缝周围地区就会出现应力集中,应变能增高;当外力增加到一定程度时,原有裂缝的缺陷地区就会发生微观屈服或变形,裂缝扩展,从而使应力松弛,储藏能量的一部分以弹性波(声波)的形式释放出来,产生小的地震,即微地震。微地震监测系统可通过定位微地震事件和能级分析,准确掌握注采气过程中断裂、夹层、盖层、注采井筒的形变,为储气库的安全运行提供保障。微地震监测包括野外现场数据采集、微地震波的数据处理及微地震事件分析定位三部分,其中事件分析的目的在于将事件的成因分析清楚,有助于对事件类型进行判断,进而指导风险规避。

为提高微地震监测系统的灵敏度及定位精度,通过多方案比对优选,呼图壁储气库微地震监测系统地下共部署了 3 口微地震深井(1200m)和 6 口微地震监测浅井(70m),系统灵敏度达 -0.8N.m,可监控能级在 -3 以上级别的微地震事件,定位精度 30m。

微地震监测系统于 2013 年底开始部署实施,2014 年底已完成 3 口深井、3 口浅井地下感应器部署,地面数据录取、传输、存储系统也部署完成。利用 HUK20 井偶极声波建立地层速度初始模型,利用可控震源进行反褶积相位转换,实施速度反演,从而对速度模型实施优化,建立准确的速度模型。

利用建立的储气库速度模型,对微地震监测数据实施解释,微地震事件 198 次,其中工区内事件共 40 次(表 5-3-2)。

表 5-3-2　监测事件类型统计表

事件类型	触发类型	事件数
微地震事件	工区内	40
	工区外	39
	中浅层	89
非微地震事件	单相	22
	区域	37
	噪音	62098
总数		62325

微地震事件中共 89 个为浅部微地震事件,这类事件分布于浅监测井与深监测井之间,震级为 -1.6 ~ -0.5,主要由于地面活动所引起,对气库动态密封性不会造成影响。

其余共 40 个为与储层相关的微地震事件(图 5-3-1),其中 2015 年 3 月,储气库注气后事件发生频率明显增加,事件分布于浅监测井与深监测井之间,震级为 -1.6 ~ -0.5,储层应力变化小于 0.1MPa。因此初步判断,由于注入气扩散会导致储层发生微地震事件,但目前储层受到的应力变化较小,区域断裂、夹层、盖层、注采井筒均未发生损坏,且损坏风险较小,气库具备良好的动态密封性[4,5]。

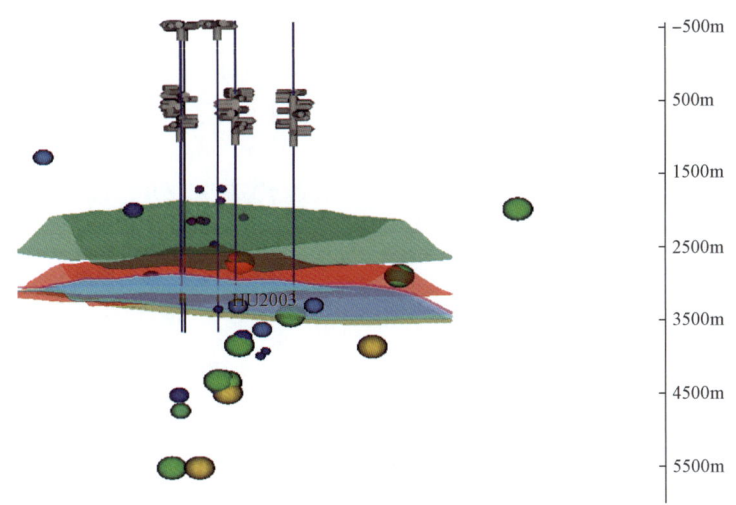

图 5-3-1　深度部微地震事件分布位置图

三、内部运行动态监测

呼图壁储气库目前处于扩容达产阶段,由于注采速度高,周期地层压力变化快且平面分布不均衡,整体动态规律还有待进一步掌握。2017 年动态监测以"落实注采地层压力、评价气井注采能力、明确气库动用特征"为目的,紧密围绕注采管理和注采方案编制的需要,开展了压力及梯度、试井、流体分析 3 大类动态监测,掌握了气库注采动态特征,为合理注采方案编制和井间优化调整提供了科学依据。

利用注采参数的实时预测计算,实现了井间注采气量的快速调整,确保了井间的均衡注采。第五周期注气末期集中区域井平均地层压力达到33.5MPa,基本接近上限压力34MPa,边部区域的地层压力也由初期的16.2MPa上升到32.7MPa(图5-3-2),注气驱替效果显著。随着地层压力的恢复,气井产能也得到了恢复。

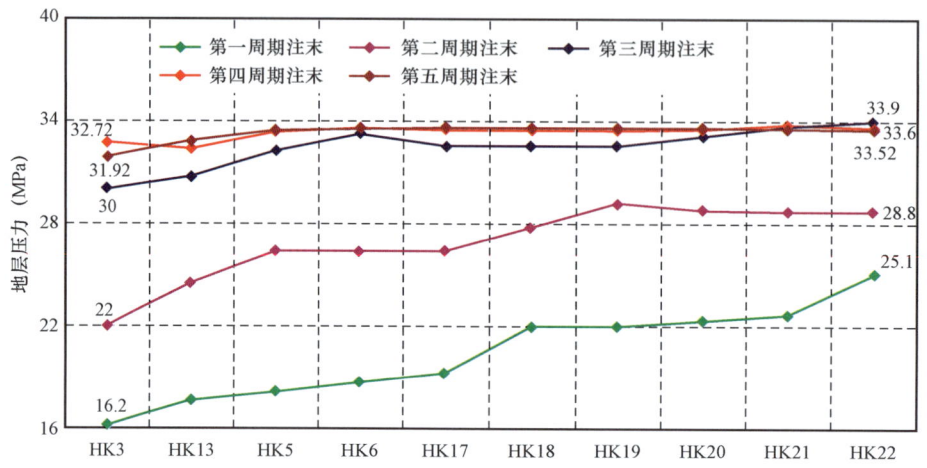

图5-3-2 HUK3-HUK22井多周期压力对比剖面图

参 考 文 献

[1] 张新征,张烈辉,李玉林,等. 预测裂缝型有水气藏早期水侵动态的新方法[J]. 西南石油大学学报,2007,29(5):82-85.

[2] 胥洪成,等. 水淹枯竭气藏型地下储气库盘库方法[J]. 天然气工业,2010,30(8):79-82.

[3] 刘百红,秦绪英,郑四连,等. 微地震监测技术及其在油田中的应用现状[J]. 勘探地球物理进展,2006,28(5):325-329.

[4] 刘建中,王春耘,刘继民,等. 用微地震法监测油田生产动态[J] 石油勘探与开发,2004,31(2):71-73.

第六章　全生命周期运行风险管控

完整性管理是为保障油气田气井与地面生产系统全生命周期完整性、提高本质安全而进行的一系列管理活动,是近年来逐渐发展成熟并得到成功应用的管理体系。为科学推进油气田完整性管理工作,助力上游业务提质、降本、增效发展,提高管理水平,新疆油田公司启动油气田完整性管理工作,持续开展试点工程,并配套开展了科研攻关工作,取得了良好的效果。完整性管理被证明是油气田气井与地面生产系统提升本质安全,延长使用寿命的最佳手段。

第一节　风险管控技术体系

一、加强腐蚀监测

呼图壁储气库注气气源为西气东输二线来气,天然气中 CO_2 含量为 1.0%(摩尔分数)左右,H_2S 含量为 15mg/m³ 左右。上述两种介质会腐蚀金属管道,造成管道局部壁厚减薄,进而引发安全事故。日常的生产过程中,应该重点监测管道冲刷严重部位的壁厚,每个注采周期壁厚检测不少于一次,并做好标记和记录,当管道的壁厚小于设计值时,及时进行更换,避免发生安全事故。

二、加强气井出沙检测

储气库的生产为注采循环的过程,随着生产周期的延长,地层交变应力的加剧,可能出现损坏地层原始结构,造成气井出沙。采气工况生产过程中,可利用便携式出沙检测仪,对气井出沙情况做连续监测,并做好记录,如发现出沙的情况,应立即减少气井产气量或关停气井,避免沙粒刺穿管道,引发严重后果。

第二节　储气库井完整性管理

为提高气井完整性整体水平,从设计阶段、建井阶段、生产阶段实施全过程完整性管理,确保气井安全可控。

一、建井阶段的井完整性设计

(一)钻井完整性设计

钻井过程是井屏障建立的关键阶段,常规表层钻井时,钻井液是唯一的井屏障;钻进、起下钻具等作业时钻井液为第一屏障,地层、套管、固井水泥环、套管头、钻井四通、防喷器、钻柱等共同组成第二道井屏障。井身结构综合考虑工程与地质风险、采油(气)需求以及整体开发方案,以全生命周期井完整性为原则,合理确定井身结构。呼图壁储气库气井外井设计表层套管封固地表及地表疏松地层;套管层次下深依据三压力剖面及保护油气层的需要,设计了四开井身结构,综合考虑了必封点、安全裸眼井段约束条件和溢流关井时的井口安全关井余量;套管柱设计考虑采用防腐材质、气密封接头类型、强度等因素,满足了钻完井作业、油气井长期安全运行对井筒密封完整性的要求。

(二)完井投产井完整性设计

完井投产井完整性设计由完井前井屏障完整性评价、井屏障部件设计、井屏障完整性控制措施等三部分组成。完井前井屏障完整性评价主要是对地层、井筒和井口三方面的完整性评价,分别评价地层、井筒和井口屏障部件的完整性,明确地层、井和井口装置现状及屏障造成的潜在风险。井屏障部件设计则在井完整性评价得出的井屏障现状和潜在风险基础上进行井屏障设计。呼图壁储气库气井完井设计采用井下永久封隔器、井下安全阀、防腐气密封油管、气井尾管及尾管水泥环构建第一道气井完整性屏障;利用地层、套管、固井水泥环、油套管头、油套管大四通、采气树等部件构建第二道气井完整性屏障,通过对各屏障部件的初次验证和长期监控实施全生命周期的完整性控制。

二、建井阶段的井完整性管理

建井阶段的井完整性管理包括钻井、完井、试油三个阶段的设计、准备、施工、检验等各个环节对井完整性屏障部件的严格把关,建立安全可靠的井屏障,确保各井屏障部件在钻井阶段及后期试油完井至生产过程中的安全可靠性。

(一)井完整性屏障管理

建井过程可以绘制出不同作业阶段的井完整性屏障示意图,并对屏障部件对应的表格中注明初始验证测试结果。每个作业阶段应建立至少两道独立的测试验证合格的屏障,若屏障不足两道时,应建立屏障失效的相关应对措施。建井实施单位按照井完整性设计要求对井屏障部件进行测试、监控和验证,并做好记录。不同工序转换时,应对井屏障实际情况及时更新。

(二)建井质量控制

钻完井期间各环节应树立"积极井控理念"确保井控安全;根据井的情况和作业工况进行风险识别,并制定防控措施。严格按外井工程设计控制井斜、全角变化率及井眼扩大率,套管、套管附件、水泥环应严格按照《油气藏型储气库钻完井技术要求》进行设计、施工、验证。试油和完井投产应做好完井方式 油各工序环节的质量控制。

三、生产阶段的井完整性管理

(一)井完整性监测

根据不同的井况测定和实施不同的完整性监测方案。气井油套各环空均应安装压力表或压力变送器,对环空压力进行实时监控。气库生产管理单位应制定采油(气)树、油管头、套管头和井下安全阀等屏障部件的维护、保养、监测相关设备规定,同时管理保存好流动保障监测记录。

(二)环空压力管理

生产阶段应计算环空压力控制范围,指导环空压力管理。整个生产过程应进行环空压力监控并记录。若环空压力出现异常变化,应及时进行环空带压分析或诊断测试,环空压力出现异常情况时,应及时开展环空压力诊断、分析。对出现持续环空带压的井,应连续监控,及时诊断分析、评估,做好应急措施。应保存环空压力数据和操作的历史记录,便于环空带压井的分析和评估。

(三)投产初期管理要求

投产前应检查井屏障部件测试记录,若关井时间超过 6 个月,应按照规定对采油(气)树及井口装置重新试压或验漏合格方可投产。采油(气)树阀门在线测试应满足在 15min 内压力变化不超过试压值的 5%,否则应进行维修;具备条件应对采油(气)树及井口装置进行试压。

生产过程中除紧急情况或意外关井,高压气井不宜直接采用液动或电动油嘴快速开关井,应采取阶梯式缓慢开关井方式,根据井的压力和产量配置情况,可将开关井操作分为 2~3 阶梯,每次时间间隔 1h 以上。

(四)风险评估及分级管理

针对认定为环空压力异常井,应开展井完整性失效风险评估。通过井屏障完整性分析及风险评估对井进行分级,根据不同级别制定相应的响应措施。

第三节 储气库地面完整性管理

储气库地面完整性管理主要是通过开展地面站场完整性管理实现的。站场完整性管理是通过识别和评价站场风险因素,制定风险管控措施,将风险控制在合理的、可接受的范围内,达到持续改进、预防事故、经济合理地保障安全运行的目的。

一、概述

站场完整性管理流程如图 6-3-1 所示,主要工作流程包含:数据收集与整理、RBM 分析、执行检验、维护、测试与评估,审核和效能评价。站场完整性管理也是一个持续循环和不断改进的过程。

站场完整性管理的主要核心技术为基于风险的管理(RBM:Risk Based Management),系统化的以风险为基础的技术方法是确定场站风险及使其最优化的有效管理工具,通过风险评价,确定站内各设备的风险状况,制定基于风险的检验、维护和测试计划并实施,以达到最终降低安全、环境和运营风险的目的。

不同的站场设施类型,潜在的失效原因、失效模式和

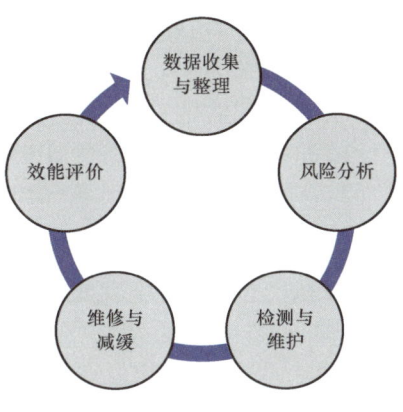

图 6-3-1 场站完整性管理流程

发生的可能性以及造成的后果都不相同,应对呼图壁储气库场站类型和资产类型采用不同的分析评估方法,建立了有针对性的预防和减缓风险的措施,采用如下方法:

(1)工艺管道,采用基于风险的检验(RBI:Risk Based Inspection)技术,建立检验计划。

(2)压缩机、泵、电动机等转动设备维护,采用以可靠性为中心的维护(RCM:Reliability Centered Maintenance)技术,建立预防性的主动维护策略。

(3)保护装置、安全控制系统,采用安全完整性等级评估(SIL:Safety Integrity Level)技术,建立测试计划。

二、场站完整性评价关键技术及应用举例

(一)基于风险的检验(RBI)

1. RBI 介绍

RBI 是一种系统和动态的检验方法,利用风险评价的结果对检测程序进行优化安排和管理,通过制定合理、准确、经济、有效的检测方案,合理的分配检验和维修量,有别于传统的基于时间的检验[1](图6-3-2)。适用范围:输油气站场的压力容器、工艺管道等静态机械设备。

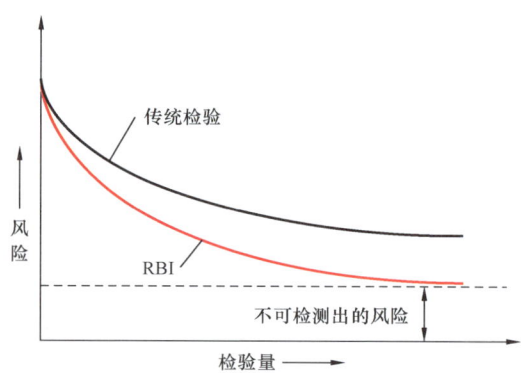

图6-3-2　RBI 与传统检验效果比较图

通过 RBI 分析,针对输油气站场中压力容器、工艺管道等潜在的失效机理和失效风险的大小,给出适宜的检验方法,提出科学合理的检验周期,建立基于风险的检验计划建议(包括检验周期和检验方法),指导设备检验、降低风险,合理调配和使用检验资源。

采用基于风险的检验比以往采用基于时间的传统检验效果对比如图2所示,由图可知:

(1)进行同样程度的检验,RBI 的风险小于传统检验;

(2)在同样的风险水平上,RBI 的检验量小于传统检验。

2. RBI 在储气库的应用

RBI 执行包含如下各主要步骤,流程图如图6-3-3所示。

步骤一:数据收集、整理、分析,把数据录入 RBI 基本数据表格。

步骤二:对不能获得但评价必需的数据,采用现场检测获得并完善 RBI 基本数据表格。

步骤三:腐蚀回路和物流回路的确定。

步骤四:RBI 风险分析。

步骤五：制定检验计划。

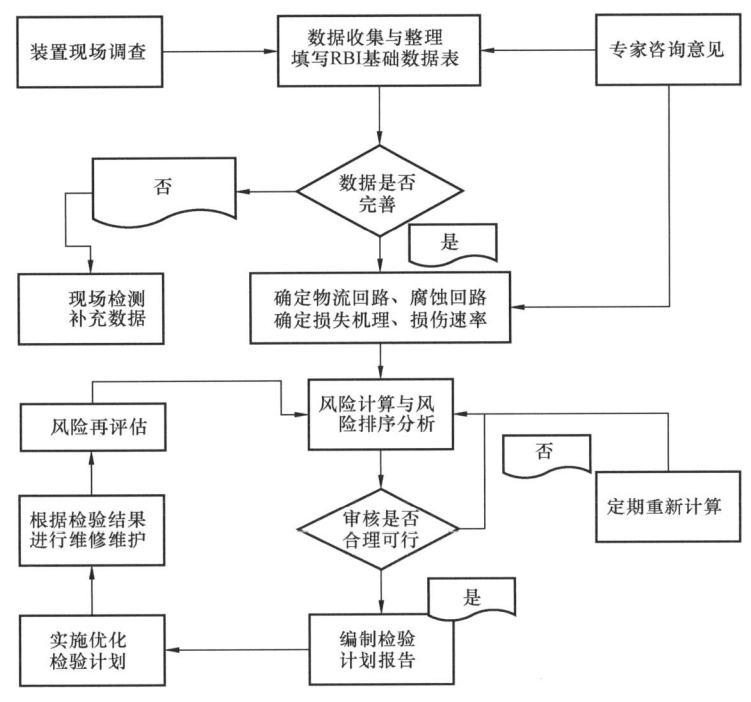

图 6-3-3　RBI 执行流程

1）数据收集、整理、分析和录入数据表

执行 RBI 分析所需的基本资料包括：管道与仪表流程图（P&ID）、工艺流程图（PFD）、操作手册、装置工艺数据包、设备清单、管线清单、安全阀清单及测试记录、物料化学数据分析报告、取样点化学分析报告、设备设计制造文件（包含储罐）、管线规格书、管线及涂层技术规格或技术要求、管线保温技术要求、设备定期检验报告、设备管线更换记录、管线三维图。

根据《RBI 数据采集表》收集需要的数据，数据要保证真实、可信和完整。据采集表录入完成后要对其正确性、一致性及完整性进行校核。

2）现场检测

对缺少的数据，储气库采用检测设备现场进行检测获得，不能获得者应从保守的角度进行合理的假设。同时进一步完善《RBI 数据采集表》。

3）物流回路和腐蚀回路的确定

根据所收集到的原始数据，分别对各个设备进行分析。由设备的材料、操作温度、操作压力、代表性流体等特征，进一步得出各个设备项潜在的失效机理，确定储气库站场装置中的腐蚀回路。腐蚀回路划分的原则为：将具有相同损伤机理的在工艺流程上包含的连续的一段管线和工艺设备划分为一个腐蚀回路。

物流回路的划分原则为：将两个快速关断点之间的设备和管线划定为一个物流回路。关断点的选择要保证当回路内某一设备项发生泄漏时，只有两个关断点之间的设备项的内容物可泄漏，而其他回路中的设备项不会发生泄漏。作为关断点的设备可以是：紧急切断阀（ESD

Valve)、故障关(Failure Close)电动阀、三分钟内可手动关闭的阀门和正常运行状态下处于关闭状态的阀门、泵、压缩机等。

4)RBI 风险分析

(1)风险的计算。

设备或管道失效可能性的分析计算是基于失效机理的性质和发展速率的函数进行的,失效的可能性一般用极限状态分析与可靠性指数法求得。分析计算的步骤如下:①识别损伤机理;②预计退化的速率;③评估检验历史,根据储气库过去所采用的检验方法对检出各种不同形式损伤与损伤速率的有效性来并确定置信度。

失效后果按照泄出流体物料的性质与量进行计算,物料泄出量与泄出速率的主要影响因素有失效孔的大小、流体黏度与密度以及操作压力。物料性质对后果的影响主要是毒性、易燃性与化学活性等因素,这些因素影响到后果危害的区域大小与损伤程度。

在计算得出失效可能性与失效后果后,即可计算风险:风险 = 失效可能性 × 失效后果。在实际执行中,根据收集整理的数据及确定的物流回路、腐蚀回路进行风险计算。

(2)风险可接受准则的确定。

将风险计算的结果与风险可接受准则进行比较,进行风险等级的划分。风险可接受准则表明了在失效发生时可以接受的风险。风险可接受准则帮助分析人员注重于高风险项目以制定适合的检验计划来降低其风险。

在 RBI 分析中,可接受准则被转化成为更适合于不同种类风险的风险矩阵格式。风险矩阵的 Y 轴表示失效可能性等级。风险矩阵的 X 轴表示后果等级。为了方便对设备的风险排序,采用 5×5 矩阵图的方法(图 6 - 4 - 4),对设备风险简化分级,矩阵图中对失效可能性按失效可能系数划分 1、2、3、4、5 级,对后果划分为 A、B、C、D、E 级,后果可按不同后果种类,如 PLL(潜在生命损失)、安全影响面积、总经济损失给出。

POF		COF				
5	>0.1	中高	中高	中高	高	高
4	≤0.1	中	中	中高	中高	高
3	≤0.01	低	低	中	中高	高
2	≤0.001	低	低	中	中	中高
1	≤0.0001	低	低	中	中	中高
POF等级	POF / COF	A	B	C	D	E
COF等级	PLL	0~0.01	0.01~0.1	0.1~1	1.0~10.0	>10.0
	安全影响面积 m²	0~9.29	9.29~92.9	92.9~279	279~9290	>9290
	总经济损失(万)	≤5.5	5.5~55	55~550	550~5500	>5500

图 6 - 3 - 4 风险矩阵

5)制定检验计划

制定检验计划的要点在于:

(1)根据所判定设备的失效机理,明确可能出现的缺陷类型,根据不同的缺陷类型采用不同有效性的检验方法。

(2)根据设备风险的等级,考虑风险的发展确定最佳的检验时间。

(3)根据失效机理的易发生部位确定检验的位置。

选择检验方法时,应考虑以下因素:有效性、可行性和经济性。建议检验周期时,应考虑以下因素:①政府法规的要求;②场站装置的整体风险;③场站装置整体的大修计划。

6)风险再评估

根据制定的检验计划实施检验,并根据检验的结果采取相应的维修和维护措施,然后进行风险再评估。

(二)以可靠性为中心的维护(RCM)

1. RCM 介绍

场站资产中,泵、压缩机、阀门等一些设备占据了重要位置,对这些设备的维护管理,经历了事后维修、定期维修、主动维修等不同的发展阶段,以可靠性为中心的维修思想就是集状态维修、定期维修和事后维修为一体,综合分析设备的特性来进行维修策略的制定[2]。

RCM 应用过程主要分为以下三个阶段:

准备阶段:资料准备,RCM 项目组,工作会议计划,系统单元划分等。

分析阶段:召开会议,系统划分确定、功能描述、FMEA 分析、风险分析,提出维护检修策略并记录。

分析报告:根据会议记录,整理 RCM 分析的主要结论,沟通确认。

2. RCM 在储气库的应用

RCM 分析从数据收集开始,在项目的不同阶段分别进行小组讨论。RCM 执行包含如下各主要步骤:(1)数据收集、评审和工艺访谈;(2)系统划分和确定设备的技术层次;(3)制定风险可接受准则;(4)失效模式影响分析和风险评估;(5)FMEA 讨论会;(6)制定和优化维护策略;(7)提交最终报告。流程图如图 6-3-5 所示。

1)数据收集及整理

执行 RCM 分析所需的基本资料包括:站场简介(装置、生产能力和工艺描述)、工艺流程图(PFD)、仪表图(PID)、设备台账(分类清单)、风险识别和风险区域图、设备使用说明书、管理维护台账、历史失效与维修记录、维护原则文件(巡检制度等)、现行的维护计划、HSE 报告(制定接受准则用)及应急预案、环境破坏成本和营业中断成本(如停产成本、生产损失等)、装置区域的平均设备制造成本。

对收集的设备数据进行汇总整理和校对,录入《RCM 数据收集表格》,数据收集、整理完成后要对其正确性、一致性及完整性进行校核。

2)系统划分和确定设备的技术层次

系统划分主要是对储气库整个生产装置按照其功能或用途划分为不同的工艺系统,在不同的工艺系统中又根据各系统的设备和仪表等组成以及功能特性再细分为子系统。在对装置进行系统划分后,确定在系统中所包含的设备系统、设备的技术层次和功能的关系如图 6-3-6 所示。

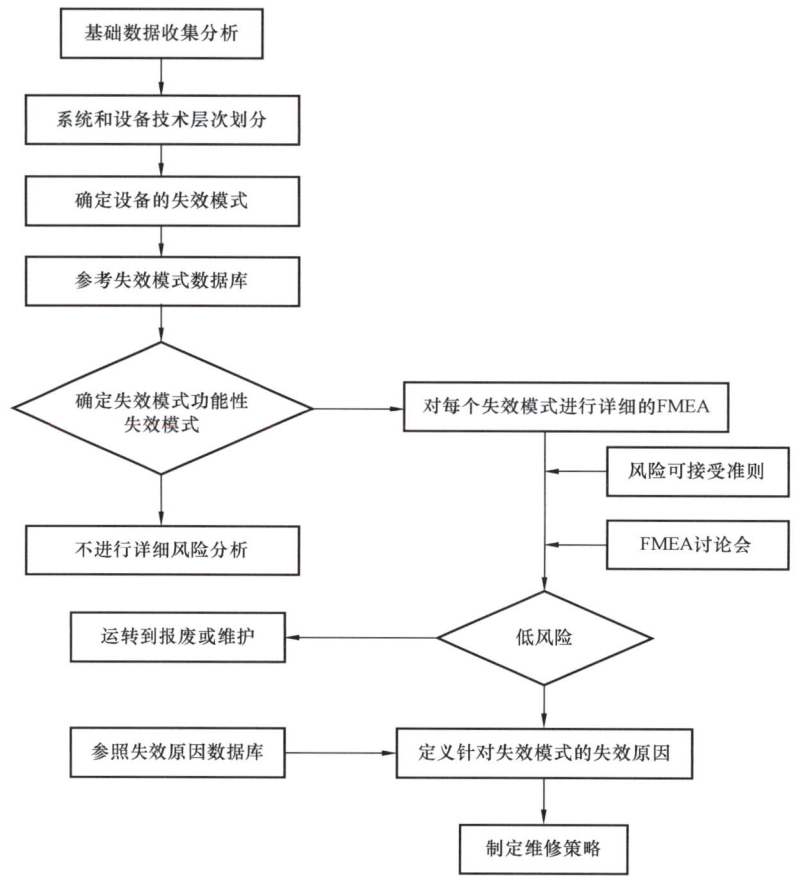

图 6-3-5 RCM 流程

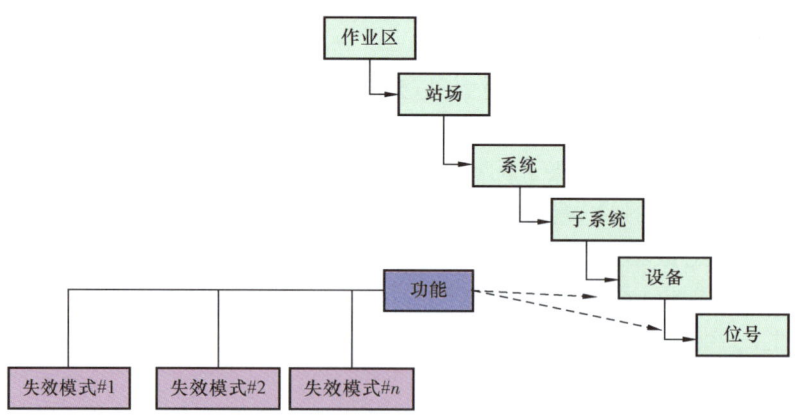

图 6-3-6 系统和设备技术层次划分

3)失效模式影响分析及风险分析

(1)模式影响分析。

失效模式影响分析流程的第一步是确定失效模式。失效影响的分析是在确定的失效模式的基础上,分析失效对设备局部以及对系统整体的影响。识别出哪种失效模式会造成功能性的失效,对功能性的失效则要进行失效模式影响分析及风险分析。失效影响要考虑到如果失效/故障发生对生产、安全、环境和后续成本的影响。失效模式影响分析的结果作为风险分析的基础。

(2)风险分析。

对每一种功能失效的失效模式,确定其失效概率,并根据其失效影响确定失效后果。主要评估以下几个方面的风险:安全风险、环境风险、生产运行风险、后续成本风险以及失效频率、维修时间、斜坡启动时间及维修费用。对中高风险的失效模式分析其失效原因和根本原因,建立针对性地降低根本原因发生的维护策略。对低风险的评价项目也确定相应的维护策略。

(3)风险可接受准则。

风险可接受准则的确定是根据呼图壁储气库实际情况并结合国内场站完整性评价的通用准则确定。

其中可能性等级的划分结合目前国内工程应用和 SY/T 6714—2008《基于风险检验的基础方法》规定的数值,后果等级参考中国石油天然气集团公司及新疆油田公司的相关规章制度,从健康、安全与环境三个方面风险确定 HSE 可接受后果。

(4)制定基于风险的维护(RBM,Risk Based Maintenance)策略。

优化维护策略的制定主要依据风险分析的结果。对所有中及高风险的失效模式确定其失效直接原因及根本原因,借助于维护策略来避免可能失效的发生,进而降低失效风险以提升设备运转的可靠性;对于低风险的失效模式则采取纠正性维护,避免过度维护以提高人员工作效率。

最优化维护策略至少包含:设备、设备名称、失效影响、失效模式、失效直接原因、根本原因、工作项、工作说明、维护任务分类、负责人、维护频率、人数、配合事项、POF、COF、风险等级、经济影响等参考内容。

维护任务的分类如图 6-3-7 所示。

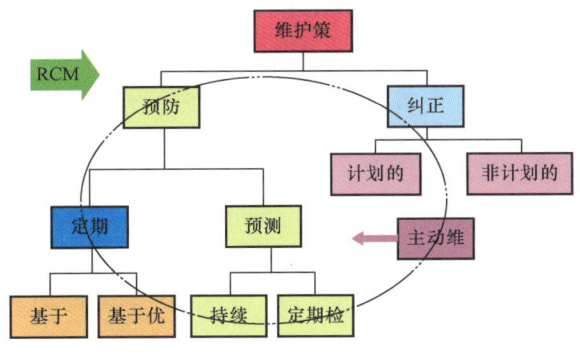

图 6-3-7 维护任务的分类图

定期维护:基于固定时间间隔、固定工作内容的计划性维护。例如对设备的定期保养,巡检及日常维护等在正常运转情况下进行的维护活动。

预测维护:指使用技术手段来监控和测量设备的状态,通过对设备的状态参数进行分析来预测设备发生失效的可能时间,先期采取预防或修理措施避免失效的发生。

纠正性维护:即运转到坏,再进行维修及维护。

根据 RCM 分析的结果制定维护策略,同时对那些不能通过维护防止的失效提出设计更改和操作变更的建议以降低或避免潜在的风险。

(三)安全完整性等级(SIL)

1. SIL 介绍

安全仪表系统 SIS(Safety Instrumented System)是用来实现一个或几个仪表安全功能的仪表系统。可以由传感器、逻辑解算器和最终原件的任何组合组成。它主要是通过检测、监视生产过程中与安全相关的参量,防止危险事件发生,避免由事故导致的人身财产伤害与环境灾难。一般包括 ESD 系统、安全联锁保护系统和消防系统。

安全完整性等级 SIL(Safety Integrity Level)是对安全仪表系统运行水平的一种衡量。在一定时间、一定条件下,安全相关系统执行其所规定的安全功能的可能性。选择 SIL 即选择安全仪表功能 SIF(Safety Instrumented Function)降低风险程度的水平。

2. SIL 在储气库的应用

SIL 分析从数据收集及整理开始,分析的执行过程中应安排阶段性讨论。通过 SIL 分析,针对站场的安全仪表系统建立一套基于安全完整性等级(SIL)的测试方案。SIL 分析包含如下主要内容:

SIL 等级的评估:根据标准要求,确定每一个安全仪表功能的 SIL 等级。

SIL 的校核以及测试计划的确定:针对现有安全仪表系统的配置,定量计算其反应失效概率 PFD(Probability of Failure on Demand)大小,验证是否现有的配置能够满足 SIL 等级的要求[3],并确定相应的测试计划。

1)数据收集及整理

执行 SIL 分析所需的基本资料包括:管道与仪表流程图(P&ID)、工艺流程图(PFD)、工艺说明、仪表索引表或台账、站场装置平面布置图、电气/电子/可编程电子系统清单、因果图(Cause and Effect Matrix)、失效分析报告、仪表现有的维护方案、仪表的操作维护手册。

数据收集、整理完成后要对其正确性、一致性及完整性进行校核。

2)SIL 等级的评估

SIL 等级的评估的主要包含以下步骤:

(1)系统划分及确定受保护设备 EUC(Equipment Under Control)。

(2)确定安全仪表系统的安全仪表功能 SIF(Safety Instrumented Function)。

(3)情景辨识 – 分析导致 SIF 失效的原因 SIL 等及 SIF 失效的后果。

(4)确定每个 SIF 所需的 SIL 等级。

(1)系统划分及 EUC 的确定。

系统划分主要是对整个装置按照其功能或用途划分为不同的工艺系统,在不同的工艺系统中又根据各系统的设备和仪表等组成以及功能特性再细分为分系统,对火灾气体探测系统则可单独为一个系统。

站场装置进行系统划分后,确定系统中各个安全仪表系统所保护的设备,即 EUC。相互的关系如图 6-3-8 所示。

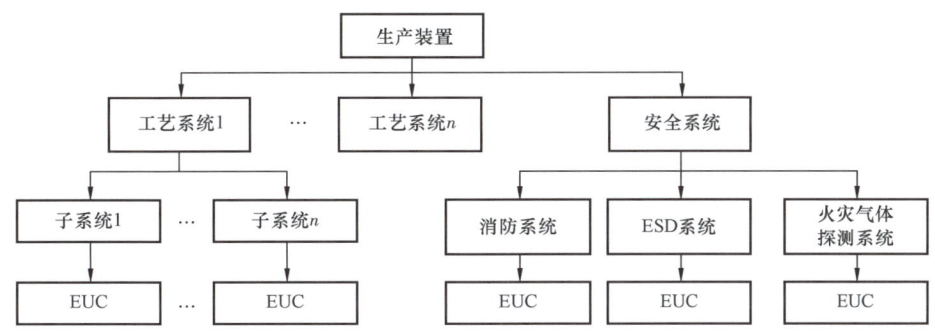

图 6-3-8　装置分级

系统的划分以及 EUC 的确定是基于装置的 PFD 图、PID 图以及因果图等。

(2)确定安全仪表系统的 SIF。

在确定 EUC 后,对每一个 EUC,分析其安全仪表系统的设置,在确定安全仪表的设置后,对每一个安全仪表系统分析其安全仪表功能 SIF。

安全仪表系统的设置是采用 RBD(Reliability Block Diagram)方法,对每个安全仪表系统归类为触发器、逻辑控制单元和执行元件。图 6-3-9 所示为用于安全仪表系统的可靠性方块图(RBD)。

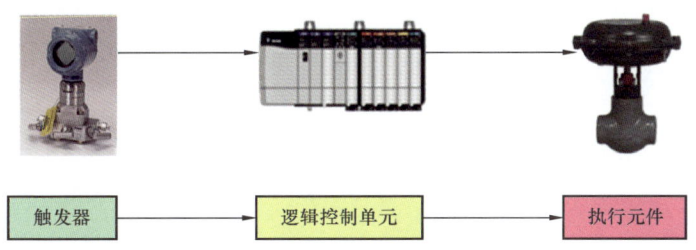

图 6-3-9　安全仪表系统的可靠性方块图

(3)情景辨识。

对于安全仪表功能来说,存在不同的原因使其动作,所造成的后果可能也都会是不同的,因此必须要对所有的原因以及其所造成的后果进行全面分析,即进行情景辨识,按照如下步骤进行分析:

①分析造成 SIF 动作的原因。

②分析此原因发生的频率。

③SIF 失效后造成的后果。

在评估了所有原因发生的频率以及造成的不同的后果后,通过 SIL 评估的方法(即修正风险图表法)确定安全仪表功能最终的 SIL 等级。

(4)SIF 失效的后果分析。

安全仪表系统的失效后造成的后果通常会从以下方面进行评估。

(1)安全后果:对人员造成伤亡的程度;

(2)环境后果:对环境造成破坏的程度;

(3)经济后果:设备损坏的损失及其造成停产损失的大小或等级。

在评估 SIL 等级时,应分别分析所有上述方面的后果。最终的 SIL 等级是选取 3 个后果中 SIL 等级最高的。

参 考 文 献

[1]杨振林,RBI 技术在特种设备检验中的应用[J]. 中国质量技术监督,2007(12):48 - 49.

[2]周敏,刘文彬,杨剑锋,等. RCM 在往复压缩机关键零部件上的应用[J]. 压缩机技术,2012(6):29 - 33.

[3]崔英,杨剑锋,刘文彬. 基于 HAZOP 和 LOPA 半定量风险评估方法的研究应用[J]. 安全与环境工程,2014,21(3):98 - 102.

第七章　呼图壁储气库建设成果

为确保储气库保质保量,如期完成建设任务,设计阶段针对建库有效孔隙空间受边底水侵入的特点,采用水侵砂岩物质平衡注采动态预测技术,定量评价建库前水侵及反凝析等因素影响,实现气库库容参数的合理设计;针对注采气向边水区域气窜风险大的特点,采用数值模拟示踪剂浓度模拟技术,优选注采井布井井距、注采速度和建库周期,确保注采井网的合理部署和气库平稳达容。建设阶段针对注采井井筒受交替应力变化易出现损坏或管外窜引起泄露的特点,通过管柱受力分析和强度校核,采用四开钻井、韧性水泥固井、悬挂尾管完井、一趟管柱油管传输射孔的模式,确保井筒完整性,保障注采井结构满足长期安全运行的需求;针对气田开发老井生产时间长,管柱和固井水泥环封闭性差的特点,利用电磁探伤、声波变密度测井、周声波扫描和中子伽马测井技术,评价老井井筒质量,分类采用直接封堵和锻铣封堵两种工艺,保障老井封堵质量合格。

第一节　组织建设模式

呼图壁储气库由新疆石油管理局储气库项目经理部组织建设,由新疆油田勘察设计研究院和新疆油建公司组成联合体对储气库地面工程进行工程 EPC 总承包,由新疆石油工程建设监理有限责任公司监理,由石油天然气克拉玛依工程质量监督站进行质量监督。

一、工程建设特点

(一)库容量最大

呼图壁储气库是目前中石油已建储气库中库容量最大(库容量 $107 \times 10^8 m^3$),具备季节调峰和应急储备两大功能。

(二)进口设备供货周期长

进口设备多,部分仪表阀件为进口设备,国际招标手续繁杂,船运周期长,供货周期长。

(三)施工难度大

外输线近90%位于农田区域,为降低征地协调难度,工程待农田秋收后实施外输线施工。但外输线采用大口径高钢级管道,气候对其施工质量的影响较大,因此施工周期较短,时间紧张,工作量大。

(四)公共关系协调难度大

外输线经过的昌吉市的三工、二六工、榆树沟等乡镇,征地困难较大,影响总体工期计划。

(五)新工艺新材料应用较多

呼图壁储气库采用集注站湿陷性粉土地基强夯处理、X80高强钢大口径管道焊接、聚氨酯喷涂防腐补口、双金属复合管焊接等新工艺新材料,技术难度大、可借鉴的先例较少、不确定因素多。

(六)集配区规划难度大

该工程位于经济技术开发区,单井、管道、电力线等规划布置难度大,既要满足工艺设计及生产运行要求,也必须满足开发区的厂矿整体规划要求,布置难度大。

二、工程建设的指导思想

(一)外配优先、站场同步

根据工程特点,划分为集注站、集配区、外部线路三大系统,针对农田段施工、不可预见因素较多,优先实施外部双向输气线、外输线、110kV 电力线;其次同步实施集注站土建及集配区,待材料陆续到货后集中建场站,即"快速开展外部线路,主攻集配区,稳妥实施场站"。

(二)总体规划、统筹兼顾

由于集配区、集注站建在昌吉高新技术开发区规划区域内,结合地理位置及钻井情况,地面工程将整体测量,统一布置,分区实施。

(三)设计标准化,模块化

设计使用 3D MAX 软件将二维平面布置改为三维立体模型图,实现平、立剖面图自动生成,提高工效、精确化,实现了单井标准化、集配站模块化及撬装化、集注站模块化,合理布局场站各单体平面位置,方便生产管理。

(四)技术实用,合理优化

流程力求简单可靠,采用成熟技术及设备,充分利用压力能,减少能耗,根据现场条件,多与属地单位沟通,合理选线,减少占地,优化土石方量,减少变更,节约投资。

(五)首件必检、样板起步

建立并执行对"三新"应用的研讨会审制度,专项方案审查率100%,对集注站湿陷性粉土地基强夯处理、X80 高强钢焊接、聚氨酯喷涂补口、双金属复合管焊接等新工艺,开工前采取多方研讨,实施过程现场设置试验段、召开质量剖析会等,保障工程质量及进展。

三、管理目标

(一)质量目标

工程质量合格率:100%;
单位工程竣工率:100%;
焊接质量:一次拍片合格率95%以上;
土建、电气仪表及配套工程报验检查一次合格率达到98%,最终合格率100%。

(二)安全环保目标

安全生产事故率:0%;

环境保护事故率:0%;

特种作业施工专项方案审查率:100%;

安全第一、环保优先、以人为本、创建绿色油气田。

四、项目管理机构的组织形式及职责划分

为确保储气库保质保量,如期完成建设任务,新疆油田公司抽调精兵强将,成立了以油田公司副总经理为组长、副总工程师为项目经理的组织机构,下设项目领导小组、项目协调组和储气库项目经理部,具体职责如下。

(一)呼图壁储气库项目领导小组主要职责

(1)负责组织审查项目总体方案,同股份公司和地方政府协调重大事项。
(2)负责检查指导项目实施情况,督促项目建设进度,协调项目建设中重大问题。
(3)定期听取项目协调组及经理部的工作汇报。

(二)呼图壁储气库项目协调组协调组主要职责

(1)负责向股份公司和地方政府汇报项目重要事项。
(2)负责协调解决设计、采购、建设过程中出现的重要问题。
(3)负责协调办理项目征地、核准备案相关事宜。
(4)负责听取项目建设工作汇报,督促检查工程进度。
(5)负责审查重大施工技术方案和安全保障措施。

(三)储气库项目经理部主要职责

(1)对项目建设质量、安全、环保、投资、进度全面负责。
(2)编制工作计划和用款计划,负责工程投资和成本核算、结算、审计、专项验收等工作。
(3)设置经理部管理机构,制定完善的各项管理制度,聘任经理部各部门负责人;组织职责范围内的设备、材料等采购,签订相关工程及技术服务合同。
(4)负责开工前各项准备工作,配合协调组具体办理土地、规划、施工图审查、消防审查、招投标、质量安全监督和施工许可等相关事务。
(5)负责项目承包商安全、质量管理,对工程立项到竣工验收形成的档案资料及时收集、分类和整理。
(6)严格按照批准的设计组织建设,不得随意增减内容、改变功能、提高或降低建设标准。因条件变化需进行重大变更(含设计变更)的,须报项目协调组及领导小组审定,不得擅自处置。
(7)提前组织操作人员岗位培训,建立运行管理制度,组织编制投产运行方案,做好试运行期间生产考核管理。

第二节 技术集成与创新

呼图壁储气库是我国建成投产的第一座库容最大的储气库工程,是西气东输应急调峰和

新疆地区冬季用气的重要保障。由濒临枯竭的气田改建而成,针对深层砂岩枯竭气藏特点以及地面冬季寒冷的环境,研究总结了一套储气库建设技术、设计和施工方法。包括地质、钻完井、注采工艺、地面系统、运行管理五个方面,取得了一系列创新成果,形成了具有自主知识产权的储气库技术系列、标准和管理制度。

一、技术创新

(一)研究形成了深层砂岩枯竭气藏储气库的库容参数设计方法和评价体系

建立了大型砂岩枯竭气藏储气库注采动态预测模型,能够预测不同压力下的库容量,上限压力 34MPa 时,库容量为 $107 \times 10^8 m^3$。首次建立了强注气不稳定渗流理论数学模型,解决了强注气过程中渗流参数评价问题。将采气一点法理论引入到强注气过程中,建立了注气稳定渗流方程,能够定量评价注气能力。

(二)研究形成了复杂地质剖面和超低气藏压力系数条件下的钻完井技术

形成了储气库井身结构和套管程序设计技术,确保安全高效钻井,井身质量合格率达到 100%;研究采用了韧性水泥固井技术,保证了井筒完整性,固井质量合格率达到 100%。研究采用了钾钙基双膜屏蔽钻完井液体系,避免了井漏,最大限度地减少了储层伤害。

(三)研究形成强注、强采工况下完井管柱技术系列,老井利用与废弃井封堵技术

建立了井壁稳定性评价模型、管柱力学分析模型及完井管柱结构设计方法,形成了强注、强采工况下的注采完井技术体系;注采井管柱和井口装置满足交变工况下大排量注采运行需要。建立了气田老井利用之定量描述与定性评判相结合的检测评估方法,评估后利用老井 3 口;开发了废弃井封井技术,封井 11 口。满足储气库 30~50 年安全运行要求。

(四)研究形成了一套高压、大排量注采地面工艺设计与施工技术

首创了高压单井注采同管、集气分输、组合式管网集气工艺,建成了集输能耗低、寿命长的注采同管(32MPa)、高压集输(16MPa)系统;注气压缩机兼做采气压缩机的设计先例,使注气压缩机在注、采两个周期都能得到充分利用,减少采气压缩机 4 台,节约工程投资 1.2 亿元。自主研发了大口径双金属复合管安装工艺,焊接一次合格率达到 95% 以上。创建了四位一体(井筒、井口、集配站和集注站)的自动化安全控制系统,实现了四级关断、集注站远程控制、井口和集配站无人值守。结合声学和热学传播原理,设置进风消声器和出风消声器,保证厂界噪音达标,空冷器平均热风返混率下降到 2.54%。

(五)研究形成了"气藏—井筒—地面"一体化管理模式

研究形成了"气藏—井筒—地面"一体化管理模式,建立了一整套 HSE 管理体系;制定标准和管理制度 94 项,培育了一支专业化管理队伍,创储气库管理国内领先水平。

二、技术成果

获得实用新型授权专利 3 项,专利申请受理 2 项;技术秘密 1 项;在核心期刊发表论文 9 篇;获新疆油田公司技术创新一等奖 2 项、二等奖 1 项、中国石油工程设计公司优秀工程咨询

二等奖 1 项、优秀工程勘察二等奖 1 项、中国建筑学会优秀给水排水设计三等奖 1 项。获国土资源部颁发的"国家级绿色矿山"试点单位。

第三节 建设与运行成效

一、建设效果评价

由于南缘山前高陡构造带的复杂条件,新疆油田呼图壁储气库在气库密封性评价和库容参数设计方面面临巨大的考验,通过创新建立气库圈闭密封性评价技术和库容参数设计技术,解决密封性评价及库容参数设计难度大的问题,为气库科学设计、高效建设及优化运行提供重要依据。

针对注采井井筒受交替应力变化易出现损坏或管外窜引起泄露的特点,通过管柱受力分析和强度校核,采用四开钻井、韧性水泥固井、悬挂尾管完井、一趟管柱油管传输射孔的模式,确保井筒完整性,保障注采井结构满足长期安全运行的需求;针对气田开发老井生产时间长,管柱和固井水泥环封闭性差的特点,利用电磁探伤、声波变密度测井、周声波扫描和中子伽马测井技术,评价老井井筒质量,分类采用直接封堵和锻铣封堵两种工艺,保障老井封堵质量合格。

二、气库运行效果评价

(一)气库调峰能力突破 $20 \times 10^8 m^3$

随着全区利用井网的增加,气库动用效果逐步变好,第五周期注气期动用含气孔隙体积增加至 $3865 \times 10^4 m^3$,动用程度达 97.4%(图 7-3-1),气库全区基本已得到有效动用。

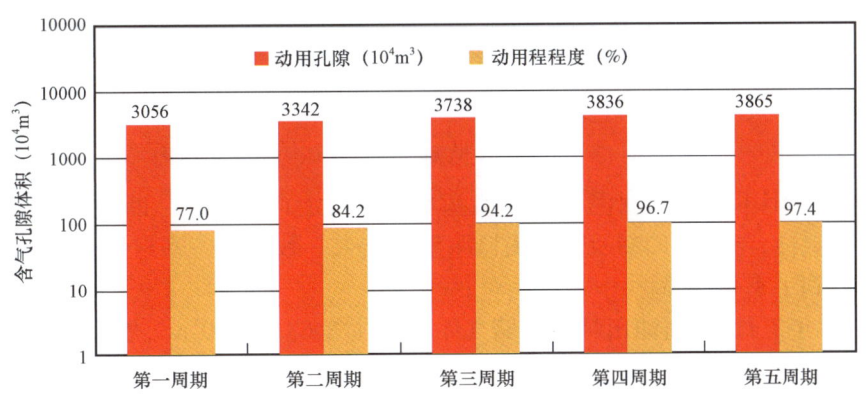

图 7-3-1 储气库周期动用含气孔隙体积对比图

为完全规避出砂风险,以生产压差 5.5MPa 为限制,开展了最大产量测试,井网测试采气能力达到 $1890 \times 10^4 m^3/d$,采气末期气库仍具有 $1600 \times 10^4 m^3/d$ 的调峰能力,在气库采气周期由 150 天缩短至 120 天的情况下,气库形成了 $20.05 \times 10^8 m^3$ 的周期调峰能力(图 7-3-2)

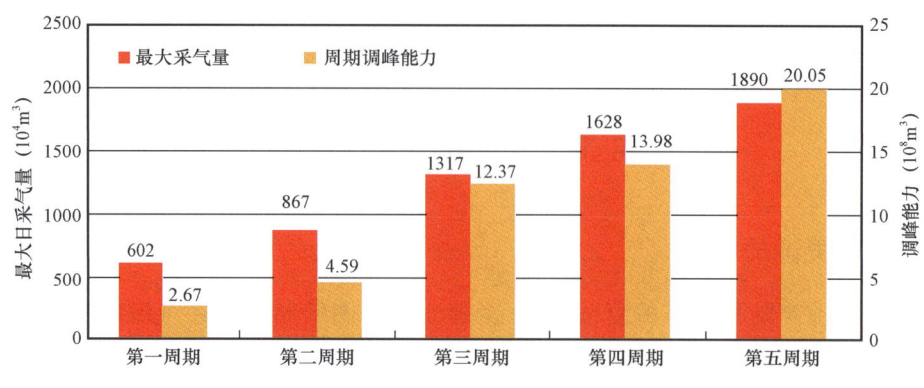

图 7-3-2　多周期调峰能力对比图

(二) 气库实现五个周期安全高效注采

通过地层压力的精准控制,注气末期井点地层压力均低于储气库设计上限压力,有效规避了超压风险。目前注采井套管间环空基本不带压(图 7-3-3)。2016 年选择了 4 口井实施了电磁探伤与多臂井径测试,结果显示生产套管完整性良好,未发生管柱破损现象。

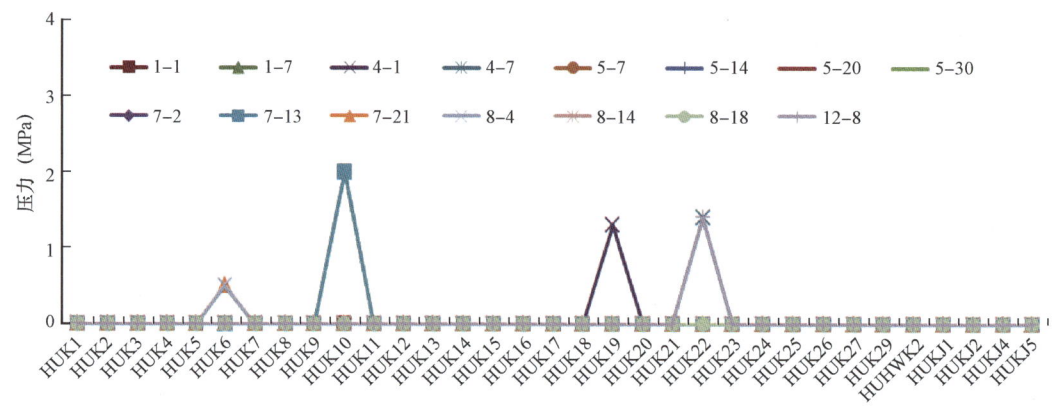

图 7-3-3　注采井及监测井油技套压力变化折线图

盖层监测井 HUKJ5 井历次测试静压值基本保持稳定,气库盖层、断裂及气井井筒均具备良好的动态密封性,与库存诊断及微地震监测解释结果一致。动态密封性评价结果可靠,储气库注采安全得到了有效保障。

截至 2017 年 3 月,新疆油田呼图壁储气库累计注气 $68.0 \times 10^8 m^3$,累计采气 $33.7 \times 10^8 m^3$,其中新疆区域调峰 $33.7 \times 10^8 m^3$,为新疆地区乃至全国天然气调峰保供做出突出贡献,特别是在 2016 年 11 月受持续降温和进口天然气减量突发事件时,新疆油田呼图壁储气库应急采气 $13.3 \times 10^8 m^3$,有效缓解了天然气供应紧张局面。